村镇生活污水处理适用技术及工程示范

刘秉涛 李发站 陈伟胜 著

中国水利水电出版社
www.waterpub.com.cn
·北京·

内 容 提 要

守住"绿水青山",收获"金山银山"。农村水环境治理是建设美丽中国生态文明的必然要求,是保障和改善民生的迫切需要。近年来,村镇生活污水处理关系到生态文明建设和农村人居环境的热点,因此开发水处理适用技术非常重要。本书综述了我国村镇生活污水的排放现状、特征和一般要求,重点论述了污水处理适用技术及集成技术,污泥处置及资源化以及我国村镇生活污水处理的管理模式,最后列举了几个工程案例。

本书可作为政府管理部门、环保行业工作者、高校高职师生的参考书,也可供相关科研人员和管理人员参考。

图书在版编目（CIP）数据

村镇生活污水处理适用技术及工程示范 / 刘秉涛,
李发站, 陈伟胜著. -- 北京 : 中国水利水电出版社,
2025. 6. -- ISBN 978-7-5226-3541-5
    I. X703
中国国家版本馆 CIP 数据核字第 2025YN2708 号

策划编辑：石永峰　　　责任编辑：魏渊源　　　封面设计：苏敏

书　　名	村镇生活污水处理适用技术及工程示范 CUNZHEN SHENGHUO WUSHUI CHULI SHIYONG JISHU JI GONGCHENG SHIFAN
作　　者	刘秉涛　李发站　陈伟胜　著
出版发行	中国水利水电出版社 （北京市海淀区玉渊潭南路1号D座　100038） 网址：www.waterpub.com.cn E-mail：mchannel@263.net（答疑） 　　　　sales@mwr.gov.cn 电话：（010）68545888（营销中心）、82562819（组稿）
经　　售	北京科水图书销售有限公司 电话：（010）68545874、63202643 全国各地新华书店和相关出版物销售网点
排　　版	北京万水电子信息有限公司
印　　刷	三河市德贤弘印务有限公司
规　　格	170mm×240mm　16开本　13印张　255千字
版　　次	2025年6月第1版　2025年6月第1次印刷
定　　价	59.00元

凡购买我社图书,如有缺页、倒页、脱页的,本社营销中心负责调换

版权所有·侵权必究

前　　言

全面加强农村人居环境整治，是我国建设生态文明的必然要求。由于农村经济发展不均衡，各地区生活污水来源、水质、水量有较大差异，对污水处理技术及设施的合理选用已成为热门研究领域。本书共分 6 章，第 1 章和第 2 章分别介绍我国村镇生活污水的排放现状及特征，村镇生活污水处理的一般要求；第 3 章重点介绍污水处理适用技术及集成技术，包括生活污水预处理，多套污水处理适用技术如生物接触氧化法，序批式活性污泥法，膜生物法，新型 A/O 技术和 A^2/O 技术，人工湿地、土地处理技术，以及离网式水处理技术、污水处理集成技术及设备；第 4 章介绍污泥处置及资源化；第 5 章介绍我国村镇生活污水处理的管理模式探索；第 6 章介绍村镇生活污水处理的几个成功案例。

本书主要是河南省重大科技专项"河南省典型村镇生活污水处理技术集成与示范"（项目编号：161100310700）研究成果的总结。在写作过程中参考了侯立安、吕锡武等学者出版的专著，在此对相关学者表示衷心感谢。本书具有深入的理论阐述和大量具有可操作性的实例，可作为政府管理部门、环保行业工作者、高校高职师生的参考书，也可供相关科研人员和管理人员参考。

感谢吴延虎、马攀峰、程雨等硕士研究生在内容撰写、资料整理、绘制图表等多方面的协助。感谢华北水利水电大学学科建设办公室的大力支持！

由于作者水平有限，书中难免存在不足之处，敬请各位专家和读者批评指正！

作　者
2024 年 11 月于郑州

目 录

前言

第1章 我国村镇生活污水的排放现状及特征 1
  1.1 村镇生活污水的排放现状 1
  1.2 水质、水量特征 3
    1.2.1 水质特征 4
    1.2.2 水量特征 4
    1.2.3 排水特点 4
  1.3 国内外排放标准对比 5
    1.3.1 国外标准 5
    1.3.2 国内标准比较分析 7
    1.3.3 河南省农村生活污水处理排放标准分级情况 9
  1.4 分类处理的必要性 11

第2章 村镇生活污水处理的一般要求 13
  2.1 排水系统的选择 13
    2.1.1 村镇污水分类 13
    2.1.2 排水系统的体制 13
    2.1.3 排水体制的选择 17
  2.2 排水系统的组成 20
  2.3 排水系统的管网布置 27
    2.3.1 排水管网的布置原则与内容 28
    2.3.2 排水管网的布置 29
    2.3.3 排水管网的材料与施工 37

第3章 污水处理适用技术及集成技术 44
  3.1 生活污水预处理 44
    3.1.1 格栅 44
    3.1.2 调节池 50
    3.1.3 沉砂池 52
    3.1.4 初沉池 62
    3.1.5 化粪池 75
    3.1.6 净化沼气池 79

3.2 污水处理适用技术 82
    3.2.1 生物接触氧化法 82
    3.2.2 序批式活性污泥法 93
    3.2.3 膜生物法 104
    3.2.4 新型 A/O 技术和 A^2/O 技术 109
    3.2.5 人工湿地、土地处理技术 125
3.3 离网式水处理技术 133
    3.3.1 离网式水处理的概念 133
    3.3.2 离网式水处理的技术路线 134
3.4 污水处理集成技术及设备 135
    3.4.1 污水处理集成技术及其分类 136
    3.4.2 污水处理集成设备 139
    3.4.3 污水集成处理的发展前景 140

第 4 章 污泥处置及资源化 142
4.1 村镇污泥特性 142
4.2 污泥处理原则 143
4.3 传统污泥处理方法 144
    4.3.1 卫生填埋法 144
    4.3.2 焚烧法 144
    4.3.3 投海法 145
    4.3.4 土地利用 146
4.4 污泥资源化利用 147
    4.4.1 污泥堆肥后农用 147
    4.4.2 制备新型材料 151
    4.4.3 村庄及联户污泥资源化利用 152
    4.4.4 村镇污泥与垃圾协同资源化利用 153

第 5 章 我国村镇生活污水处理的管理模式探索 154
5.1 现状分析 154
    5.1.1 我国村镇生活污水处理的一般管理模式 154
    5.1.2 农村生活污水处理管理过程中面临的问题 156
5.2 管理模式探究 158
    5.2.1 国内外污水管理模式 158
    5.2.2 农民责利共担的长效管护模式探讨 159
    5.2.3 监督管理模式探讨 161
5.3 新型管理模式的构建 162

		5.3.1 以市场为主导的PPP管理模式	162
		5.3.2 基于Geodatabase技术的农村生活污水智慧管理新模式	168
		5.3.3 村镇污水处理运营管理模式实例	169
	5.4	河南省农村污水资源化利用技术路线选择	178
		5.4.1 村镇污水处理出水资源化利用影响因素与工艺设计原则	178
		5.4.2 村级污水处理与资源化技术路线选择	179
		5.4.3 镇级污水处理与资源化技术路线选择	180
		5.4.4 户级污水处理与资源化技术路线选择	180

第6章 工程案例 183

- 6.1 小型村庄生活污水处理 183
  - 6.1.1 工程概况 183
  - 6.1.2 污水处理站 184
  - 6.1.3 示范工程监测及效果 187
  - 6.1.4 示范项目经济指标 187
- 6.2 中型村庄生活污水处理 188
  - 6.2.1 工程概况 188
  - 6.2.2 污水处理站 188
  - 6.2.3 日常维护和管理 189
- 6.3 生物生态组合工艺（一） 191
  - 6.3.1 工程概况 191
  - 6.3.2 污水处理站 191
  - 6.3.3 施工流程及注意事项 193
- 6.4 生物生态组合工艺（二） 194

附录 196

参考文献 199

第 1 章　我国村镇生活污水的排放现状及特征

农村生活污水治理是改善农村人居环境的重要内容，是实施乡村振兴战略的重要举措。我国生态环境部因地制宜推进农村生活污水治理，取得了积极成效。但是农村生活污水污染问题在我国广大的农村地区仍然比较突出，与全面建成小康社会的要求和群众的期盼还有较大差距，是当前我国社会经济可持续发展面临的突出短板。

1.1　村镇生活污水的排放现状

截至 2023 年 4 月，我国村镇生活污水治理率达到 31%以上[1]，与城市的治理率 97.9%相比，仍然有明显差距。未经处理的生活污水在某些地方随意排放，会导致沟渠、池塘的水质恶化，蚊虫滋生，影响居住环境，进而威胁居民的身体健康，群众对此反映强烈。国内学界对农村生活污水现状、成因、治理技术和治理模式展开了大量的研究，并借鉴国外农村生活污水治理的先进经验，提出了一系列治理技术和治理模式，在江苏省常熟市，浙江省金华市，河南省平舆县、中牟县等 34 个全国农村环境连片整治国家级示范县（市，区）得到了较好的应用。为了进一步践行习近平生态文明思想的重要举措，统筹城乡发展，保障和改善民生的迫切需要，提升新质生产力，实现"美丽中国"建设，国家发展改革委、水利部印发《"十四五"水安全保障规划》，重点提到推进农村生活垃圾治理、厕所粪污治理，梯次推进农村生活污水治理。各省也在积极推进农村生活污水应管尽管、应治尽治，落实 2024 年中央一号文件"千村示范、万村整治"行动。

河南省是南水北调中线工程的起始省份，近年来出台了多项文件和相关政策，先后出台了《河南省农村人居环境整治三年行动实施方案》《河南省南水北调饮用水水源保护条例》，开展了河南省"千名专家进百县帮万企"绿色发展服务活动等，加强农村生活污水治理。农村生活污水主要来自农家的厕所冲洗水、厨房洗涤水、洗衣机排水、洗漱排水及其他排水。污水水质随污水来源、有无冲洗厕所、时段特征等变化幅度较大。生活污水对农村环境产生的影响主要为环境恶臭、环境卫生和水体污染。

---

[1] 中国生态环境部土壤生态环境司一级巡视员陈永清在 2023 中国乡村振兴与环境发展论坛上的发言，2023 年 4 月 10 日。

目前河南省农村污水治理主要有两种类型，针对村镇人口数量较大、污水排放量较大、市政管网不能覆盖的村庄，通常是将生活污水通过较大范围的管网收集，输送到指定地点进行处理；而对于村庄人口数量较少，污水排量较小等不适合大面积铺设管网的村庄，则以单户、联户等采取小规模的就地污水处理方式，即分散式污水处理技术。

近几年建成运行较为正常的主要是日处理规模100～300吨的一体化设备。现有的农村生活污水处理技术包括预处理工艺主要有化粪池、净化沼气池；生化处理工艺主要有厌氧—缺氧—好氧活性污泥法（A^2/O法）、污泥自回流曝气沉淀法、序批式活性污泥法（CASS）、生物接触氧化法和膜生物法；深度处理工艺主要有人工湿地和土地处理。河南省农村生活污水处理主要工艺和运行方式见表1-1。

表1-1　河南省农村生活污水处理主要工艺和运行方式

生活污水处理工艺	项目总数/个	建成比例/%	投运比例/%	运行方式 自主运行/%	运行方式 第三方运行/%
A^2/O法+人工湿地（有动力）	134	92.5	97.2	90	10
预处理（厌氧）+人工湿地（微动力）	135	100	100	87.5	12.5
人工湿地（无动力）	201	100	100	100	0
其他工艺	2029	91	100	100	0

从表1-1可以看出，河南省农村生活污水处理工艺比较繁杂，其中，其他处理工艺占比达到81.2%；运行方式多是自主运行，只有少量的生活污水处理设施是由第三方运行的。生活污水处理设施的运行成本由人员费、动力费、维修费、药剂费和其他费用构成。据调查，每吨生活污水处理成本与处理工艺、是否满负荷运行等有关，不同情况差别较大，其中，仅动力费和维修费就占了处理成本的55.7%左右。

截至2022年年底，河南省有4239万农村常住人口，分布在47500多个自然村[①]，每年产生污水量达10亿吨左右，其中氨氮排放量5.94万吨。经过多年的资金投入及环境治理，全省取得了较好的效果，确定了"三基本"的治理成效评判标准，即基本看不到污水横流；基本闻不到臭味；基本听不到村民怨言，治理成效被多数村民群众认可，全省农村环境面貌持续改善。生活污水处理设施有不少运行较好的典型，例如，河南省信阳市平桥区郝堂村在发展生态旅游之际，因地

---

① 数据来源：河南省统计局，《2022年河南省国民经济和社会发展统计公报》，2023年3月23日。

制宜，尊重自然环境，依山就势，将全村所有村民生活污水集中收集，采用无动力人工湿地处理工艺，建立多套处理设施，连续多年外排废水达到一级 A 标准。又如，新密市从村镇空间结构、生产生活特征、投资、管理维护、占地、处理标准、处理规模、环境容量八个维度，采取"分散+集中"相结合的治理技术模式，建设了近百套污水处理设施。

虽然河南省农村环境连片整治工作已开展多年，农村环境面貌有所改善，但是由于河南省人口多、人均财政收入低、农村环境基础设施投资欠账多的问题仍较突出。农村生活污水治理是美丽宜居乡村建设中的一个难题，也是农村环境治理的一个重点。全省已建成污水处理设施的村庄处理能力普遍较低，采用的处理工艺繁杂，不便于统一管理。70%左右已建成的污水处理设施由于各种原因导致实际不运行或运行不正常，出现部分已建成污水处理设备存在"晒太阳"和"建得起、用不起"的现象，造成相当一部分建成的污水处理设施成了"摆设工程"。

1.2 水质、水量特征

我国是一个农业大国，农村人口占全国人口比重较大，因此，农村环境问题是我国经济发展过程中必须重视的问题。但是，由于我国农村地处偏僻，人口较为分散，经济相对落后，环保意识较为薄弱，这使农村环境问题一直以来并未受到应有的重视。近几年，面对我国资源约束趋紧、环境污染严重、生态系统退化的严峻形势，国家对生态环境保护工作的重视程度日益提高，城镇污水处理设施逐渐完善，我国环境治理的方向逐渐由防止城市污水对水体的污染向农村环境治理转移，农村污水治理已经成为各地环境治理的重中之重。

然而，我国农村人口分布相对分散，大部分地区经济条件有限，特别是污水的收集困难，农村基础设施尤其是污水收集与处理设施建设程度较低，因此农村大部分生活污水不经处理直接排放到受纳水体中，对水环境的污染十分严重。以前农村发展十分缓慢，农村地区用水量较小，产生的农村污水较少，且畜禽养殖产生的粪污大部分作为肥料使用，因此只有少量的污染物进入水体，对环境的危害较小。随着我国农村地区经济不断发展，洗衣机、热水器等一系列用水量较大的家电在农村普及，农村人均用水量大幅度提高，生活污水产生量骤增。而这类生活污水中含有大量的洗涤剂等物质，无法直接作为肥料浇灌农田，农村污水处理设施建设相对落后，使生活污水随意排放，造成农村水环境污染。同时，农村生活污水成分较为简单，一般不含有重金属等有毒物质，但往往含有大量氮磷及细菌、病毒等物质，不经处理直接排放，不仅会直接影响农村生态环境，还会对居民的饮用水安全造成威胁，进一步对居民健康造成巨大隐患。

1.2.1 水质特征

农村生活污水是对农村居民日常生活生产过程中所产生废水的总称,主要包括洗涤废水、餐厨废水、厕所污水等。由于农村人口分布较为广泛且分散,不同地区居民的生活习俗与生活方式大不相同,因此农村生活污水在水质水量、污染物种类、污染物浓度等方面具有很大差异,详见表1-2。

表1-2 我国不同地区农村污水水质状况

地区	pH值	SS/(mg/L)	COD/(mg/L)	BOD_5/(mg/L)	氨氮/(mg/L)	TP/(mg/L)
东北地区	6.5~8.0	150~200	200~450	120~180	20~50	2.0~6.5
华中地区	6.5~8.0	100~200	200~450	140~220	20~50	2.0~6.5
西北地区	6.5~8.5	100~300	100~450	50~300	30~50	1.0~6.0
东南地区	6.5~8.5	100~300	70~300	150~400	20~50	1.5~6.0
中南地区	6.5~8.5	100~200	100~300	60~150	20~80	2.0~7.0
西南地区	6.5~8.0	120~200	150~400	100~150	20~50	2.0~6.0

注:pH值表示水溶液的酸碱性强弱程度,即酸碱度;SS表示悬浮在水溶液中的固体物质,即悬浮物;COD表示用化学氧化剂在污水中还原性物质所消耗的氧化剂的量,即化学需氧量;BOD_5表示水体被有机物污染的程度,即生化需氧量;TP表示水体中所有形态的磷化合物的总量,即总磷。

农村生活污水主要分为灰水和黑水两类。灰水是洗衣、洗浴和厨房用水等浓度较低的生活污水,而黑水则是厕所冲洗污水等浓度较高的生活污水。河南省地处我国华中地区,由于农村生活方式等原因,农村生活污水中有机质含量较高,污水pH值为6.5~8.0,SS为100~200mg/L,COD为200~450mg/L,BOD_5为140~220mg/L,氨氮为20~50mg/L,TP为2.0~6.5mg/L。BOD_5/COD在0.48~0.7之间,表明污水可生化性比较好,适用于使用生物法进行处理。

1.2.2 水量特征

农村生活用水量受经济条件、生活习惯、地域气候等影响较大,一般情况,农村生活用水量比较小,但变化系数较大,早晚生活污水产量多,夜间较少甚至不产生污水。总而言之,农村污水产生量受地域、季节、经济水平、生活习俗影响较大,具有很强的波动性。

1.2.3 排水特点

农村污水排水特点受经济发展条件影响较大,经济较为发达的地区人口分布相对集中,污水收集管网建设相对完善,生活污水排放量一般能达到用水量的75%以上。而经济发展比较落后的地区,由于污水收集系统建设相对不完善,生活污水普遍采取直接排放的方式,沿着边沟或路面直接排入附近的受纳水体,对水环境造成污染。由于农村生活污水具有水质水量波动性大、可生化性较好、收集难度较大等特点,因此在选择污水处理技术时,不能直接采用城市污水的典型处理模式,而应该针对不同地区的污水特点,因地制宜地选择投资较少、运行管理简单方便、运行成本较低的污水处理技术。

1.3 国内外排放标准对比

1.3.1 国外标准

1. 美国标准

美国的农村卫生建设起步早,不存在类似我国的城乡差别,而且美国的农村居民都比较富裕,总的来说,农村生活污水处理技术水平也比较高,因此美国农村与城市使用相同的污水排放标准,即达到美国《联邦水污染控制法》(*Federal Water Pollution Control Act*)规定的二级处理的出水限值,见表1-3。美国的乡村污水治理主要指1万人以下的分散污水治理。联邦政府和各州政府对分散污水治理越来越重视,推出了不少项目计划对分散污水治理进行支持。目前,美国分散污水治理系统被看作是一种永久性的设施建设,具有与城市排水系统同样重要的地位。据统计,美国在城郊地区已经安装了约2500万套分散型污水处理系统,约有1/4的人口和1/3的新建社区使用分散型污水处理设施,由分散型污水处理系统处理的污水量达到$1.7×10^7 m^3/d$。

表1-3 美国生活污水二级处理排放标准

项目	月平均	周平均
BOD_5/(mg/L)	30	45
TSS/(mg/L)	30	45
pH值	6~9	6~9
BOD_5、TSS 去除率/%	85	—

2. 欧盟标准

欧盟生活污水处理排放标准见表1-4,居民人口在1万人以下的村镇对TN、TP的削减没有要求。由于欧盟国家基础设施建设比较完善,良好的公路网络体系已经扩散到广大农村地区,政府也投入大量财力在公路沿线铺设集中式的排污管道。例如，意大利主要以集中纳管的方式处理农村污水，对能够进入污水管网的农户要求尽可能使用管道。排水管网沿公路建设，各主体的承担责任也以公路级别进行划分。中央、大区和省政府分别负责国道、区道、省道污水管网的建设，基层政府负责干线到农村支线管网的建设和投资，用户则承担将公共管道连接到自己私有土地上的费用。网管的运营维护责任由政府承担，但农村用户需要向政府支付污水处理费以实现运营成本的回收。考虑到农村地区支付能力较弱，农村地区的污水和垃圾处理一般只按城镇居民标准30%收取。对不能接上排污管道的农村居民由专门的服务公司帮助用户建立家庭式污水储存与净化池，用户每年缴纳一定的费用以支付专业人员一年一度的清理服务，保证设备持续有效运行。

表1-4　欧盟生活污水处理排放标准

人口/人	SS/(mg/L)	COD/(mg/L)	BOD_5/(mg/L)	TN/(mg/L)	TP/(mg/L)
2000～10000	60	125	25	—	—
10000～100000	35			15	2
>100000				10	1

注：TN表示水体中各种形态无机和有机氮的总量，即总氮。

依据《欧盟水框架指令》(Water Framework Directive)，德国依据人口规模等实际情况制定农村污水出水限值，德国每个州都有自己的"水法"，与欧洲大致相似，主要是削减负荷、保护环境。针对不同的排放要求，以及处理设施的规模，根据村镇人口，德国设定了不同的处理目标，包括仅削减COD，同时削减COD和氨氮，以及同时削减COD、TN和TP等，详见表1-5。

表1-5　德国污水排放标准

人口/人	BOD_5/(mg/L)	COD/(mg/L)	氨氮/(mg/L)	TN/(mg/L)	TP/(mg/L)
<1000	40	150	—	—	—
1000～5000	25	110	—	—	—
5000～10000	20	90	10	—	—
10000～100000	20	90	10	18	2
>100000	15	75	10	18	1

3. 日本标准

日本城市（人口>5万人或人口密度>40人/hm^2的地区）适用《下水道法》，农村地区主要适用《净化槽法》。《净化槽法》中污水排放标准的限值按净化槽处理工艺而定。净化槽在日本主要有三种类型，分别为单独处理净化槽、合并处理净化槽和高度处理净化槽。目前，日本的深度处理净化槽技术已较为成熟，出水水质可达到 BOD 在 10mg/L 以下、COD 在 50mg/L 以下、TN 在 10mg/L 以下、TP 在 1mg/L 以下。

1.3.2 国内标准比较分析

农村生活污水排放标准至关重要，是监督管理农村污水的重要保障，是水处理工艺与技术确立的重要依据之一，且与基本设施建设和后期运维成本相关。

我国处理规模在 500m³/d 以内的农村污水处理设施占比超过 92%，各地农村污水排放标准也仅适用于 500m³/d 以内的规模。当处理规模超过该值时，出水执行《城镇污水处理厂污染物排放标准》(GB 18918—2002) 标准。大部分省市依据自身特征对处理规模作了进一步划分，如湖北省以 100m³/d 和 5m³/d 作为界限，河南省以 10m³/d 作为界限，黑龙江省以 30m³/d 作为界限。不同的规模执行不同的标准，规模大执行的标准较严格，规模小则较宽松。例如，湖北省处理规模低于 5m³/d 时，出水执行当地三级标准，超过 100m³/d 时，出水则执行当地一级标准。此外，水体功能分区的分类在各省市标准中也有所体现，如陕西省增加了对作为饮用水源湖岸延伸 2km 的污水特殊排放限制要求；江苏省采用的等级比较细致，分级要求由当地水功能区划确定。

全国各地标准中控制项目主要有酸碱度、悬浮物、化学需氧量、氨氮、总氮、总磷和动植物油类，河北省、安徽省、山东省、海南省和新疆维吾尔自治区等省（区、市）标准中还包含粪大肠菌群数指标，而青海省和上海市等省（区、市）标准中则包含了阴离子表面活性剂指标，宁夏回族自治区的控制项目最多，共计 12 个。在福建省和山西省的标准中，总氮、总磷和动植物油类为选择性控制指标，即当有农村餐饮污水时，动植物油应纳入控制指标；当出水排入湖泊或氮磷不达标的水体时，总氮和总磷应纳入控制指标。各地农村生活污水排放标准的指标限值也有所差异，大部分省（区、市）一级标准的指标限值与 GB 18918—2002 的一级 B 标准限值一致。北京市的农村生活污水排放标准最为严格，其一级 A 标准限值达到了地表水Ⅳ类标准。天津市、河北省和山西省的一级标准与 GB 18918—2002 的一级 A 标准一致。而陕西省的一级标准则低于 GB 18918—2002 的一级 B 标准。

部分省（区、市）农村污水排放标准过于严格，特别是氮、磷标准限值低，加之处理设施运行效率较低，出水不达标率较高。北京市、天津市、河北省和山西省等省（区、市）排放标准相对严格，标准高则会导致工艺复杂，运维成本和难度提高，农村地区较难负担，造成部分设施停止运行，污染加剧。氮、磷是植物营养元素，出水在满足相关回用标准时可优先考虑回用（如农业灌溉等）；当出水未排入湖泊或氮、磷不达标的水体时，可适当放宽氮、磷的排放标准限值。王丽君等（2019）对河南省、广西壮族自治区和云南省等地区农村污水达标情况进行了分析，发现执行 GB 18918—2002 一级 A 标准的达标率为 23.08%，执行 GB 18918—2002 一级 B 标准的达标率为 40.63%，执行 GB 18918—2002 二级标准的达标率为 100%。由此可见，处理效果的评价与排放标准直接相关，过高的排放标准不利于对处理效果客观、准确的评价。基于上述问题，本书提出以下建议，为我国农村污水排放标准的制定或修改提供参考：①制定标准时，不仅要考虑处理规模和水体功能分区，也要考虑出水的最终用途、环境容量和环境敏感度。②制定标准时，应因地制宜，不能简单实行统一的标准或者一味地执行高标准。

针对河南省村镇，尤其是农村范围内污水的产生及排放、处理情况，课题组进行了广泛的调研，结合文献资料的调查，系统分析了河南省各区域村镇污水产生、排放及处理情况及其同人口、经济发展等的相应关系，通过多种科学方法，结合村镇发展状况和未来环境治理和生态保护趋势，系统梳理了村镇污水处理的技术需求，为后续污水处理技术研发及集成、污水处理运营模式的设计构建奠定了必要的基础。调研的结果主要有以下三个方面。

（1）设计建设存在问题。受地理条件、生活方式、经济发展等多方面因素的影响，河南省农村生活污水的处理一直是一道难题，河南省大部分地区农村人口数量大、居住比较分散，尤其是农村经济力量通常比较薄弱，技术及管理水平较低，农村生活污水处理绝不能沿用和照搬大中型城市污水处理工艺。城市污水治理的通常逻辑是大管网、大收集、大处理。城市楼宇集中，收集 1 吨污水的成本可以进行预算。而一些农村污水处理设施在规划设计初期，设计人员直接照搬城市污水治理的施工图，不管当地的地形地貌（导致管网铺设距离太远、增加工程成本等），缺乏对当地人口数量调查，不仔细调研生活污水的种类，一律也采用"集中管网、收集、处理"的模式，专业人员维护时产生的交通、人工等成本也相应增加。套用城市工艺"高、大、上"的污水处理设备，设备运行费用、人工费用同步变高，不适用农村地区实际情况。这些都导致结果与意愿大相径庭。

（2）基层政府缺乏技术管理人员。城市和农村水量水质特点不一样，农村千姿百态，地形千差万别，农户居住分散，有些村镇漏水情况、雨水掺混情况较多，农村的进水指标浓度、进水水量达不到处理要求，生物系统及设施就无法正常运行。有些农村地区是自备水源（如井水等），农村家庭用水没有计量，也就收取不了水费，没有污水处理费用的来源。设备的运行管理及责任主体指代不明，由于缺少专业人员进行维护管理，设备运行出现故障时通常得不到及时的修理。

（3）农村生活污水排放分散，处理技术存在瓶颈。管网问题是导致农村污水处理设备"晒太阳"的一个核心问题，设计方和工程方通常参考城市设计方案，从设计和施工上来讲很简单，但不愿意针对区域地形地貌、地势、人口结构、人口聚集度，设计小型管网。原因在于小型管网工程设计一是工程量上不去，二是设计麻烦，尤其是管网结构设计麻烦。大部分农村没有地形地貌图，需要勘测后作管网布局。有的设计故意将污水管网拉得特别长，实际是将工程利润扩大化，但对治理和收集效果非常不好。而有的地方管网建设忽略了入户管。一些工程因为经费有限，也担心施工麻烦，在引入入户管网时，工程方要跟每家住户进行说明并征求意见，住户同意了才能接进去。一家往往有好几个生活用水排放口，厨房用水、洗澡水等，每个排放口都要接上入户管，再接支管、干管，才能形成密闭的污水管网。而如果最重要的入户管没有接上，干管、支管修得再好，这个工程也达不到预期效果，使污水不能应收尽收。

基于以上原因，后来开始实施第三方运营时，运维方在接手建好的农村污水处理设施后，也"有苦说不出"。运维方只管运维，不能将不合理的地方重建，负责运行的项目进水少、出水少，最终也谈不上运维。

1.3.3 河南省农村生活污水处理排放标准分级情况

根据河南省各地农村的经济状况、基础设施、卫浴设备及其他现有条件等，可以把农村划分为三种不同类型：基础条件较好（是指经济状况较好，户内给排水等基础设施完善，各家各户均安有卫浴设备，村容村貌较好的农村）、基础条件一般（是指经济状况一般，户内给排水等基础设施较完善，部分村户内安有卫浴设备，村容村貌一般的农村）和基础条件较差（是指经济状况较差，户内给排水等基础设施不完善，个别村户内安有卫浴设备，村容村貌较差的农村）。

根据不同类型农村、农村生活污水处理设施处理规模、出水排入地表水环境功能敏感程度等，可以将农村生活污水处理设施水污染物排放标准分为一级标准、二级标准和三级标准。

1. 一级标准

规模大于 $10m^3/d$（不含）的新建农村生活污水处理设施，出水直接排入《地表水环境质量标准》（GB 3838—2002）Ⅱ类、Ⅲ类水体和湖、库等封闭水体，执行一级标准，控制项目包括 pH 值、COD、SS、NH_4^+-N（氨氮）、TN、TP 和动植物油。

该类水体处于饮用水水源地上游、地下水源补给区、一般鱼类保护区或渔业水域及游泳区，为保护水质安全，应规定较严格的污染物排放限值。但考虑到河南省各地的农村的经济情况、基础设施、卫浴设备及其他现有条件的差距，2019 年 6 月河南省制定了《农村生活污水处理设施水污染物排放标准》（DB 41/1820—2019），该标准总体上与 GB 18918—2002 一级 B 标准相持平。

2. 二级标准

规模大于 10m³/d（不含）的新建农村生活污水处理设施，当出水直接排入 GB 3838—2002 Ⅳ、Ⅴ类水体和水环境功能未明确的池塘等封闭水体时，执行二级标准。总氮的去除可采用人工湿地等生态处理方法，但处理效果不稳定。要实现稳定去除的目标，需采取脱氮除磷工艺，通过反硝化去除。但农村生活污水处理设施规模较小，其污泥回流比难以控制，去除效果难以实现稳定，所以对于二级标准，将不考虑对总氮的限制，控制项目包括 pH 值、COD、SS、NH_4^+-N、TP 和动植物油。

该类水体主要适用于一般工业用水区、人体非直接接触的娱乐用水区、农业用水区和一般景观要求水域，也需规定较为严格的污染物排放限值。但考虑到河南省各地的农村的经济情况、基础设施、卫浴设备及其他现有条件的差距，本标准总体上与 GB 18918—2002 一级 B 标准限制有明显的放宽：COD 由 60mg/L 放宽到 80mg/L，氨氮由 8（15）mg/L 放宽到 15（20）mg/L，总磷由 1mg/L 放宽到 2mg/L，动植物油由 3mg/L 放宽到 5mg/L，悬浮物由 20mg/L 放宽到 30mg/L，这样可以适当降低处理和运营成本。

3. 三级标准

当规模大于 10m³/d（不含）的新建农村生活污水处理设施，出水排入沟渠、自然湿地和其他水功能未明确水体及新建农村生活污水处理设施规模小于 10m³/d（含）时，水污染物排放限值执行三级标准，控制项目包括 pH 值、COD、SS、NH_4^+-N 和动植物油。

该类水体主要适用于一般工业用水区、人体非直接接触的娱乐用水区、农业用水区、一般景观要求水域和其他功能未明确水体。《关于加快制定地方农村生活污水处理排放标准的通知》（环办水体函〔2018〕1083 号）提出"出水直接排入村庄附近池塘等环境功能未明确的小微水体，控制指标和排放限值的确定，应保证该受纳水体不发生黑臭。出水流经沟渠、自然湿地等间接排入水体，可适当放宽排放限值。"农村地区排水的去向，环境容量相对较大，可适当放宽排放限值。因此，其控制水平总体与 GB 18918—2002 二级标准相当，但控制项目未设置总磷（可不建设化学除磷设施），悬浮物由 30mg/L 放宽到 50mg/L，氨氮由 25（30）mg/L 加严到 20（25）mg/L（控制黑臭水体发生）。河南省农村污水处理排放污染物指标限值见表 1-6。

表 1-6　河南省农村水污染物最高允许排放浓度

序号	污染物或项目名称	一级标准	二级标准	三级标准
1	pH 值	6～9		
2	悬浮物（SS）/（mg/L）	20	30	50

续表

序号	污染物或项目名称	一级标准	二级标准	三级标准
3	化学需氧量（COD）/（mg/L）	60	80	100
4	氨氮（NH_4^+-N）/（mg/L）	8（15）	15（20）	20（25）
5	总氮（TN）/（mg/L）	20	—	—
6	总磷（TP）/（mg/L）	1	2	—
7	动植物油/（mg/L）	3	5	5

注：氨氮最高允许排放浓度括号外的数值为水温高于12℃的控制要求，括号内的数值为水温低于或等于12℃的控制要求。

1.4 分类处理的必要性

由于我国农村居民的居住特点与生活习惯，我国农村生活污水具有以下特点。

（1）水质水量波动性大。我国农村生活污水具有分散、日变化系数大（通常为3.0~5.0）、氨氮含量高、可生化性强、含重金属等有毒有害物质较少等特点。

（2）有机物含量高。我国农村生活污水主要源于厕所粪便及其冲洗水、洗浴废水、畜牧废水和厨房餐饮用水等，含有较高的COD、氮磷污染物。

（3）污水排放随意性大。由于很多农村没有污水集中处理设备，农村生活污水大多是就地泼洒或利用天然形成的沟渠排入湖泊、河流之中，会引起当地地下水污染以及湖泊水体的富营养化，对农村水环境造成影响。

农村生活污水处理工艺首先要求的是，工艺简单、易维护，同时需要具备稳定、高效氮磷资源化利用的特点。我国经济发达的农村地区受土地资源和地理位置的双重制约，不具备推广应用生态处理的条件。我国农村生活污水治理的有利条件是污水没有有毒有害物质，且富含氮磷。如果把农村生活污水治理融入农业，则农村生活污水中的氮磷可变废为宝，成为农业种植所需的宝贵肥料资源，农田种植业也完全具备消纳生活污水中氮磷的强大能力。从这一立场出发的农村生活污水治理的战略选择应该是源于"三农"，融入"三农"，服务于"三农"。农村污水处理应该瞄准"因地制宜、高技术、低投资与运行成本、易维护、资源化利用氮磷"的目标，体现可持续发展的污水治理原则。

根据国内外相关研究成果与实践，无论是生物技术（城市污水处理厂的主流工艺）还是新兴的生态工程技术，单独应用都不能解决农村生活污水处理及除磷脱氮的问题。将生物方法与生态工程有机结合，并进行针对性的符合农村特点和条件的工艺流程设计，才能既节省成本和运行费用，又能实现稳定的除磷脱氮效果。

农村污水处理要根据村镇生活污水水量、水质、排放和处理现状，研发适用的工艺设备，进行分类处理。建议选取三类村镇进行分析，第一类是经济较发达、基础设施完善、环境敏感度高的村镇，第二类是村镇规模大、环境敏感度较高的村镇，第三类是村镇规模较小、环境敏感度一般的村镇。

本课题组经过多年的持续研究和开发，形成了可持续发展的农村生活污水生物生态组合处理成套技术：无搅拌无回流缺氧好氧反应器，跌水充氧接触氧化装置，改进型 A^2/O 工艺、可控型人工湿地组合工艺等多套技术。通过对生物方法和生态工程的优化组合，实现农村生活污水处理过程中的节能减排与高效除磷脱氮目标，具有节能、节地、资源回收以及低投资和运行费用、易维护等特点。同时，各个单元功能明确而高效，有利于实现氮、磷的资源化利用和尾水回用的可持续发展目标。

第 2 章　村镇生活污水处理的一般要求

生活污水排水系统的科学规划是解决村镇用水和水污染问题的前提条件，是未来村镇居住环境改善的重要指向标。

2.1　排水系统的选择

排水系统是指污水的收集、输送、处理和排放等设施以一定方式组合形成的总体。排水系统的良好规划与设计可以有效防止水资源的浪费，促进水资源循环使用，降低水资源污染程度。随着村镇经济的不断发展，居民的生活水平也得到了不断提升，因此，对于村镇给排水系统的建设必须给予一定的重视。村镇污水收集困难的问题，对于待建村镇，应加强在村镇建设前期对供排水专项的规划设计；对于已建村镇，应因地制宜，通过分散式就地处理和资源化的技术方法，尽量减少管网的长度。

2.1.1　村镇污水分类

村镇污水主要包括生活污水和雨水。村镇生活污水是指村镇生活区内小型加工业、服务业以及家庭日常生活产生的综合性污水，其中以家庭日常生活中产生的污水为主。

2.1.2　排水系统的体制

建立排水工程，首先要建立排水体制。生活污水和雨水可采用同一个排水管网系统排除，也可采用两个或两个以上独立的分质分类排水管网系统排除。不同方式所形成的排水系统，称为排水体制。

村镇的排水体制一般可分为合流制和分流制两种形式。

2.1.2.1　合流制

合流制排水系统是将村镇污水和雨水径流汇集入一个管道（渠）系统排出的系统。按照其收集排放处理的方式不同，合流制排水系统可分为直排式合流制排水系统和截流式合流制排水系统。

1. 直排式合流制排水系统

将生活污水与雨水径流不经任何处理直接排入附近水体的合流制排水系统称为直排式合流制排水系统，如图 2-1 所示。

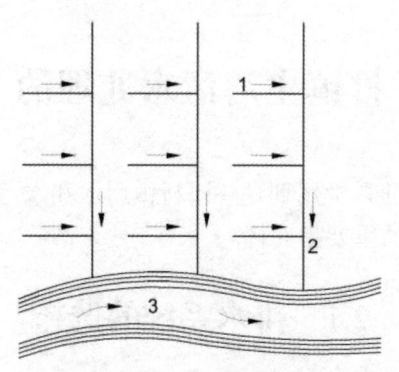

1—合流支管；2—合流干管；3—合流

图 2-1　直排式合流制排水系统

我国大部分村镇地区的污水排放系统相对不完善，通常村镇居民的生活用水会直接排放至道路边的水渠中以及河道周边。同时伴随着居民生活水平的不断提升，含有大量化学成分的生活用品也被广泛用于日常生活中。例如，洗涤用品通常会含有大量的磷。一些村镇的小工厂也会将生产污水直接排放至水体中。由于村镇地区水体自身净化能力有限以及含化学物质的污废水未经处理直接排放，大量的绿藻会在路边水渠和河道中生成，导致水体的富营养化，进而使受纳水体以及水体周边的环境受到严重的污染，从而该地区的水源遭到严重破坏。

2. 截流式合流制排水系统

截流式合流制排水系统是在直排式合流制排水系统的基础上，建造一条截流干管，在合流干管与截流干管相交前或相交处设置溢流井，并在截流主干管（渠）的末端修建污水处理厂，如图 2-2 所示。

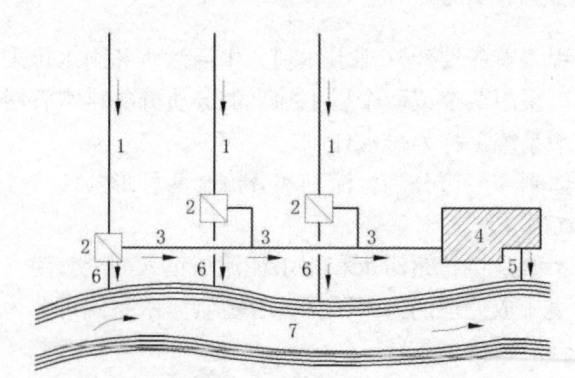

1—合流支管；2—溢流井；3—截流干管；4—污水处理厂；
5—排水口；6—溢流井出水；7—合流

图 2-2　截流式合流制排水系统

该系统可以保证晴天和降雨初期的污水全部进入污水处理厂，雨季时，通过截流设施，截流式合流制排水系统可以汇集部分雨水（尤其是污染重的初期雨水径流）至污水处理厂，经处理后排入水体。随着降雨量的增加，雨水径流也会增加，混合污水的流量超过截流干管输水能力后，在超出截流干管输水能力的混合污水中，雨水占主要比例，其通过溢流井排入水体。截流式合流制排水系统与直排式合流制排水系统相比较，前者具有一定的优势，其对带有较多悬浮物的初期雨水和污水都进行处理，对保护水体是有利的。但仍有部分混合污水未经处理直接排放，成为水体的污染源而使水体遭受污染。

部分村镇建有排水管道，但多为雨污合流制，且建设质量较差，从而导致雨水、污水、地下水混流的现象屡见不鲜，需对其进行改造。由于截流式合流制排水系统在改造中比较简单易行，节省投资，并能大量降低污染物的排放，因此，在排水系统改造中经常被使用。

在合流制系统中，雨水、污水、入渗地下水、倒灌河（海）水、山水、生产生活产生的清水等均由这一套排水系统收集，这就造成合流制排水系统具有以下特征：管道易淤积；系统排水能力不足，内涝风险高；晴天高水位、低浓度运行；溢流污染严重。

2.1.2.2 分流制

分流制排水系统是将村镇污水和雨水径流分别用两个或两个以上独立的管道（渠）系统排除的系统，其中用以汇集和排除雨水的系统称为雨水排除系统，用以汇集和排除生活污水或工业废水的系统称为污水排除系统。相对于合流制而言，分流制可以分期建设，但总建设费用较高。

由于排除雨水的方式不同，分流制排水系统又分为完全分流制排水系统、不完全分流制排水系统和半分流制排水系统三种。

1. 完全分流制排水系统

设有收集生活污水和部分工业废水的污水排除系统与收集雨水和不需处理的工业废水的雨水排除系统称为完全分流制排水系统，如图 2-3 所示。采用完全分流制排水系统主要是因为雨水水质较好可直接排放，污水全部进行处理从而避免溢流污水的污染，污水水质和水量变化较小，污水厂建设和运行费用较低，出水水质稳定。在村镇中，完全分流制排水系统分为污水排水系统和雨水排水系统。

2. 不完全分流制排水系统

若只设有污水管道系统，未建雨水管渠系统，或者只修建部分雨水管渠的排水系统称为不完全分流制排水系统，如图 2-4 所示。在不完全分流制排水系统中，雨水沿天然地面、街道边沟、水渠等设施，排入到附近水体，或者排入为补充原有渠道输水能力的不足而修建部分雨水管道。现大部分建有排水系统的村镇都为不完全分流制排水系统，待村镇进一步发展后，可将其转变为完全分流制排水系统。

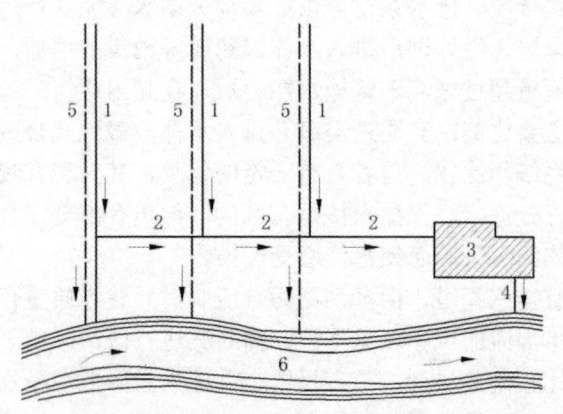

1—污水干管；2—污水主干管；3—污水处理厂；4—排水口；5—雨水干管；6—合流
图 2-3　完全分流制排水系统

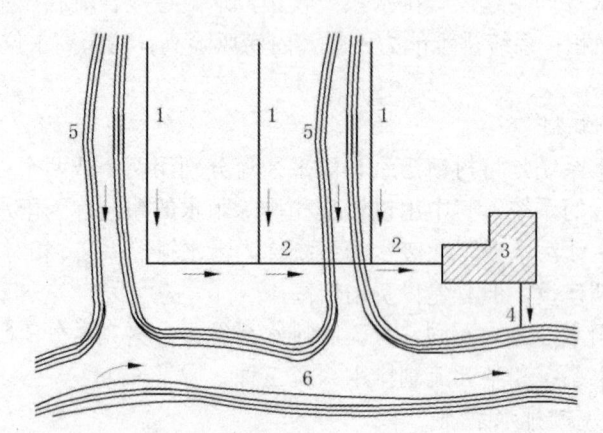

1—污水干管；2—污水主干管；3—污水处理厂；4—排水口；5—明渠或小河；6—合流
图 2-4　不完全分流制排水系统

3. 半分流制排水系统

若设有污水管道和雨水管道，初期将雨水引入污水管道进行处理的排水系统，称为半分流制排水系统，如图 2-5 所示。半分流制在完全分流制的基础上增设雨水截流井，把初期雨水引入截流干管，同污水一起送至污水处理厂处理排放。而传统的分流制排水系统对初期雨水未加以收集和处理。未处理的初期雨水径流直接排入水体会对村镇水体造成一定的污染。长期以来，人们一直认为雨水流量大、水质清洁无须处理即可直接排放。但近年来的调查研究表明由于人们随意抛弃废物、弃土、垃圾，汽车漏油、汽车轮胎磨损及排气排放物，空气湿沉降，农田土肥的大量流失以及一些企业区不同程度地存在跑、冒、滴、漏等现象，初期雨水径流成为地表水体尤其是湖泊水库的重要面源污染之一。雨季，截流井截流初期雨水排入附近的污水管。旱季，截流井将误排入雨水干管的少量污水截流至附近的污水干管。截流式分流制通过在雨水干管上设置截流井较好地解决了初期雨水径流污染和误接入雨水干管污水的影响，克服了传统分流制排水系统雨污分流不彻底、初期雨水污染等不足，更好地保护了城镇地表水环境。

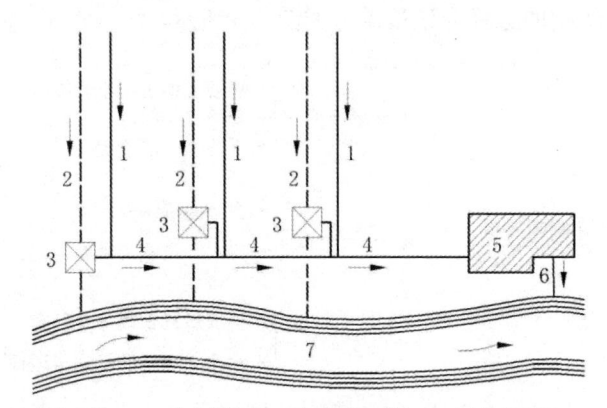

1—污水干管；2—雨水干管；3—雨水截流井；4—截流干管；5—污水处理厂；6—排水口；7—合流

图 2-5　半分流制排水系统

2.1.3　排水体制的选择

根据《室外排水设计标准》（GB 50014—2021）中强调室外排水系统的设计，应根据城镇的总体规划，结合当地的地形地貌、降雨强度、土壤条件、水文地质、气候条件、原有排水设施、污水种类和处理程度等因素，综合考虑确定。同一城镇的不同地区可采用不同的排水制度。新建地区的排水系统宜用分流制。现有合流制排水系统应实施雨污分流改造，设置污水截流设施。对水体保护要求高的地区，可对初期雨水进行截流、调蓄和处理。在缺水地区，宜对雨水进行收集、处理和综合利用。

排水系统的选择是一个多目标决策问题，需要考虑包括自然因素、社会因素、环境因素、经济因素等多方面因素。这些因素中有些是相互促进的、相互联系的，但有些因素是相互矛盾的，往往不能只考虑单方面因素，否则会导致排水系统缺乏统筹性。排水体制的选择是一项复杂的系统工程，需要结合村镇的实际情况进行分析。应充分分析当地的自然条件、现有设施情况、年降雨量、年降雨密度、资金情况、下游水体环境以及该地区的功能分区、工农业分布、排水管网及污水处理现状等，调查现有的和预测潜在的再生水用户的地理位置及水量与水质的需求，并将这种结果反映到给排水专业规划中，综合考虑后合理选择排水体制。

合理选择排水系统的体制，是村镇排水系统规划和设计的重要问题。它不仅从根本上影响排水系统的设计、施工和维护管理，还对村镇的规划和环境保护影响深远，同时也影响排水系统工程的总投资以及初期投资费用和维护管理费用。实践证明，排水管网投资在整个排水系统中占有很高的比例（有时甚至高达75%）其排水体制选择正确与否及运行情况的好坏将直接影响整个排水工程的投资效果，因此对排水体制的选择应该慎重，如图2-6所示。

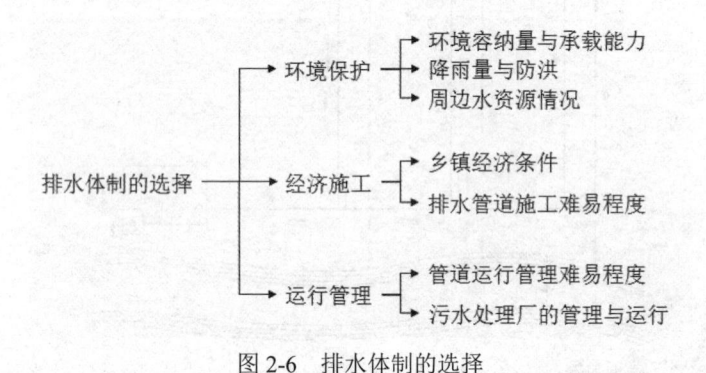

```
                    ┌─ 环境保护 ─┬─ 环境容纳量与承载能力
                    │           ├─ 降雨量与防洪
                    │           └─ 周边水资源情况
排水体制的选择 ─────┼─ 经济施工 ─┬─ 乡镇经济条件
                    │           └─ 排水管道施工难易程度
                    └─ 运行管理 ─┬─ 管道运行管理难易程度
                                └─ 污水处理厂的管理与运行
```

图2-6　排水体制的选择

从环境保护方面考虑，把排水系统与环境保护的要求相协调，村镇生活污水、径流雨水的收集和输送都能高效、低成本地处理。对于排水体制的选择，首先应考虑满足环境保护的要求，保证村镇及其周边区域的环境容量和承载能力，保证生态环境可持续发展；其次应与雨水资源化和防洪要求相协调，对污染较大的初期雨水进行收集处理，可以减轻对受纳水体的污染和流量冲击程度；最后应尊重水资源的整体性、循环性和平衡性，完善村镇地区的排水设施建设、排水管道网络建设和排水系统，协调发展村镇污水处理厂，促进排水系统的各项目实行依次建设。而雨水直接利用、雨水调蓄、雨水渗透与回灌、提供粗糙地表以减缓径流速度等措施均可以实现对雨水流量的控制。加大雨水的下渗和综合利用可以削减村镇洪峰和水涝，减少溢流，缓解地面下沉和改善生态环境。完全分流制排水系统对径流未进行处理而直接排放，对水体造成污染，且径流污染使雨水管道系统的污染状况及规律复杂化，实施有效控制的难度较大。在污水深度处理、超深度处理、污水再生回用已经实用化了的今天，村镇生活污水排水系统规划以及排水系统的改建都应重新考虑，同时要控制非法乱接，保证排水体制的有效性。

从经济施工方面考虑，与村镇的经济条件相协调，经济条件好的村镇可采用分流制，经济条件差但自身条件好的可采用不完全分流制、部分合流制，污水排水系统和雨水排水系统可分期建设，待有条件时再建完全分流制。在村镇的不同发展阶段和经济条件下，同一村镇的不同区域，可采用不同的排水体制。对于完全分流制来说，雨水管道利用率低。污水管道是连续工作，而雨水管道是间歇工作，雨水管道利用率较低，尤其在降雨稀少的地区。同时，建设管道会挤占地下空间，设计施工难，造价高。地下管线错综复杂，分流制排水系统会增加雨水管道或污水管道与其他市政管线的相互交叉，增加设计施工难度，增加雨水重力流排入水体的难度。此外，增设泵站，也会加大工程投资及运行管理费用。分流制管渠系统工程造价高，通常合流制排水管道的造价比完全分流制低 20%~40%。目前村镇市政建设投资缺乏，污水排水系统与污水处理系统难以一步优化到位，需要在满足环境保护要求的前提下，重点考虑该镇排水体制的可操作性。

从运行管理方面考虑，旱季时，污水在合流制管道中只占一小部分过水断面，雨季时，接近满管流。因而旱季时，合流制管道内流速较低，易于产生沉淀。当暴雨来临时，管道中的淤泥易被雨水冲走，从而在一定程度上降低了合流制的运行管理费用。但是合流制造成污水处理厂在旱季通常收集不到足够的污水量，雨季时又有大量雨水流入，超负荷运行。污水厂水量变化很大，增加了运行管理的复杂性。而分流制系统可以保持污水管道内流速，不易发生沉淀。同时，流入污水厂的水量和水质较稳定，变化幅度较小，管渠、污水厂维护管理费用低，易于运行管理控制，但分流制对建筑功能的转变无能为力。

总而言之，排水系统的规划应适当采用较高标准，并充分考虑未来发展的余地，具有一定的超前性，建设可持续性的、生态型的新型排水系统。充分考虑对生态环境的影响，选择分流制管网系统，有利于村镇地区污水的高效处理。同时，坚持宜建则建、宜输则输、分散与集中处理相结合的原则，根据乡、镇不同区域条件、村居人口聚集程度、污水产生规模等因素，以及依据因地制宜采用污染治理与资源利用相结合、工程措施与生态环境保护措施相结合、集中与分散相结合、单户与多户相结合的前提，选择排水系统。即使有部分村镇目前不具备建设雨污分流排水体制的经济能力，也应着眼于长期规划，先建设污水管网，并为未来雨水管网的建设留有余地。如果当地地形坡度较好，雨水不是目前急需解决的主要矛盾，近期对于天然降水可以沿地面自然排放或采用造价较低的明渠收集、输送和排放。这样就可以考虑排水管网依次规划，分期施工不完全分流制排水系统，即先修建分流制的污水排放系统，缓建雨水排放系统。逐步转变目前的雨、污水合流制或不完全分流制系统为半分流制系统，以实现远期逐步向雨污分流制过渡的目标。雨、污水的分流有利于对不同性质的水源采用不同的方法处理和控制，有利于雨水的收集、贮存、处理和利用，避免洪涝灾害，增加水资源可用性，同时有利于减轻村镇面源污染。

排水系统在村镇规划和发展中可以将村民生活用水和农业生产污水隔离，合理调节地下水流和地面河流径流量，达到控制地表水量的目的，促进村镇绿色、生态、可持续发展。科学规划给排水系统，为村镇后续发展奠定扎实基础，为村民生活带来便利，促进农业发展，要保证村镇排水系统规划的科学性，针对村镇污水排放的现状合理规划，科学管控。在城区或镇街污水处理厂覆盖范围以外的、污水水量小的社区和村镇，参照城乡垃圾、粪污一体化收集处理办法，通过厕所粪污收集专用罐车的方式，集中收集运送，统一处理处置，从而解决现有镇街、社区污水处理设施缺水运行的问题；还可以采用分离网式技术，将粪便水和洗涤水分开处理，前者可用于沼气化粪池处理，也可用作农业种植业的肥料，后者经过静置和净化处理，可用于农田灌溉，实现废物利用。

2.2 排水系统的组成

村镇污水包括生活污水和雨水，它们的组成不同，排放要求也有所不同。村镇生活污水排水系统主要由室内污水设备及管道系统、室外污水管道系统、污水泵站和压力管道、污水处理厂、出水口及事故排放口五部分组成，此外，还有排水管网附属构筑物。下面具体介绍各个组成部分。

1. 室内污水设备及管道系统

室内污水设备及管道系统的作用是收集生活污水，并将其排放至室外庭院或街坊污水管道中。在住宅及公共建筑内，卫生设备主要有面盆、浴盆、大便器和小便器，是生活污水排除系统的起端设施。随着人民群众生活水平的日益提高，卫生设备和厨房设备在村镇逐渐得到普及。生活污水从卫生设备和厨房设备经水封管、横管、立管和排出管等室内管道系统流入室外庭院或街坊管道系统，并在每一排出管与室外庭院或街坊管道相接的连接点处设置检查井，供检查和清通管道时使用，如图 2-7 所示。

2. 室外污水管道系统

室外污水管道系统，包括埋设在地面下的依靠重力流输送污水至泵站、污水处理站或水体的管道系统，主要指庭院或街坊的污水管道系统和街道污水管道系统，污水管道系统的支管承接由庭院或街坊污水管道流来的污水。干管汇集输送由支管流来的污水；主干管汇集输送由两个或两个以上干管流来的污水；污水由各级管道输送至污水处理厂或天然水体。

(1) 庭院或街坊管道系统。敷设在一个庭院地面以下，连接各房屋排出管的管道系统称为庭院管道系统。敷设在一个街坊地面以下，并连接一群房屋排出管或整个街坊内房屋排出管的管道系统称为街坊管道系统，如图 2-8 所示。生活污水经室内管道系统流入庭院或街坊管道系统，然后再流入街道管道系统。为了控制庭院或街坊污水管道并使其良好地工作,在该系统的终点设置了检查井,称为控制井,它通常设在庭院内或房屋建筑界线内便于检查的地点。

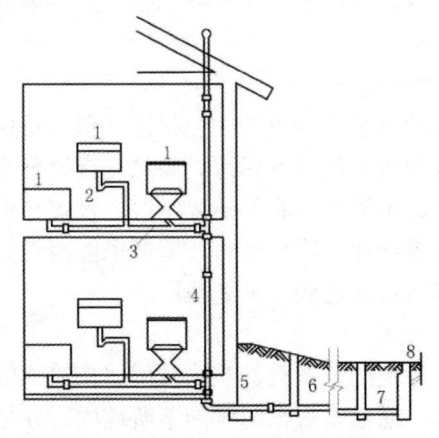

1—卫生设备和厨房设备;2—水封管;3—横管;4—立管;
5—排出管;6—庭院管道系统;7—连接支管;8—检查井

图 2-7　生活污水收集管道系统

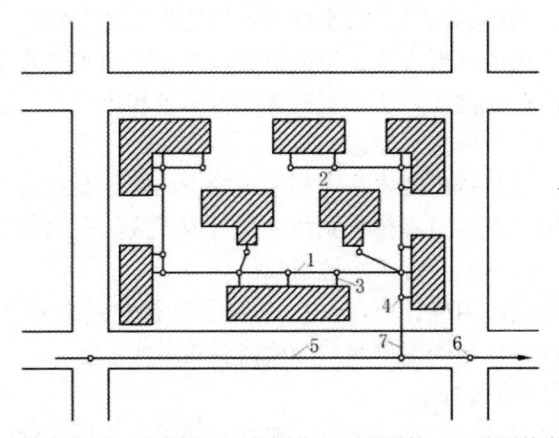

1—污水管道;2—检查井;3—出户管;4—控制井;5—街道管;6—街道检查井;7—连接管

图 2-8　街坊管道系统

（2）街道污水管道系统。敷设在街道下面用以排除庭院或街坊管道流来的污水的管道系统称为街道污水管道系统。在一个村镇内,该系统由支管、干管、主干管等组成。支管承接由庭院或街坊污水管道流来的污水。在排水区界内,常按分水线划分成几个排水流域,在各排水流域内,干管汇集输送由支管流来的污水,也常称为流域干管。主干管汇集输送由两个或两个以上干管流来的污水,把污水从主干管输送至总泵站、污水厂、出水口等。由于污水含有大量的悬浮物和气体，所以街道污水管道一般采用非满管，以保留悬浮物和气体的流动空间。管道系统上应设置检查井、跌水井、倒虹管、水封井、换气井等附属构筑物，便于系统的运行与维护。

3. 污水泵站和压力管道

污水一般可以依靠地形条件通过重力流排除。但在特殊情况下受到地形限制而发生困难时，可设置污水泵站提升污水。泵站是指设置水泵机组、电气设备和管道、闸阀等房屋，分为中途泵站和终点泵站等。设置在管道中途的泵站称为中途泵站，其可以减少管道埋深，降低造价，降低电能消耗。设置在系统末端的泵站则称为终点泵站，将污水抽送到污水处理厂。

4. 污水处理厂

处理和利用污水、污泥的一系列构筑物及附属构筑物的综合体称为污水处理厂，简称污水厂。污水厂通常设置在河流的下游地段，并与居民点或公共建筑保持一定的卫生防护距离。

5. 出水口及事故排放口

污水出水口和雨水出水口是整个村镇污水或雨水系统的终点设施，是污水经处理后排入江河、湖泊的出口。污水排入水体的渠道和出口称为出水口，它是整个村镇污水排水系统的终端设施。事故排放口是指在污水排水系统的中途，在某些易于发生故障的设施前面，所设置的辅助性渠道和出口。一旦发生故障，污水就通过事故排出口直接排入水体。

雨水排水系统是指排出降雨径流和融雪径流的管渠系统的总称，由房屋的雨水收集系统和排放系统、道路排水系统、街坊或厂区的雨水收集与管渠系统、街道雨水管渠系统、出水口及排洪沟等组成。

上述各排水系统的组成部分，对每一个具体的排水系统来说并不一定都具备，必须结合当地具体条件来确定排水系统所需要的组成部分。

6. 排水管网附属构筑物

除了上述各排水系统的组成部分，排水系统还包括排水管网附属构筑物。排水管网附属构筑物包括检查井、跌水井和雨水口等。

（1）检查井。它是整个污水收集管网的重要组成部分，为了便于对管渠进行检查和清通，在排水管渠上必须设置检查井。其主要作用：一是收集污水，农户排放的生活污水首先通过污水支管直接排入窨井，再通过窨井底部的污水主管输送至污水处理设施；二是便于日常检查和维护，在日常运行过程中，管道的维护和检查可通过开启窨井了解整个污水管道的内部具体情况，如管道堵塞时，可通过窨井进行疏通。

检查井的位置，应设在排水管渠的管径、方向、坡度的改变处，管渠交会处、跌水处以及直线管段上每隔一定距离处。相邻两检查井之间的管渠应呈一条直线。检查井在直线管段的最大间距应根据疏通方法等具体情况确定，一般宜按表 2-1 的规定取值。

表 2-1 检查井最大间距

管径或暗渠径高/mm	最大间距/m	
	污水管道	雨水（合流）管道
200~400	40	50
500~700	60	70
800~1000	80	90
1100~1500	100	10
1600~2000	120	120

检查井各部尺寸，应符合下列要求：井口、井筒和井室的尺寸应便于养护和检修；爬梯和脚窝的尺寸、位置应便于检修和上下安全；检修室高度在管道埋深许可时宜为 1.8m，污水检查井由流槽顶算起，雨水（合流）检查井由管底算起。

检查井井底宜设流槽。污水检查井流槽顶可与 0.85 倍大管管径处相平，雨水（合流）检查井流槽顶可与 0.5 倍大管管径处相平。流槽顶部宽度宜满足检修要求。在管道转弯处，检查井内流槽中心线的弯曲半径应按转角大小和管径大小确定，但不宜小于大管管径。位于车行道的检查井，应采用具有足够承载力和稳定性良好的井盖与井座。检查井宜采用具有防盗功能的井盖。位于路面上的井盖，宜与路面持平；位于绿化带内的井盖，不应低于地面。在污水干管每隔适当距离的检查井内，需要时可设置闸槽。接入检查井的支管（接户管或连接管）管径大于 300mm 时，支管数不宜超过 3 条。检查井与管渠接口处，应采取防止不均匀沉降的措施。在排水管道每隔适当距离的检查井内和泵站前检查井内，宜设置沉泥槽，深度宜为 0.3~0.5m。在压力管道上应设置压力检查井。检查井可分为不下人的浅井和需下人的深井，浅井构造比较简单，深井构造较复杂，多设置在埋深较大的管渠上。检查井的构造如图 2-9 所示，检查井的材料和施工可参照给排水标准图集。

（2）跌水井。当检查井上下游管渠的管底高程相差大于 1m 时，应做成跌水井，跌水井中应有减速防冲及消能设施。目前常用的跌水井有两种形式：竖管式和溢流堰式，前者适用于管径等于或小于 400mm 的管道，当检查井中上下游管渠跌落差小于 1m 时，一般只把检查井底部做成斜坡，不做跌水。

1—爬梯；2—流槽；3—井盖；4—井筒

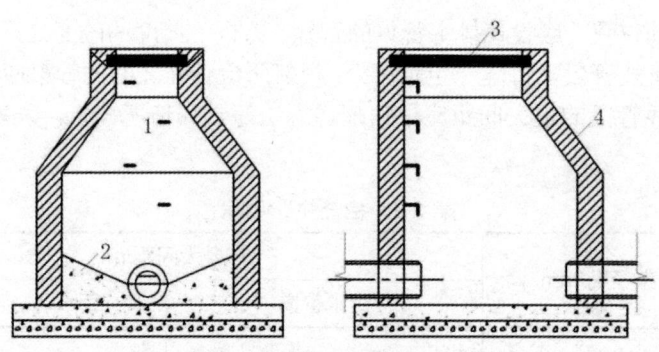

图 2-9　检查井构造

竖管式跌水井的构造如图 2-10 所示。竖管式跌水井中的一次允许跌落高度随管径大小不同而异，跌水井的进水管管径不大于 200mm 时，一次跌水水头高度不得大于 6m；管径为 300~600mm 时，一次跌水水头高度不宜大于 4m；管径大于 600mm 时，其一次跌水水头高度及跌水方式应按水力计算确定。跌水方式可采用竖管或矩形竖槽。

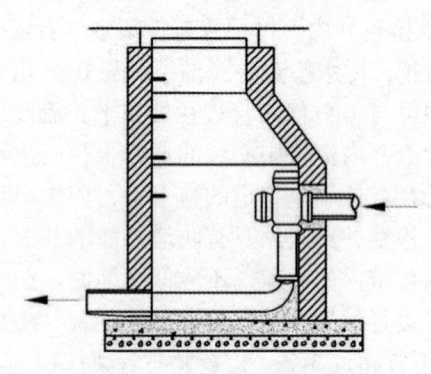

图 2-10　竖管式跌水井构造

（3）雨水口。地面及路面上的雨水，从雨水口经连接管排入管道。雨水口一般设在道路两侧和广场等地。雨水口的形式、数量和布置，应按汇水面积所产生的流量、雨水口的泄水能力及道路形式确定。雨水口间距宜为 25~50m，连接管串联雨水口个数不宜超过 3 个，雨水口连接管长度不宜超过 25m。当道路纵坡大于 2% 时，雨水口的间距可大于 50m，其形式、数量和布置应根据具体情况和计算确定。在低洼及易积水的地方应适当增加雨水口的数量。

雨水口由进水箅、井筒和连接管三部分组成。雨水口按进水箅位置可分为三种：平箅式雨水口（图 2-11）、侧石式雨水口（图 2-12）和联合式雨水口（图 2-13）。

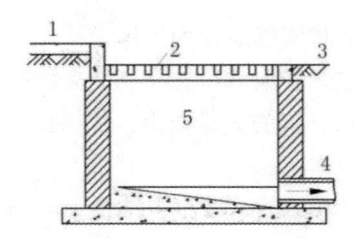

1—人行道；2—进水篦；3—道路；4—连接管；5—井筒
图 2-11　平篦式雨水口

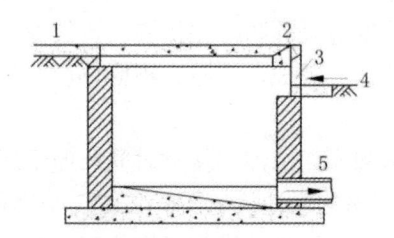

1—人行道；2—侧石；3—进水篦；4—道路；5—连接管
图 2-12　侧石式雨水口

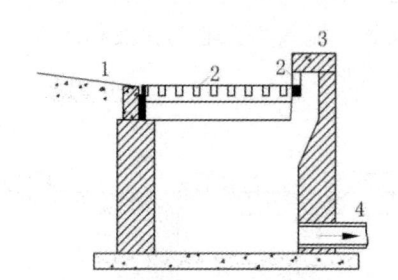

1—道路；2—进水篦；3—人行道；4—连接管
图 2-13　联合式雨水口

（4）出水口。排水管渠出水口位置、形式和出口流速，应根据受纳水体的水质要求、水体的流量、水位变化幅度、水流方向、波浪状况、稀释自净能力、地形变迁和气候特征等因素确定。排水管渠的出水口一般设在岸边，当排出水需要受纳水体充分混合时，可将出水口伸入水体。出水口与水体岸边连接处一般做成护坡或挡土墙，以保护河岸及固定出水管渠与出水口。有冻胀影响地区的出水口，应考虑使用耐冻胀材料砌筑，出水口的基础必须设在冰冻线以下。

（5）化粪池。化粪池在不设生活污水处理构筑物的情况下，住宅和公共建筑所排出的生活粪便污水，必须经化粪池处理后方可排入下水道或水体中去。在有条件的地方，也可将化粪池和沼气池合为一体。

通常情况下，污水通过化粪池后，悬浮物的去除率是60%～70%；有机物的去除率是20%～30%；对氮、磷的去除很少。使用化粪池，可以为后续的处理降低负荷，降低后续处理的成本。

为便于施工和管理，化粪池的长度不得小于1m，宽度不得小于0.75m，深度不得小于1.3m。化粪池多设置在庭院内，因清掏污泥时有臭味，故应尽量隐蔽，不宜设在人们经常停留活动之处。化粪池池壁距建筑物外墙不宜小于5m，以免影响建筑物基础；化粪池与水源地间应有不小于30m的卫生防护距离，以防止化粪池渗漏污染水源。化粪池壁应采取防渗漏措施，一般涂抹水泥砂浆即可。化粪池有效容积由污水和污泥两部分组成，实际容积应再加上保护层容积，保护层高度一般为250～450mm。

此外，为了缩短污水和腐化污泥的接触时间，便于清掏污泥，化粪池常做成双格或三格。图2-14为三格化粪池构造图，其由3个容积比为2:1:3的密封粪池组成，各粪池相连通，粪液与污水由进粪管进入第一池，依次流至第二池及第三池。第一池密闭，池内液体相对静止或流动缓慢，水力停留时间较长，可沉淀阻留寄生虫卵；第二池密封严密，为厌氧发酵深层阶段，游离氨含量高，具有杀菌作用；第三池主要用于储粪，流入第三池的粪液和污水一般已被分解，虫卵和病菌已被基本杀除，可用于施肥。

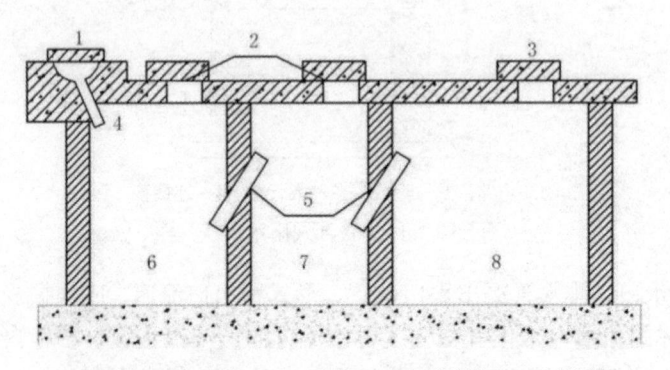

1—进粪口；2—清渣口；3—出粪口；4—粪封管；5—过粪管；
6—第一池；7—第二池；8—第三池

图2-14 三格化粪池构造

村镇早期的化粪池达到一定容积就可实现贮存粪便的功能，随着人们对环境卫生认知的程度不断加深，农村改厕的需求也在向无害化、资源化的方向转变。目前在城市化粪池设计规范的基础上，我国建立了相关规范标准，见表2-2。

表 2-2　现有的化粪池规范和标准

改厕模式	现有标准	编号
模式一	《粪便无害化卫生要求》	GB 7959—2012
	《农村户厕卫生规范》	GB 19379—2012
	《玻璃钢化粪池技术要求》	CJ/T 409—2012
	《塑料化粪池》	CJ/T 489—2016
	《预制钢筋混凝土化粪池》	JC/T 2460—2018
	《农村三格式户厕建设技术规范》	GB/T 38836—2020
	《农村三格式户厕运行维护规范》	GB/T 38837—2020
	浙江省：《农村厕所建设和服务规范 第 2 部分：农村三格式卫生户厕所技术规范》	DB33/T 3004.2—2015
	山东省：《一体式三格化粪池（聚乙烯、共聚聚丙烯、玻璃纤维增强复合材料）》	DB37/T 2792—2016
	湖北省：《农村无害化厕所建造技术指南》	DB42/T 1495—2022
	湖南省：《农村厕所建设与管理规范》	DB43/T 2755—2023
	黑龙江省：《农村室外卫生户厕建设实施指南》	DB23/T 3853—2024
模式二	《给水排水工程构筑物结构设计规范》	GB 50069—2002
	《建筑给水排水设计规范》	GB 50015—2003
	《室外排水设计标准》	GB 50014—2021
	《下水道及化粪池气体监测技术要求》	GB/T 28888—2012
	《户用生活污水处理装置》	CJ/T 441—2013
	《农村生活污水处理工程技术标准》	GB/T 51347—2019

（6）截流井。截流井的位置，应根据污水截流干管位置、合流管渠位置、溢流管下游水位高程和周围环境等因素确定。截流井宜采用槽式，也可采用堰式或槽堰结合式。管渠高程允许时，应选用槽式，当选用堰式或槽堰结合式时，堰高和堰长应进行水力计算。截流井溢流水位，应在设计洪水位或受纳管道设计水位以上，当不能满足要求时，应设置闸门等防倒灌设施。截流井内宜设流量控制设施。

2.3　排水系统的管网布置

排水管网是现代化村镇建设不可缺少的一项重要设施，是村镇基本建设的一个主要组成部分，污染控制和管线布控是其两大主要任务。其中，污染控制是控制水污染，改善和保护环境的重要工程措施；而管线布控对于节省排水管网的投资和后期管理运营费用，减轻对受纳水体的污染和流量冲击具有重要作用。

2.3.1 排水管网的布置原则与内容

1. 排水管网的布置原则

（1）满足村镇建设整体方面的要求，按照村镇总体规划，结合当地实际情况布置排水管网，要进行多方案技术经济比较。

（2）符合环境保护的要求，贯彻执行"全面规划、合理布局、综合利用、化害为利、依靠群众、大家动手、保护环境、造福人民"环境保护的32字工作方针。

（3）先确定排水区域和排水体制，然后布置排水管网，按从干管到支管的顺序进行布置。

（4）充分利用现有排水工程设施和利用地形，采用重力流排除污水和雨水，并使管线最短、埋深最小。

（5）协调好与其他管道、电缆和道路等工程的关系。

（6）规划时要考虑使管渠的施工、运行和维护方便。

（7）远近期规划相结合，充分考虑未来发展需求，尽可能安排分期实施。

2. 排水工程规划的具体内容

（1）确定排水区域界限与排水定额，估算生活污水量、工业废水量和雨水量。

（2）拟定村镇污水、雨水的排除方案。方案包括确定排水方向和排水体制；拟定原有设施的利用和改造原则；研究分期建设，远期与近期的有机结合等主要问题。

（3）选择污水处理厂、出水口的位置及污水处理流程。

（4）进行排水系统的平面布置。在管网布置中确定主干管、干管的走向、位置和管径，确定提升泵站的位置。

（5）估算排水工程造价和年经营费用。

3. 排水工程规划的工作程序

（1）明确规划任务，确定规划编制依据。了解规划项目的性质，明确规划设计的目的、任务与内容；收集与规划项目有关的方针、政策性文件和村镇总体规划文件及图纸；取得排水规划项目主管部门提出的正式委托书，签订项目规划任务的合同或协议书。

（2）调查和收集必需的基础资料。资料包括村镇道路、建筑物、地下管线及现有排水管线情况等，并进行现场勘察；也包括气象、水文、水文地质、地形、工程地质及村镇范围内各种排水量、水质情况等资料。图文资料和现状实况是规划的重要依据。在充分掌握详尽资料的基础上，进行一定深度的调查研究和现场踏勘，增强现场概念，加强对水环境、水资源、地形、地质等的认识，为厂站选址、管网布局、水的处理与利用等的规划方案奠定基础。

（3）在掌握资料与了解现状和规划要求的基础上，经过充分调查研究，合理确定村镇用水定额，估算排水量，并将其作为排水工程规模的依据。水量预测应采用多种方法计算，相互校核，确保数据的科学性。

（4）制定村镇排水工程规划方案。对排水系统体系结构、排水体制、排水处理厂址选择、排水处理工艺、污废水最终处置与利用方案等进行规划设计，拟定不同方案，进行技术经济比较与分析。在基本掌握基础资料的情况下，着手考虑排水工程规划方案，绘制方案草图，估算工程造价，分析方案优缺点，进而选择最佳方案。

（5）根据规划期限，提出分期实施规划的步骤和措施，控制和引导排水工程有序建设，节省资金，增强规划工程的可实施性，提高项目投资效益，有利于村镇的持续发展。

（6）编制村镇排水工程规划文件，绘制工程规划图纸，完成规划成果文本。

2.3.2 排水管网的布置

2.3.2.1 污水管网的设计与布置

1. 确定排水区域，划分排水流域

排水区界是污水排出系统规划的界限，凡是采用完善卫生设备的建筑区都应设置污水管网，其取决于村镇规划的设计规模。在排水区域内，应根据地形和村镇的竖向规划划分排水流域。流域边界应与分水线相符合。在地势起伏及丘陵地区，流域分界线与分水线基本一致，每个排水流域就是由分水线围成的地区。在地势平坦及无显著分水线的地区，应使干管在最大埋深以内，让绝大部分污水自流排出，或可按面积的大小划分，使相邻流域的管网系统负担合理的排水面积，每一个流域的污水都能自流排水。如果有河流和铁路等障碍物贯穿，则应根据地形、周围水体及倒虹管的设置情况等，通过方案比较，决定是否分为几个排水流域。

每一个排水流域应有一根或一根以上的干管，根据流域高程情况，可以确定干管水流方向和需要污水提升的地区。

2. 污水管网平面布置

在进行村镇污水管网系统的规划时，首先要在村镇规划总平面图上确定污水管网系统的位置及水流方向，这种工作通常称为污水管网的定线，即污水管网的平面布置。定线的程序是按主干管、干管、支管的顺序进行的。在定线时，一般应遵循的原则是，尽可能做到管线最短、埋深最小和最大面积地排除污水。

（1）干管布置与定线。通过干管布置，可以将各排水流域的污水收集并输送到污水处理厂或排放口中。排水管网一般布置成树状网，根据干管与地形等高线的关系，可分为平行式排水管网和正交式排水管网两种。

1）平行式排水管网。平行式排水管网是指排水干管与等高线平行，主干管与等高线基本垂直的排水管网，如图 2-15 所示。平行式布置适用于村镇地形坡度很大的情况，可以减少管网的埋深，避免设置过多的跌水井，从而改善干管的水力条件。

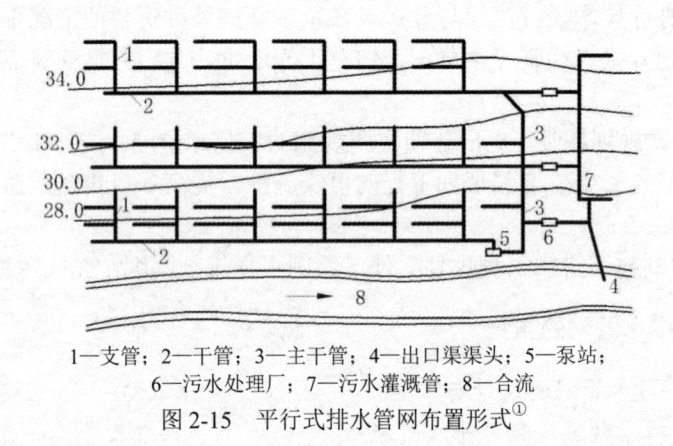

1—支管；2—干管；3—主干管；4—出口渠渠头；5—泵站；
6—污水处理厂；7—污水灌溉管；8—合流
图 2-15　平行式排水管网布置形式[①]

2）正交式排水管网。正交式排水管网是指排水干管与地形等高线垂直相交，主干管与等高线平行敷设的排水管网，如图 2-16 所示。正交式排水管网布置的特点是干管与等高线基本垂直，而主干管则布置在村镇较低的一边，与等高线基本平行。正交式排水管网适用于地形平坦或略向一边倾斜的村镇。

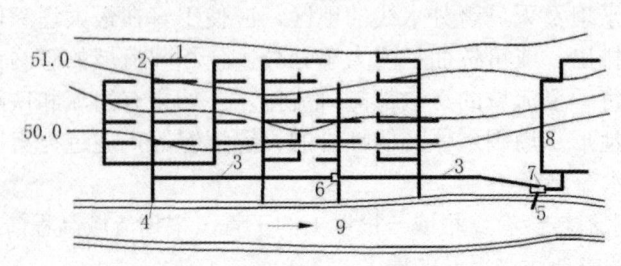

1—支管；2—干管；3—主干管；4—溢流口；5—出口渠渠头；
6—泵站；7—污水处理厂；8—污水灌溉管；9—合流
图 2-16　正交式排水管网布置形式

由于各村镇地形差异很大，排水管网的布置要紧密结合各区域地形特点和排

---

① 图中数据为等高线，单位为米。

水体制进行，同时要考虑排水管网流动的特点，即大流量干管坡度小，小流量支管坡度大。实际工程往往应结合上述两种布置形式，构成丰富的具体布置形式，如图 2-17 所示。

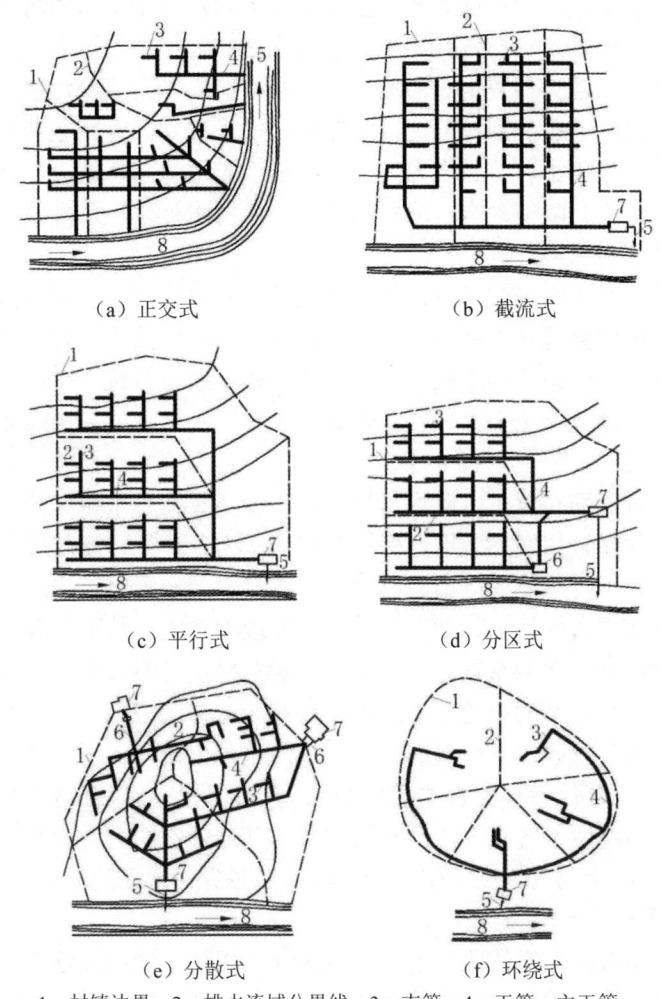

(a) 正交式

(b) 截流式

(c) 平行式

(d) 分区式

(e) 分散式

(f) 环绕式

1—村镇边界；2—排水流域分界线；3—支管；4—干管、主干管；
5—出水口；6—泵站；7—污水处理厂；8—合流

图 2-17　排水管网布置方案

在进行定线时，要在充分掌握资料的前提下综合考虑各种因素，使拟定的路线能因地制宜地利用有利条件而避免不利条件。通常影响污水管网平面布置的主要因素有地形和水文地质条件；村镇总体规划、竖向规划和分期建设情况；排水体制、线路数量；污水处理利用情况、处理厂和排放口位置；排水量大的工业企业和公建情况；道路和交通情况；地下管线和构筑物的分布情况。

地形是影响管网定线的主要因素。地形不同，管网布置形式也不相同。定线时，应充分利用地形走势形成重力流，减少管网的埋设深度。在整个排水区域较低的地方，如集水线或河岸低处敷设主干管及干管，便于支管的污水自流进入主干管。地形较复杂时，宜布置几个独立的排水系统，如由于地表中间隆起而布置两个排水系统。在地势相差很大的地方，污水不能靠重力流至污水厂时，可采用分区式布置，这时，可分别在高地区和低地区敷设独立的管网系统。分区式的优点是充分利用地形排水，节省电力，经济可靠。若地势起伏较大，宜布置高低区排水系统，高区不宜随便跌水，应利用重力排入污水处理厂，并减少管网埋深，个别低洼地区应局部提升。

污水主干管的走向与数目取决于污水处理厂和出水口的位置与数目。在平坦地区的村镇，可能会建几个污水处理厂分别处理与利用污水，有几个出水口，则设几条主干管。小村镇或地形倾向于一方的村镇，通常只设一个污水处理厂和出水口，则只需敷设一条主干管。若几个村镇合建污水处理厂，则需建造相应的区域污水管网系统。

一般在进行管网布置时，应尽可能把主干管布置在排水量大的工业园区或公共建筑附近，除能较快发挥效用，保证良好的水力条件外，还能减少主干管、干管的长度，有利于污水就近排出。同时，在进行管网布置时，应避免在平坦地区布置流量小而长度大的污水管网，造成管网的埋深过大，从而使施工费用增加。村镇道路也会影响管网的布置。污水干管一般沿村镇道路布置，不宜敷设在交通繁忙的快车道下和狭窄的街道下，也不宜设在无道路的空地上，而通常应敷设在污水量较大或地下管线较少一侧的人行道、绿化带或慢车道下，且尽可能使污水管的坡降与地面坡降一致，以减少管网埋深，节省工程造价。当道路宽度超过40m时，可考虑在道路两侧各设一条污水管网及与其他管网的交叉管网，便于施工、检修和维护管理。污水管宜尽量避免穿越河道、铁路、地下建筑物或其他障碍物，减少与其他管道的交叉。

总之，污水管网的定线应考虑到工业企业和居住区的远、近期规划及分期建设的安排，充分利用重力流，使管网的定线工作既满足近期村镇建设的需要，又利于远期的发展。

（2）支管布置与定线。污水支管的平面布置取决于地形及街区建筑特征，并应便于用户接管排水。当街区面积不太大，街区污水管网可采用集中出水的方式时，街道污水支管应敷设在服务街区较低侧的街道下，称为低边式布置，如图2-18所示，它的布置特点是管线较短，在村镇规划中使用较多。

当街区面积较大且地形平坦时，宜在街区四周的街道敷设污水支管，如图2-19

所示，建筑物的污水排出管可与街道支管连接，称为围坊式布置。

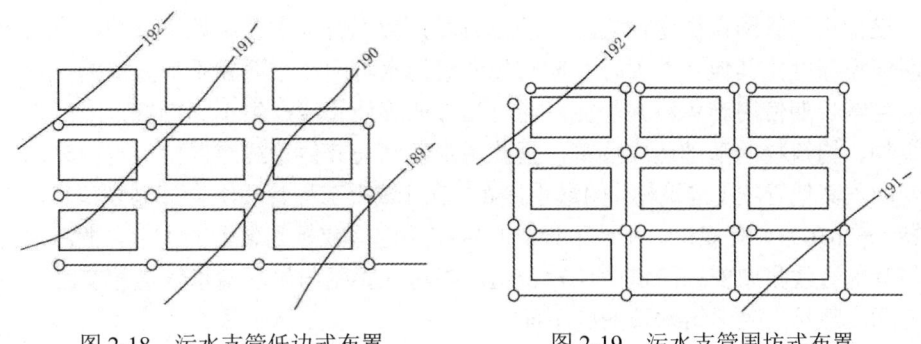

图 2-18 污水支管低边式布置　　图 2-19 污水支管围坊式布置

街区已按规定确定，街区内污水管网按各建筑的需要设计，组成一个系统，再穿过其他街区并与所穿过街区的污水管网相连，而街坊四周不设污水支管，称为穿坊式布置，如图 2-20 所示。该布置形式的特点是管线较短，只适用于村镇建筑规划已确定的新村式街坊。

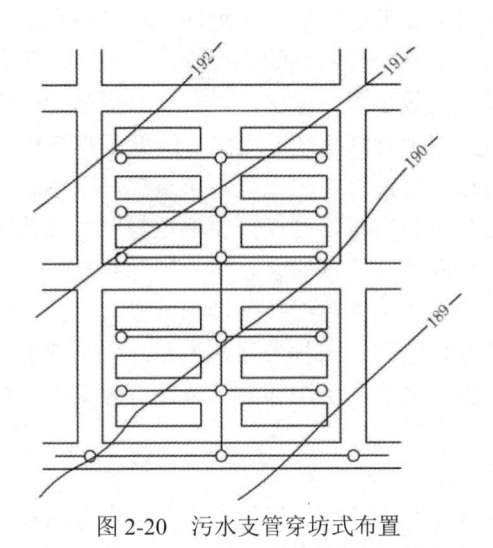

图 2-20 污水支管穿坊式布置

3. 污水管网的具体位置

在村镇街道上，除埋设有污水管网外，还有其他设施，如管网（包括给水管、雨水管、煤气管等）、电缆、电线（包括电话线、电灯线、电力线等）、隧道（包括人行横道、防空隧道等）等。污水管网是重力流管网，管网（尤其是干管和主干管）的埋设深度较大且有很多连接支管，若管线位置安排不当，则会造成施工和维修的困难，所以必须在各种地下设施工程管线综合规划的基础上合理安排其在街道横断面上的空间位置。

设计污水管网在街道横断面上的位置时，应综合考虑各种地下设施。在污水管网埋设深度比其他管网大时，应首先考虑污水管网在平面和垂直方向的位置。污水管网长期使用难免渗漏损坏，会对相邻的其他管线产生不利影响，或对附近建筑物、构筑物的基础造成危害，因此污水管网与其他管线应保持一定距离，污水管网与其他管线（构筑物）的最小净距，在《城市工程管线综合规划规范》（GB 50289—2016）中有规定。在地下设施较拥挤的地区或极为繁忙的街道，把污水管网与其他管线集中安在隧道中比较合适。当污水管网与生活给水管道相交时，污水管网应敷设在生活给水管网的下面。

4. 控制点的确定和泵站的设置位置

在污水排水区界内对管网系统的埋深起控制作用的地点称为控制点。各条管网的起点多数是这条管网的控制点。这些控制点中离出水口最远、最低的一点，通常是整个管道系统的控制点。该点的管网埋深决定了整个管网系统的埋深。

确定控制点的管网埋深：一方面，应根据村镇的竖向规划，保证排水区界内各点的污水都能够排出，并考虑发展，在埋深上适当留有余地；另一方面，不能因照顾个别控制点而增加整个管网系统的埋深。对此，通常采取加强管材强度，填土提高地面高程以保证最小覆土厚度，设置泵站提高管位等措施，减小控制点的管网埋深，从而减小整个管网系统的埋深，降低工程造价。

当管网埋深超过最大埋深时，应设置泵站来提高下游管网的管位，这种泵站称为中途泵站。地形复杂的村镇，往往需要将地势较低处的污水抽升到较高地区的管网中，这种抽升局部地区污水的泵站称为局部泵站。污水厂中的处理构筑物一般都建在地面上，而污水主干管终端的埋深都很大，因此由主干管输送来的污水需在泵站抽升到处理构筑物，这种泵站称为终点泵站或总泵站。泵站设置的具体位置应考虑环境卫生、地质、电源和施工条件等因素，并征询卫生主管部门的意见。

2.3.2.2 雨水管网的设计与布置

落在地面上的雨水，其中一部分沿地面流入雨水管网和水体，通常称为地面径流。雨水管网的任务是及时排除由暴雨所形成的地面径流，以保障村镇工厂和人民生命财产的安全，尤其是在雨水量大的南方地区，它起着十分重大的作用。我国地域广阔，气候差异大，年降雨量分布不均匀，从东南到西北呈递减趋势。即使是在降雨量大的地区，全年的降雨总量也不过和生活污水量相近，而沿地面流入雨水管网的雨水不到总雨水量的一半。但由于全年雨水的绝大部分是在短时间内降下的，并且十分猛烈，因此会形成数十倍于生活污水的径流量。为了防止雨水造成巨大的危害，需要及时排除雨水。

1. 雨水管网定线的基本要求

雨水管网定线一般按照主干管、干管、支管的顺序依次进行，其基本要求如下。

（1）遵循村镇规划，在村镇规划区，雨水管网定线应沿规划路网进行，并综合考虑规划区的竖向高程，尽量少穿或不穿地块，以便于后期的管理维护。

（2）充分利用地形，以重力流排水为主，适当设置提升泵站；尽可能地在管线较短、埋深较小的情况下，排除最大区域的雨水。

（3）坚守统筹兼顾、系统协调的原则，雨水管网规划要与道路、绿地、竖向、水系、景观、防洪等相关专项规划充分衔接，协调好规划与现状、整体与局部的关系，保障排水工程的安全性与可靠性，做到经济合理、可操作性强。

（4）雨水管网定线需考虑以下几个因素：地形和规划区的竖向规划；排水体制、路线数目和出水口位置；水文地质条件；道路宽度；地下管线、构筑物、大型工业企业、厂房与建筑小区的分布情况。

2. 雨水管网的平面布置形式

综合考虑道路路网规划、道路竖向及出水口位置等因素，雨水管网的平面布置形式有正交式、平行式、分区式、分散式与综合式。

（1）正交式。正交式适用于地势向水体适当倾斜的地区，干管沿垂直水体的方向敷设。该种布置方式的干管长度短，雨水在管网中停留时间短，管径小，因此较为经济。

（2）平行式。平行式适用于地势向河流方向有较大倾斜的地区，干管基本上平行于等高线及河道敷设，主干管与等高线及河道成一定倾角敷设。该种布置方式可避免因干管坡度较大及管内流速过大，使管网受到严重冲刷，同时可减少跌水井数量，降低工程造价。

（3）分区式。分区式适用于地势高低相差很大或起伏很大的阶梯地形及雨水不能靠重力流出水口的地区，分别在高区和低区敷设独立的管网系统，高区依靠重力流直排、低区采用泵站提升。该种布置方式能充分利用地形排水，节省能源。

（4）分散式。分散式适用于村镇周围有河流或村镇中央部分地势高，地势向周围倾斜的地区，雨水干管分散敷设，就近排入水体，各排水流域具有独立的排水系统。该种布置方式干管长度短、管径小、管网埋深较浅，便于雨水排放。

（5）综合式。在实际工程中，规划区的地形、地势是复杂多变的，单一的平面布置形式已不能满足村镇雨水排放的需要，通常是将以上几种布置形式相结合，依据不同的地形地势进行布设，此种布置方式即综合式。

3. 雨水管网平面布置

随着村镇化进程和路面普及率的提高，地面的存水、滞洪能力大大下降，雨水的径流量迅速增大。建立一定的雨水贮留系统，一方面可以避免水淹之害，另一方面可以利用雨水作为村镇水源，缓解用水紧张。

村镇雨水管网规划布置的主要内容有确定排水流域与排水方式，进行雨水管网的定线；确定雨水泵房、雨水调蓄池、雨水排放口的位置。

雨水管网平面的布置，要求使雨水能顺畅及时地从村镇排出去。一般可从以下几个方面进行考虑。

（1）充分利用地形，以最短的距离靠重力流将雨水排入附近的池塘、河流等地表水体。在规划雨水管线时，首先应按地形划分排水区域，进行管线布置。根据地面标高和河道水位划分自排区和强排区。自排区利用重力流自行将雨水排入河道，强排区需设雨水泵站，提升后排入河道。根据分散和直接的原则，雨水管渠的平面布置多采用正交式布置，使雨水管网尽量以最短的距离依靠重力流排入附近的池塘、河流、湖泊等水体。只有在水体位置较远且地形较平坦或地形不利的情况下，才需要设置雨水泵站。当管网排入池塘或小河时，由于出水口构造简单，造价不高，因此可以采用分散式出水口的布置形式。其特点是排放水体近，干管分散布置，线路短，可以充分利用地形。当河流水位变化很大，管网出水口离水体较远时，出水口的构造就比较复杂，造价也就较高，宜采用集中式出水口，其特点是干管适当集中汇入主干管，减少主干管的长度。当地形坡度较大时，雨水干管宜布置在地形低处或溪谷线上。当地形平坦时，雨水干管宜布置在排水流域的中间，以便尽可能扩大重力流排除雨水的范围。

（2）尽量避免设置雨水泵站。由于暴雨形成的径流量大，雨水泵站的投资也很大，且雨水泵站在一年中运转时间短，利用率低，所以应尽可能靠重力流排水。但在一些地形平坦、地势较低、区域较大或受潮汐影响的村镇，在必须设置雨水泵站的情况下，应把经过泵站排泄的雨水径流量减少到最小限度。

（3）结合街区及道路规划布置。道路通常是街区内地面径流的集中地，所以道路边沟最好低于相邻街区地面标高，尽量利用道路两侧边沟排除地面径流。雨水管网应平行于道路敷设，宜布置在人行道或草地下，不宜设在交通量大的干道下，以免积水时影响交通或维修管网时破坏路面。当道路宽度大于 40m 时，可考虑在道路两侧分别设置雨水管网。雨水干管的平面布置和纵向布置应考虑与其他地下管线和构筑物在相交处相互协调，且为便于行人越过街道，雨水口的布置应使雨水不致漫过路口。因此一般在道路交叉口的汇水点、低洼处和直线道路的一定距离处设置雨水口。在有池塘、坑洼的地方，可考虑将其作为雨水调蓄设施。

（4）在村镇，雨水可以采用明渠和管网系统排出。明渠的造价低，用材方便，可以用砖和石头砌成，但占地面积大，维护管理不方便，长期无人管理会造成堵塞，形成臭水，产生苍蝇、蚊子，不利于环境卫生，从而导致人们生产、生活和交通的不便。所以，可采用明渠和暗管相结合的形式解决这类问题。建筑密度较大、交通流量大的村镇，应采用暗管排雨水，尽管造价高，但卫生情况较好，养护方便，不影响交通；在村镇郊区或建筑密度低、交通量小的地方，可采用明渠，以节省工程费用，降低造价；在受到埋深和出口深度限制的地区，可采用盖板明渠排出雨水。

（5）雨水出口的布置。雨水出口的布置有分散和集中两种布置形式。当出口的水体离流域很近，水体的水位变化不大，洪水位低于流域地面标高，且出水口的建筑费用不大时，宜采用分散出口，以便雨水就近排放，缩短管线，减小管径。反之，则可采用集中出口的形式。

（6）调蓄水体的布置。充分利用地形，选择适当的河湖水面和洼地作为调蓄池，以调节洪峰，降低沟道设计流量，减少泵站的设置数量。在村镇排水工程规划中，应尽量利用村镇中现有的坑塘、洼地，有计划地开挖一些池塘，以储存由暴雨形成的一部分径流量，从而减小雨水管网断面的面积，降低工程造价。同时，所储存的雨水可供游览、娱乐之用。调蓄水体的布置应与村镇总体规划相协调，在缺水地区的村镇，可以尽量把调蓄水体与景观规划、消防规划结合起来，也可以把更多的水量用于市政绿化和农田灌溉等其他用途。

（7）设置排洪沟排除排水区域以外的降水。对于村镇中靠近山麓建设的中心区、居住区、工业区，除在村镇内应设雨水管网外，还应考虑在村镇周围或设计范围之外设置排洪沟，以拦截从村镇以外分水岭以内排泄下来的洪水，并将其引入附近水体，以保证村镇的安全。

2.3.3 排水管网的材料与施工

2.3.3.1 排水管网材料

1. 排水管材要求

排水管道和沟渠统称为排水管网。排水管渠材料简称为排水管材，应满足如下要求。

（1）必须具有足够的强度，以承受外部荷载和内部水压。外部荷载包括土壤的静荷载和由车辆运行所造成的动荷载。压力管和倒虹管一般要考虑内部水压，当自流管道发生淤塞或雨水管网系统的检查井内充水时，也能引起内部水压。此外，为了保证排水管网在运输和施工过程中不致破裂和坍塌，也必须使排水管网具有足够的强度。

（2）某些污水和地下水有侵蚀性，排水管网应能耐受污水中杂质的冲刷和磨损,并能抗腐蚀,以免在污水或地下水的侵蚀作用(酸、碱或其他)下很快破损。

(3)排水管网必须不透水,以防止污水渗出或地下水渗入。污水若从管网渗出至土壤,将污染地下水体或邻近水体,或者破坏管网及附近房屋的基础。地下水渗入管网,不但会降低管网的排水能力,而且会增加管网流量,增大污水泵站及处理构筑物的负荷。在大孔性土壤地区,渗出水将破坏土壤结构,削弱地基承载力,并可能造成管道本身下陷或邻近建筑物损坏。

(4)管网的内壁应整齐光滑,使水流阻力尽量减小,使水流畅通。

(5)由于管网的造价是整个排水系统造价的主要部分,应正确选择管网材料,就地取材以节省运输费用,同时应尽量选用预制管件以快速施工,从而降低管网系统的造价。

2. 排水管网材料分类

目前村镇常用的排水管道有非金属管(混凝土管、钢筋混凝土管、陶土管、塑料排水管、石棉水泥管)和金属管,常用的沟渠材料有砖、石和木材。

(1)非金属管。非金属管一般是预制的圆形断面管道,水力性能好,价格较低,能承受较大荷载,运输和养护也较方便。大多数的非金属管道的抗腐蚀性和经济性均优于金属管,只有在特殊情况下才采用金属管。

1)混凝土管。混凝土管适用于排除雨水、污水。管口通常有承插式、企口式和平口式。混凝土管的管径一般小于450mm,长度一般为1m。当混凝土管的直径大于400mm时,一般配制成钢筋混凝土管,其长度在1~3m之间。

混凝土管一般在专门的工厂预制,也可现场浇制。混凝土管的制造方法主要有三种:捣实法、压实法和振荡法。捣实法是用人工捣实管模中的混凝土的方法;压实法是用机器压制管胚的方法(适用于制造管径较小的管子);振荡法是用振荡器振动管模中的混凝土,使其密实的方法。

混凝土管的原料充足,设备、制造工艺简单,所以被广泛采用。它的缺点是抗蚀性较差,抗渗性能也较差,且管节短,接头多。

2)钢筋混凝土管。口径为500mm以及更大的混凝土管通常要加钢筋,口径700mm以上的管子采用内外两层钢筋,钢筋的混凝土保护层为25mm。钢筋混凝土管适用于排除雨水、污水等。钢筋混凝土管的管口有三种做法:承插式、企口式和平口式。采用顶管法施工时常用平口管,以便施工。钢筋混凝土管制造方法主要有三种:捣实法,振荡法和离心法。前面两种方法和混凝土管的捣实法、振荡法基本相同,做出的管子为承插管(小管)或企口管(大管,口径700mm以上的管子多用企口管)。离心法是利用离心力将混凝土混合料分布在管模内,并排出其中的空气和多余水分,使混凝土达到密实状态。

钢筋混凝土管的优点是,能够就地取材、制造方便、造价较低、耗钢材少,可根据不同的内压分别制成无压管、低压管，适用性较广。当管道埋深较大或敷设在土质条件不良的地段，以及穿越铁路、河流、谷地时，可采用钢筋混凝土管。它的主要缺点是容易被含酸、含碱的污水侵蚀，较大管径的钢筋混凝土管重量大，搬运不便，管节较短，接头较多，施工复杂。在地震烈度大于 8 度的村镇及饱和松沙、淤泥和淤泥土质、冲填土、杂填土的地区因较易沉陷而不宜敷设。

3）陶土管。由于陶土管能满足污水管道在技术方面的一般要求，而且耐酸、抗腐蚀性能好，所以被广泛采用。陶土管尤其适用于排除酸性废水，或者管外有侵蚀性的地下水的污水管道。陶土管的缺点是质脆易碎，运输困难，较难承受内压，抗弯抗拉性差，不宜敷设在松软土中或埋深较大的地方。另外，陶土管管节短、接口多，增大了施工难度，增加了费用。陶土管是由塑性耐火黏土制成的，为了防止在焙烧过程中产生裂缝，制成陶土管通常需加入耐火黏土及石英砂（按一定比例）并经过研细、调和、制坯、烘干等过程。根据需要，可以将陶土管制成无釉、单面釉和双面釉的陶土管，若采用耐酸黏土和耐酸填充物，还可以制成特种耐酸陶土管。在陶土管的焙烧过程中，需要向窑内撒食盐，目的在于食盐和黏土的化学作用能在管子的内外表面形成一种酸性的釉，带釉的陶土管管壁光滑，水流阻力小，抗渗性好，耐磨损，抗腐蚀。

陶土管一般为圆形断面，有承插式和平口式两种形式。陶土管的管径一般不超过 600mm，有效长度为 800mm，适合用作居民区室外排水管。耐酸陶土管在国内直径可达到 800mm，一般在 400mm 以内，管节长度有 300mm、500mm、700mm、1000mm 等。因为口径大的管子烧制时容易变形，难以接合，废品率高，所以其管长通常在 0.8~1.0m 之间。同时，在陶土管平口端的齿纹和钟口端的齿纹部分都不上釉，以保证接头填料和管壁牢固接合。

4）塑料排水管。与在给水管道中的应用一样，塑料管由于具有表面光滑、水力性能好、水头损失小、耐腐蚀、不易结垢、重量轻、加工和接口方便、漏水率低等优点，在排水管道建设也正在逐步得到应用和普及，尤其是在室内排水管中。

塑料排水管的制造材料主要是聚丙烯腈—丁二烯—苯乙烯（ABS）、聚乙烯（PE）、高密度聚乙烯（HDPE）、聚丙烯（PP）、硬聚氯乙烯（UPVC）等，其中PE、HDPE 和 UPVC 管的应用较广，但质脆易受外伤，强度随温度变化而变化。

采用不同材料和制造工艺，批量生产各种规格的塑料排水管道，管道内径为 15~4000mm，可以满足室内外排水及工业废水排水管道建设的需要。在排水管道设计中，可以根据工程要求和技术经济比较进行管道的选择和应用。

5）石棉水泥管。石棉水泥管是用石棉纤维和水泥制成的平口管。石棉水泥管常做成平口式，用套环连接，管径为 500~600mm，长度为 2.5~4.0m，有低压和高压石棉水泥管两种，分别用于自流管道和压力管道。

石棉水泥管的优点是强度较大，抗渗性好，表面光滑，重量轻，长度较大，接头少。但它质脆，耐腐蚀性稍差，目前在排水工程中尚未被大量采用。

（2）金属管。常用的金属管是铸铁管和钢管，由于价格较高，在排水管网中一般较少采用，只有在外力荷载很大或对渗漏要求特别高的场合下才采用金属管。例如，在穿过铁路时或在贴近给水管道或房屋基础时，一般都采用金属管，在易发生土崩或地震地区最好用钢管。此外，在压力管线（倒虹管和水泵出水管）上和施工特别困难的场合（例如，地下水位高，流砂情况严重），也常采用金属管。

在排水管道系统中采用的金属管主要是铸铁管。钢管也可使用无缝钢管或焊接钢管。金属管质地坚固，抗压、抗震、抗渗性能好；内壁光滑，水流阻力小；管节长度大，接头少，但价格昂贵，钢管抵抗酸碱腐蚀及地下水侵蚀的能力差。因此，采用钢管时必须涂刷防腐涂料，并注意绝缘。

在选择排水管道时，应尽可能就地取材，采用易于制造、供应充足的管道。在考虑造价时，既要考虑沟管本身的价格，还要考虑施工费用和使用年限。例如，在施工条件差（地下水位高或有流砂等）的场合，采用较长的管道可以减少管接头，降低施工费用；在地基承载力差的场合，强度高的长管对基础要求低，可以减少敷设费用；在有内压力的沟段上，必须用金属管、钢筋混凝土管或石棉水泥管；输送侵蚀性废水或管外有侵蚀性地下水时，最好用陶土管；当输送侵蚀性不太强的废水或地下水时，可以考虑用混凝土管或由特种水泥浇制的混凝土管以及石棉水泥管。

（3）沟渠。排水管道系统一般采用预制的圆形管道铺成。当管道设计断面较大时，可不采用预制管道而就地按图建造，断面也不限于圆形，这称为沟渠。当排水沟渠的断面较大，内径大于 1.5m 时，通常在现场浇制或砌装，使用的材料可为混凝土，钢筋混凝土，砖、石、混凝土块，钢筋混凝土块等。其断面形式可不采用圆形，而是根据力学、水力学、经济性和养护管理上的要求来选择沟渠的断面形式。

沟渠断面形式有以下几种。

1）半椭圆形断面。半椭圆形断面在土压力和荷载较大时，可以较好地分配管壁压力，因而可减小管壁厚度。在污水流量无大变化及沟渠直径大于 2m 时，采用此种形式的断面较为合适。

2）马蹄形断面。马蹄形断面的高度小于宽度。在地质条件较差或地形平坦需尽可能减少埋深时，可采用此种形式的断面。由于这种断面下部较大，所以，适宜输送流量变化不大的大流量污水。

3）蛋形断面。蛋形断面由于底部较小，从理论上讲，在小流量时仍可维持较大的流速，从而可减少淤积，以往，在合流制沟道中较多采用该断面。但实践证明，这种断面的渠道淤积相当严重，养护和清通工作比较困难，现已很少使用。

4) 矩形断面。矩形断面可以按需要增加深度，以增大排水量。工业企业的污水沟道、路面狭窄地区的排水沟道以及排洪沟道常采用这种断面形式。在矩形断面基础上加以改进，可做成拱顶矩形断面、弧底矩形断面、凹底矩形断面。凹底矩形断面的管网适用于合流制排水系统，以保持一定的充满度和流速，减轻淤积程度。

5) 梯形断面。梯形断面适用于明渠，它的边坡取决于土壤性质和铺砌材料。

目前村镇常用的排水管道材料有陶土管、混凝土管、钢筋混凝土管、石棉水泥管和塑料管等。常用的沟渠材料有砖、石和木材等。除上述管材外，在盛产竹、木的村镇，也常采用竹管和木管。在塑料工业发达的村镇，可采用塑料管，但目前只限于小管径排水管道。

2.3.3.2 污水管道的埋深确定

管道埋设深度（埋深）是指管道内壁底到地面的距离，有时也可用管道外壁顶部到地面的距离，即覆土厚度，如图 2-21 所示。埋深是决定管道系统造价和施工工期的主要因素。例如，某地 600mm 管径的管道，当埋深为 3m 时，造价为 50 元/m；埋深为 5m 时，造价为 150 元/m。由此可见，管道埋深愈大，造价愈高，因而，在进行水力计算时，确定管道的埋深具有十分重要的经济作用。

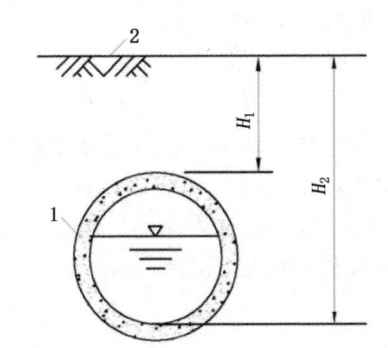

1—管道；2—路面；H_1—覆土厚度；H_2—埋设深度
图 2-21 管道埋设深度与覆土厚度

为了降低施工造价，缩短工期，管道的埋深愈小愈好，但管道覆土厚度有一个最小限值，称为最小覆土厚度，它是为满足如下技术要求而提出的。

1. 防止冰冻膨胀和因土壤冰冻膨胀而损坏管道

生活污水温度较高，即使在冬天，水温也不低于 4℃，很多工业废水的温度也较高。此外，污水管道按一定坡度敷设，管内污水经常保持一定的流量，以一定的流速不断流动。因此，污水在管道内是不会冰冻的，管道周围的土壤也不会冰冻,所以,不必把整个污水管道都埋设在土壤冰冻线以下。但如果将管道全部埋设在冰冻线以上,则因土壤冰冻膨胀可能损坏管道基础,从而损坏管道。《室外排水设计标准》(GB 50014—2021)规定,冰冻层内污水管道的埋设深度,应根据流量、水温、水流情况和敷设位置等因素确定,一般应符合下列规定:无保温措施的生活污水管道或水温与生活污水接近的工业废水管道,管底可埋设在冰冻线以上 0.15m。有保温措施或水温较高的管道,管底在冰冻线以上的距离可以加大,其数值应根据该地区或条件相似地区的经验确定。把整个污水管道全部埋设在冰冻线以下是没有必要的,若是如此,会由于土壤膨胀而影响管道的基础。

2. 必须防止管壁因地面荷载而被破坏

为此,要有一定的管顶覆土厚度。这一覆土厚度取决于管材的强度、地面荷载的大小及荷载的传递方式等因素。《室外排水设计标准》(GB 50014—2021)规定,管道在车行道下,管顶最小覆土厚度不小于 0.7m。在保证管道不被外部荷载损坏时,最小覆土厚度可酌情减小。

3. 必须满足道路连接管在衔接上的要求

在气候温暖的平坦地区,管道的最小覆土厚度取决于室内污水出户管的埋深。道路污水管必须承接街坊污水管,而街坊污水管又必须承接室内污水出户管。从安装技术上讲,房屋污水出户管的最小埋深一般为 0.55~0.65m。所以,街坊污水管起端的埋深一般不小于 0.60~0.70m,污水管道最小埋深示意图如图 2-22 所示。

道路污水管起点埋深可按下式计算。

$$H = h + iL + z_1 - z_2 + \Delta h \tag{2-1}$$

式中:H 为街坊污水管的最小埋深,m;h 为街坊污水支管起端管底埋深,m;i 为街坊污水管和连接支管的坡度;L 为街坊污水管和连接支管的总长度,m;z_1 为道路污水管检查井处地面标高,m;z_2 为街坊污水管起端检查井处地面标高,m;Δh 为连接支管与道路污水管的管内底标高差,m。

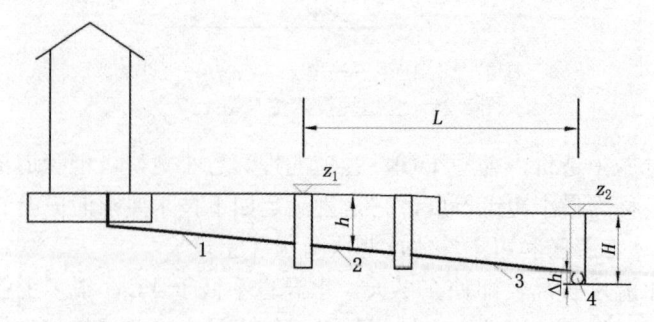

1—出户管;2—街坊污水支管;3—街坊污水干管;4—街道支管

图 2-22 污水管道最小埋深示意图

对每一个具体管段，应考虑上述三个不同的技术要求，可得到三个不同的埋深或覆土厚度值，其中的最大值即为该管段的允许最小覆土厚度或最小埋设深度。除考虑管道起端的最小埋深外，还应考虑最大埋深问题。因为控制点的埋深会影响整个管道系统的埋深，故应尽可能浅埋。可以采取以下措施来增加管道的强度：加强管道的保温设施，填土提高地面高程或设置提升泵站等。当管道的敷设坡度大于地面坡度时，管道的埋深就会越来越大，平坦地区的村镇更为突出。埋深越大，则工程造价越高。管道的最大允许埋深应根据技术经济指标和施工方法确定，一般在干燥的土壤中，不超过 7～8m，在多水、流沙、石灰岩地层中不超过 5m。当管道的埋深超过最大埋深时，应考虑设置中途泵站或者增大管径等措施，以减少管道的埋深。否则，管道埋深过大会导致施工困难，施工工期延长，造价提高。

2.3.3.3　排水管道的连接方式

在污水管道中，为了满足衔接与养护管理的要求，通常设置检查井。在检查井中，必须考虑上下游管道衔接时的高程关系。管道衔接应遵循以下两个原则。

（1）尽可能提高下游管段的高程，以减少管道埋深，降低造价。

（2）避免在上游管段中形成回水，造成淤积。管道通常有水面平接和管顶平接两种衔接方法，如图 2-23 所示。水面平接是指在水力计算中，使上游管段终端和下游管段起端在设计充满度条件下的水面相平，即水面标高相同，它一般用于上下游管径相同的污水管道的衔接；管顶平接是指在水力计算中，使上游管段终端和下游管段起端的管顶标高相同，它一般用于上下游管径不同的管道衔接。无论采用哪种衔接方法，下游管段起端的水面和管底标高都不得高于上游管段终端的水面和管底标高。

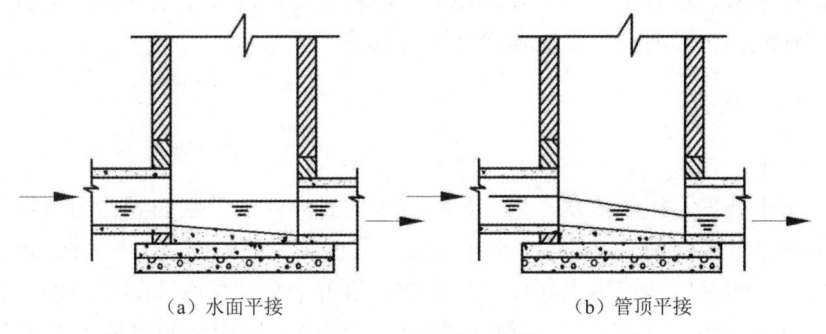

（a）水面平接　　　　　　　　　（b）管顶平接

图 2-23　污水管道的衔接

第3章　污水处理适用技术及集成技术

本章重点介绍污水处理适用技术及集成技术，包括生活污水预处理，多套污水处理适用技术如生物接触氧化法，序批式活性污泥法，膜生物法，新型 A/O 技术和 A^2/O 技术，人工湿地、土地处理技术，对离网式水处理技术、污水处理集成技术及设备也进行了阐述。

3.1　生活污水预处理

生活污水预处理是在污水进入后续处理工艺之前，根据后续处理流程对水质的要求而设置的预处理设施。一般而言，一个水处理工艺流程会有一个主体处理工艺，如以去除有机物为主的生活污水生物处理技术，该过程以活性污泥法为主体工艺，在进入主体工艺之前会有一些预处理环节。预处理的目的在于尽量去除那些在性质上或大小上不利于主体处理工艺过程的物质。例如，利用格栅去除粒径较大的杂质，利用沉砂池除砂等。预处理一直都是污水处理厂的重要处理单元，特别是在工业废水的处理方面发挥着十分重要的作用。村镇生活污水虽然相较于工业污水来说对预处理的要求没那么严格，但典型的村镇污水其主要的去除对象是有机污染物和氮磷，水中污染物易于生物降解，因此主要采用生物处理方法。而该处理方法对生物反应器内的水质有一定的要求，故而预处理在村镇污水处理厂的设计中依然是必不可少的处理环节。污水预处理的设施主要包括格栅、调节池、沉砂池、初沉池、化粪池和净化沼气池等。

3.1.1　格栅

3.1.1.1　概述

在污水处理系统的前端，为了拦截较大的悬浮或漂浮状的固体污染物，需要设置格栅进行预处理。格栅由一组平行的金属栅条或筛网制成，安装在污水渠道、泵房集水井的进口处或污水处理厂的端部，斜置于泵站集水池的进口处，其倾斜角度为 60°~80°。格栅后应设置工作台，工作台一般应高于格栅上游最高水位 0.5m，用以截留较大的悬浮物或漂浮物，如纤维、碎皮、毛发、木屑、果皮、蔬菜、塑料制品等，以便减轻后续处理构筑物的处理负荷，防止水泵、管道和设备堵塞。在污水处理系统中，该工序的正常运行对工艺流程中的各项设备、仪表、后续各工艺段的运行及处理效果起着非常重要的作用，是预处理阶段非常重要的设备。污水处理厂生化池、沉淀池等构筑物配套设备频繁出现故障，很多都是格栅拦污效率低下，导致较大污染物进入后续处理构筑物。格栅的好坏将直接影响后续工段设备运行情况和设备使用寿命。

3.1.1.2 类型和结构

格栅按照形状分类，可分为平面格栅和曲面格栅；按照栅条间隙，可以分为粗格栅（50~100mm）、中格栅（16~40mm）、细格栅（3~10mm）、微细格栅（0.2~3mm）；按清渣方式，可分为人工清除格栅和机械清除格栅。格栅示意图见图3-1。

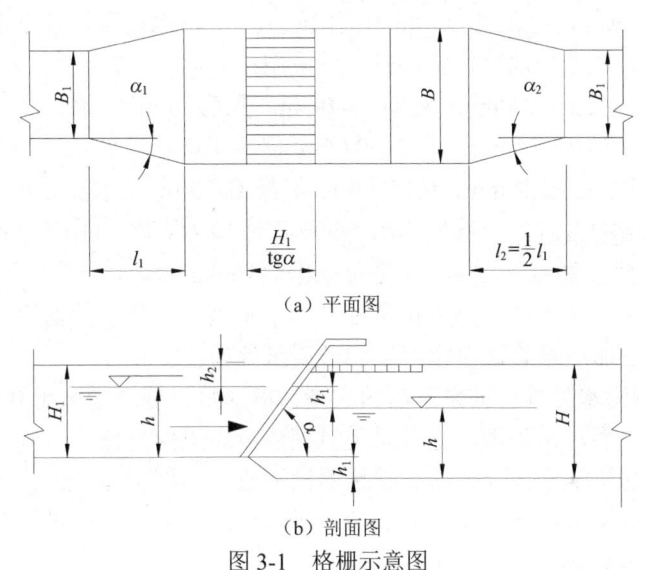

图 3-1 格栅示意图

3.1.1.3 设计及计算事项

（1）水泵前格栅条，应根据水泵要求确定。

1）栅条断面：应根据跨度、格栅前后水位差和拦污量计算确定。栅条一般可采用 10mm×50mm~10mm×100mm 的扁钢制成，后面使用槽钢相间作为横向支撑，格栅渠道断面较大时可预先加工成 500mm 左右宽度的格栅组合模块。

2）栅条间隙：应根据水质、水泵类型及叶轮直径确定。

按照泵站性质，一般污水格栅的间隙为 16~25mm，雨水格栅的间隙不小于 40mm。

按照水泵类型及口径 D，栅条间隙应小于水泵叶片间隙。一般情况下，轴流泵小于 $\dfrac{D}{20}$，混流泵和离心泵小于 $\dfrac{D}{30}$。

人工清除时，栅条间隙宜为 25~40mm。

格栅间隙总面积应通过计算来确定。当用人工清除时，格栅间隙总面积应不小于进水管渠有效断面的 2 倍；当采用格栅除污机清除时，格栅间隙总面积应不小于进水管渠有效断面的 1.2 倍。

（2）污水处理系统前格栅栅条净间隙，应符合下列要求。

1）人工清除：25～100mm。

2）机械清除：16～100mm。

污水处理厂设计中，可根据建设规模及污水处理工艺设置中、细两道格栅，也可设置粗、中、细三道格栅。

（3）栅渣量与地区的特点、格栅的间隙大小、污水流量以及下水道系统的类型等因素有关。在无当地运行资料时，可采用：

1）格栅间隙 25～100mm：0.05～0.004m^3 栅渣/$10^3 m^3$ 污水。

2）格栅间隙 10～25mm：0.12～0.05m^3 栅渣/$10^3 m^3$ 污水。

3）格栅间隙 1.5～10mm：0.15～0.12m^3 栅渣/$10^3 m^3$ 污水。

粗格栅栅渣的含水率一般为 50%～90%，密度为 600～1100kg/m^3；细格栅栅渣的含水率一般为 80%～90%，密度为 900～1100kg/m^3。

合流制排水系统产生的栅渣量是独立污水管道系统产生的栅渣量的数倍，特别是雨季产生的栅渣量将比旱季产生的栅渣量骤增。

（4）大型污水处理厂或泵站前的大型格栅（每日栅渣量大于 0.2m^3）一般采用机械清渣，小型污水处理厂也可采用机械清渣。采用机械清渣时，粗格栅栅渣宜采用皮带输送机输送暂存，中、细格栅栅渣宜采用螺旋输送机输送，并使用栅渣压榨机、磨碎机等进行压缩减量处理。污水处理厂内各处理设施截留的栅渣、浮渣等均应按规划要求统一收集、一并处置。

（5）机械格栅不宜少于 2 台。如为 1 台时，应设人工清除格栅备用。

（6）过栅流速一般采用 0.6～1.0m/s。

（7）格栅前渠道内的水流速度，一般采用 0.4～0.9m/s。

（8）格栅安装倾角：除转鼓式格栅除污机外，机械清除格栅的安装角度宜为 60°～90°，人工清除格栅的安装角度宜为 30°～60°，以便于人工清除栅渣。

（9）污水通过格栅的水头损失应通过计算确定。通过粗格栅的水头损失一般为 0.08～0.15m；通过中格栅的水头损失一般为 0.15～0.25m；通过细格栅的水头损失一般为 0.25～0.60m。

（10）格栅除污机底部前端距井壁尺寸。钢丝绳牵引除污机或移动悬吊葫芦抓斗式除污机应大于 1.5m；链动刮板除污机、回转式固液分离机、孔（网）板式格栅除污机、倾斜转鼓式格栅除污机、破碎式格栅除污机应大于 1.0m。

（11）格栅上部必须设置工作平台，其顶面高度至少应高出格栅前最高设计水位 0.5m，工作平台上应有安全和必要的冲洗设施。

（12）格栅工作平台两侧通道宽度宜为 0.7～1.0m。工作平台正面通道宽度在采用机械清除时不应小于 1.5m，在采用人工清除时不应小于 1.2m。

（13）机械格栅的动力装置一般宜设置在室内，或采取其他保护设备的措施。

（14）格栅间应设置通风设施和有毒有害气体的检测与报警装置，并应根据环境条件要求确定对格栅间、格栅渠道、格栅及其输送设备设置除臭设施。

（15）格栅间的设计应确保所设置格栅可正常安装及运行使用，格栅间内宜配置必要的起重设备，以进行格栅附属设备的检修及栅渣的日常清除。

（16）筛网式转鼓格栅、孔板（或网板）式格栅的筛孔一般为圆形或正多边形，其他类型格栅的栅条断面形状，可按表 3-1 选用。

表 3-1　栅条断面形状及尺寸

栅条断面形式	一般采用尺寸/mm	栅条断面形式	一般采用尺寸/mm
正方形	20, 20, 20; 20	迎水面为半圆形的矩形	10, 10, 10; 50
圆形	20, 20, 20	迎水、背水面均为半圆形的矩形	10, 10, 10; 50
锐边矩形	10, 10, 10; 50		

格栅的计算公式见表 3-2，表中的污水量总变化系数 K_z、阻力系数 ξ 的取值可参考表 3-3 和表 3-4。

表 3-2　格栅计算公式

名称	公式	符号说明
栅槽宽度	$B = S(n-1) + bn$ (m) $n = \dfrac{Q_{\max}\sqrt{\sin\alpha}}{bhv}$	S：栅条宽度（m）； b：栅条间隙（m）； n：栅条间隙数（个）； $Q_{\max}$：最大设计流量（m³/s）； α：格栅倾角（°）； h：栅前水深（m）； v：过栅流速（m/s）

续表

名称	公式	符号说明
通过格栅的水头损失	$h_1 = h_0 k$ $h_0 = \xi \dfrac{v^2}{2g} \sin\alpha$	h_0：计算水头损失（m）； g：重力加速度（m/s²）； k：系数，格栅受污染物堵塞时水头损失增大倍数，一般采用 3； ξ：阻力系数，其值与栅条断面形状有关
栅后槽总高度	$H = h + h_1 + h_2$	h_2：栅前渠道超高，一般采用 0.5m
栅槽总长度	$L = l_1 + l_2 + 1.0 + 0.5 + \dfrac{H_1}{\operatorname{tg}\alpha_1}$ $l_1 = \dfrac{B - B_1}{\operatorname{tg}\alpha_1}$ $l_2 = \dfrac{l_1}{2}$ $H_1 = h_1 + h_2$	l_1：进水渠道渐宽部分的长度（m）； B_1：进水渠宽（m）； α_1：进水渠道渐宽部分的展开角度，一般可采用 20°，由此得：$l_1 = \dfrac{B - B_1}{0.73 \mathrm{m}}$； l_2：栅槽与出水渠连接处的渐窄部分长度（m）； H_1：栅前渠道深（m）
每日栅渣量	$W = \dfrac{Q_{\max} W_1 \times 86400}{K_z \times 1000}$	W_1：单位栅渣量（m³/10³m³污水）， ①格栅间隙为 1.5～10mm 时，W_1=0.150～0.120； ②格栅间隙为 10～25mm 时，W_1=0.120～0.050； ③格栅间隙为 25～100mm 时，W_1=0.050～0.004； K_z：生活污水流量总变化系数

表3-3 综合生活污水流量总变化系数 K_z

平均日流量/（L/s）	5	15	40	70	100	200	500	≥1000
总变化系数	2.3	2.0	1.8	1.7	1.6	1.5	1.4	1.3

表3-4 阻力系数 ξ 公式

栅条断面形状	公式	说明
锐边矩形	$\xi = \beta \left(\dfrac{S}{B}\right)^{\frac{4}{3}}$	β=2.42
迎水面为半圆形的矩形		β=1.83
圆形		β=1.79

续表

栅条断面形状	公式	说明
迎水、背水面均为半圆形的矩形		$\beta = 1.67$
正方形	$\xi = \left(\dfrac{b+S}{\varepsilon b} - 1 \right)^2$	ε：收缩系数，一般采用 0.64

3.1.1.4 施工事项

（1）进行设备安装前，对设备安装位置及标高进行检测，应符合设计要求。

（2）设备安装平面位置偏差应小于±20mm，标高偏差不大于±20mm，两侧符合设计要求。

（3）设备安装定位应准确，其安装角（格栅与水平线的夹角）偏差不大于0.5°，各机架安装应连接牢固。

（4）格栅栅条对称中心应与导轨的对称中心重合，栅条的纵向面与导轨侧面相平行，其平行度允差不大于 0.5/1000。

（5）工程施工单位应具有国家相应的工程施工资质；工程项目宜通过招投标确定施工单位和监理单位。

（6）管道工程的施工和验收应符合《给水排水管道工程施工及验收规范》（GB 50268—2008）的规定；混凝土结构工程的施工和验收应符合《混凝土结构工程施工质量验收规范》（GB 50204—2015）的规定；构筑物的施工和验收应符合《给水排水构筑物施工及验收规范》（GBJ 141—1990）的规定；设备安装应符合《机械设备安装工程施工及验收通用规范》（GB 50231—2009）的规定。

（7）塑料管道阀门的连接应符合《玻璃钢/聚氯乙烯（FRP/PVC）复合管道设计规定》（HG/T 20520—1992）规定，金属管道安装与焊接应符合《工业金属管道工程施工规范》（GB 50235—2010）的要求。

3.1.1.5 运行管理

（1）定期检查并及时清掏格栅井积累的泥、渣、砂，栅渣纳入生活垃圾处理系统。当进水量增加时，增加清理频次。

（2）冬季应注意检查格栅的栅条是否结冰变形，发现结冰变形时应及时采取维修措施。

（3）为了防止栅前产生壅水现象，将格栅后渠底降低一定高度。该高度应不小于水流通过格栅的水头损失。

（4）间歇式操作的机械格栅，其运行可用定时装置控制操作，或可用格栅前后渠道水位差的随动装置控制操作,有时也采用上述两种方式相结合的运行方式。

3.1.2 调节池

3.1.2.1 概述

调节池从广义讲就是调节进、出水流量的构筑物,主要起调节和缓冲来水的作用,可对水量、水质、水温以及 pH 值进行调节,从而更好地适应后续处理。功能单一的调节池仅起到混合以均衡污水的作用,可以选择与其他处理单元合建,如沉砂池和沉淀池,减少投资和占地的同时兼有沉淀、混合、加药、中和和预酸化等功能。此外,调节池还可以在污水处理厂出现运行事故和紧急情况的时候,作为事故水池使用。

部分城镇生活污水处理厂依然需要设置调节池,如一些规模较小、位置较为偏远的城镇生活污水处理厂,由于当地排水量波动较大,市政管网调节能力有限,需要建设调节池以减少污水处理厂的运行压力;另外,有一些城镇生活污水处理厂虽然以处理生活污水为主,但同时要承担一部分工业废水,为防止工业废水对生化系统的冲击,需建设调节池。

由于农村生活污水的水量波动较大,在早中晚三个时间段水量较大,其他时间段水量较小,甚至会出现断流现象,因此为调节水量,使生物滤池进水量均匀,需设置水解调节池。池内布置悬挂式填料供微生物附着生长,在缺氧条件下,填料上的微生物起到三个作用:第一,将污水中的难溶的、大分子有机物转化为可溶的、小分子有机物,有利于生物降解;第二,进行氨化反应,将有机物(如蛋白质、脂肪等)内的氮转化为氨态氮;第三,以回流液中的硝酸盐为电子受体,进行反硝化作用,将污水中的硝态氮还原为气态氮,实现生物脱氮,同时消耗污水中的有机物。

调节池调节时间越长,均化作用越明显,但工程投资越大;设计中应通过技术、经济比较,优选出最合理的调节池容积。

3.1.2.2 类型和结构

常见的调节池分为水量调节池和水质调节池。常见的水量调节池主要作用为均匀水量,称为水量均化池,简称均量池。如图 3-2 所示,进水为重力流,出水用泵抽吸,池中最高水位不高于进水管的设计水位,有效水深一般为 2~3m。最低水位为死水位,即位于泵吸水口以下。

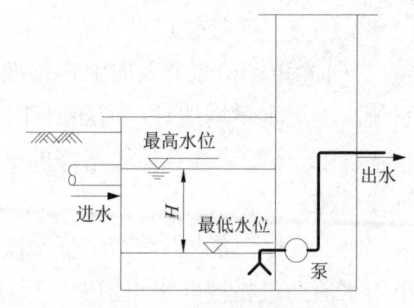

图 3-2 调节池示意图

水质调节池是为水质均匀以避免处理构筑物受过大的冲击负荷而设置的。水质调节池的容量通常按调节历时进行计算，调节时间越长，水质便越均匀。从生产上讲，往往是以一班即 8h 为一个生产周期，但水质调节池容量按 8h 计算，有时也较大。所以计算水质调节池时，其调节历时通常按 4～8h 考虑。

水质调节池常设计成穿孔导流槽式出水，在平面构造上既可以是圆形，也可以是矩形。采用这种形式的水质调节池容积，理论上只需要调节历时总水量的一半即可，因为从水质均匀角度上讲，调节历时是指将该时段中的排水量充分混合，即使起始时间的排水与调节历时终了时的排水混合。

3.1.2.3 设计及计算事项

由于村镇污水具有水量小、分散、排放无规律、水质水量日变化系数大等特征，因此在污水处理系统前应设置调节池，用以调节水量、均衡水质。调节池的设计应注意以下几点。

（1）调节池的容积应根据污水量变化曲线确定，并适当留有余地。

（2）调节时间宜采用 4～8h。当采用污水处理设施间歇进水时，要满足一次进水需要的水量。

（3）调节池可单独设置，也可与进水泵房的集水池合并。

（4）调节池应设置冲洗、溢流、放空、防止沉淀、排除漂浮物的设施。

（5）调节池有效水深一般不宜大于 3.5m。

（6）调节池有效容积大于 100m^3 时，人孔不得少于 2 个；人孔规格分为 500mm×600mm、600mm×1000mm 两种。

（7）调节池一定要设置爬梯、泵坑深度不宜小于 500mm，尺寸尽可能设置偏大。

3.1.2.4 施工事项

（1）在施工过程，法兰之间胶皮叠片一定要在法兰中间，保证 PVC 和铁法兰之间不错位；螺丝对角拧紧，螺纹露出 2～3 牙（半个螺母为标准）；用 PVC 胶黏接时，要注意池内温度，保证在 5℃以上，安装完全部气管后，检查是否有黏接遗漏的管道。

（2）技术人员需注重合理选择单元，优化预应力设计与施工。

（3）工程施工单位应具有国家相应的工程施工资质；工程项目宜通过招投标确定施工单位和监理单位。

（4）管道工程的施工和验收应符合 GB 50268—2008 的规定；混凝土结构工程的施工和验收应符合 GB 50204—2015 的规定；构筑物的施工和验收应符合 GBJ 141—1990 的规定；设备安装应符合 GB 50231—2009 的规定。

（5）塑料管道阀门的连接应符合 HG/T 20520—1992 规定，金属管道安装与焊接应符合 GB 50235—2010 的要求。

3.1.2.5 运行管理

（1）定期检查调节池池体、池底，在出现破损、渗漏等现象时，应及时修补或改造。若发现有水面漂浮物和池底沉砂，应及时清理并妥善处置。

（2）定期检查液位计、提升泵，若发现不正常运行等现象，应及时维修更换。

3.1.3 沉砂池

3.1.3.1 概述

沉砂池是大多数生活污水处理厂会采用的预处理设施，主要是为去除相对密度为 2.65、粒径在 0.2mm 以上的砂粒，去除率一般要求达到 80%以上。其主要作用是预先将污水中的泥沙去除，避免影响后续处理设施的运行，达到减少运行事故发生和延长设施使用寿命的目的。城镇生活污水处理厂一般采用曝气沉砂池。

在传统生化处理工艺中，初沉池对水中 COD 和 SS 的去除有着较明显的效果，对减轻后续生化处理的有机物和 SS 负荷有重要作用，但对于沉砂池或初沉池是否需要保留，依然存在一定争议。一方面认为，沉砂池或初沉池造价较高，且占地面积大，将其取消可缓解土地和资金紧张。同时，沉砂池或沉淀池在预处理过程中会减少污水中的有机物，有可能影响后续对氮和磷的去除效果，因此应该取消沉砂池或初沉池。另一方面认为，没有沉砂池或初沉池的前期处理，势必会增加后续处理负荷，导致曝气费用增加和停留时间延长，因此不应该取消沉砂池或初沉池。除此之外，还可以利用初沉池的污泥发酵补充一定的碳源，强化生物反硝化反应；强化前段预处理，降低活性污泥惰性组成分量，以提高反硝化能力。

3.1.3.2 类型和结构

沉砂池的形式，按池内水流方向的不同，可分为平流式、竖流式和旋流式；按池型可分为平流式沉砂池、竖流式沉砂池、曝气沉砂池和旋流沉砂池。沉砂池一般设置在细格栅后，初次沉淀池或二级生化处理系统前。

平流式沉砂池内污水沿水平方向流动，具有构造简单，截留砂砾效果好的优点。竖流式沉砂池中污水自下而上由中心管进入池内，砂砾通过重力沉于池底，处理效果一般较差。曝气沉砂池在池的一侧通入空气，使污水沿池旋转前进，从而产生与主流垂直的横向速度环流。曝气沉砂池的优点是，通过调节曝气量，可以控制污水在池内的旋流速度，使除砂效率稳定，受流量变化的影响小；对污水中的油脂具有较好的去除效果，当油类含量较高时，宜采用曝气沉砂池。旋流沉砂池利用机械力或水力，控制污水在池内的流态与流速，加速砂砾的沉淀，有机物则被留在污水中，具有占地省、除砂效率高、操作环境好、设备运行可靠等优点。

3.1.3.3 设计及计算事项

一般规定：

（1）沉砂池按去除相对密度为 1.3～2.7、粒径为 0.10～0.30mm 的砂砾设计。

（2）设计流量应按分期建设考虑：

1）当污水为自流进入时，应按每期的最大设计流量计算；当污水为提升进入时，应按每期工作水泵的最大组合流量计算。

2）在合流制处理系统中，应按降雨时的设计流量计算。

（3）沉砂池的个数或分格数应不少于 2 个，宜按并联系列设计。当污水量较小时，可考虑一格工作、一格备用。

（4）污水中的含砂量因地域和排水体制等的不同会有很大的变化。分流制城市污水的沉砂量可按每 $10^6 m^3$ 污水沉砂 4～30m^3 计算，其含水率为 60%，密度为 1500～1600kg/m^3；合流制城市污水的沉砂量在雨季和旱季时变化较大，一般应根据实际情况确定，在无实测资料时，可按每 $10^6 m^3$ 污水沉砂 4～180m^3 计算。

（5）沉砂池的砂斗容积应按不大于 2d 的沉砂量计算，斗壁与水平面的倾角不应小于 55°。

（6）沉砂池可采用泵吸式或气提式机械排砂，排出的砂水混合物体积为洗砂后沉砂量的 250～500 倍，排砂管直径不应小于 200mm；砂水混合物宜采用砂水分离器进行机械清洗分离，清洗后的砂砾（含水率 60%）宜暂存至贮砂装置，其有效容积一般按 1～3m^3 配置。

（7）当采用重力排砂时，沉砂池与贮砂池或砂水分离装置应尽量靠近，以缩短排砂管长度，并在排砂管的首端设排砂闸门，使排砂管畅通和易于养护管理。

（8）沉砂池的超高不宜小于 0.30m。

1. 平流式沉砂池

平流式沉砂池示意图如图 3-3 所示。

计算数据：

（1）最大流速为 0.3m/s，最小流速为 0.15m/s。

（2）最大流量时停留时间不小于 30s，一般采用 30～60s。

（3）有效水深应不大于 1.2m，一般采用 0.25～1m，每格宽度不宜小于 0.6m。

（4）进水头部应采取消能和整流措施。

（5）池底坡度一般为 0.01～0.08。当设置除砂设备时，可根据设备要求考虑池底形状。

当无沙粒沉降资料时，可按表 3-5 计算；当有砂粒沉降资料时，可按砂粒平均沉降速度计算，见表 3-6。

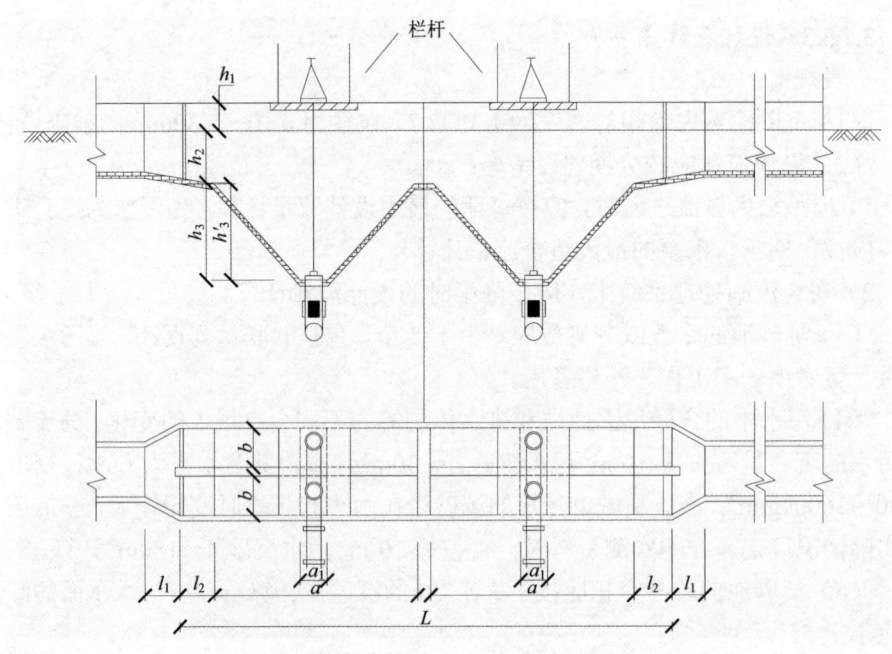

图 3-3 平流式沉砂池示意图

表 3-5 平流式沉砂池计算公式（无砂粒沉降资料时）

名称	公式	符号说明
长度	$L = vt$	v：最大设计流量时的流速（m/s）； t：最大设计流量时的流行时间（s）
水流断面面积	$A = \dfrac{Q_{max}}{v}$	Q_{max}：最大设计流量（m³/s）
池总宽度	$B = \dfrac{A}{h_2}$	h_2：设计有效水深（m）
沉淀室所需容积	$V = \dfrac{Q_{max} XT 86400}{K_z 10^6}$	X：城市污水沉砂量，一般采用 30m³/10⁶m³ 污水； T：清除沉砂的间隔时间（d）； K_z：生活污水流量总变化系数
池总高度	$H = h_1 + h_2 + h_3$	h_1：超高（m）； h_3：沉砂室高度（m）
验算最小流速	$v_{min} = \dfrac{Q_{min}}{n_1 \omega_{min}}$	Q_{min}：最小流量（m³/s）； n_1：最小流量时工作的沉砂池数目（个）； ω_{min}：最小流量时沉砂池中的水流断面面积（m²）

表 3-6　平流式沉砂池计算公式（有砂粒沉降资料时）

名称	公式	符号说明
水面面积	$F = \dfrac{Q_{\max}}{u} \times 1000$ $u = \sqrt{u_0^2 - \omega^2}$ $\omega = 0.05v$	$Q_{\max}$：最大设计流量（m³/s）； u：砂粒平均沉降速度（mm/s）； u_0：15℃时砂粒在静水压力下的沉降速度（mm/s）； ω：水流垂直分速度（mm/s）； v：水平流速（nm/s）； n：沉砂池个数（或分格数）
水流断面积	$A = \dfrac{Q_{\max}}{v} \times 1000$	
池总宽度	$B = \dfrac{A}{h_2}$	
设计有效水深	$h_2 = \dfrac{uL}{v}$	
池的长度	$L = \dfrac{F}{B}$	
每个沉砂池（或分格）宽度	$\beta = \dfrac{B}{n}$	

公式中，15℃时砂粒在静水压力下的沉降速度 u_0 值见表 3-7。

表 3-7　砂粒在静水压力下的沉降速度 u_0 值（15℃）

砂粒径/mm	u_0/（mm/s）	砂粒径/mm	u_0/（mm/s）
0.20	18.7	0.35	35.1
0.25	24.2	0.40	40.7
0.30	29.7	0.50	51.6

2. 竖流式沉砂池

竖流式沉砂池示意图如图 3-4 所示。

设计数据：

（1）最大流速为 0.1m/s，最小流速为 0.02m/s。

（2）最大流量时停留时间不小于 20s；一般采用 30～60s。

（3）进水中心管最大流速为 0.3m/s。

竖流式沉砂池计算公式见表 3-8。

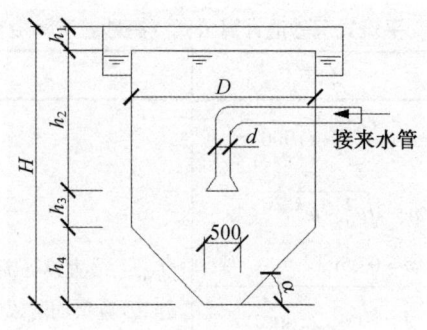

图 3-4 竖流式沉砂池示意图

表 3-8 竖流式沉砂池计算公式

名称	公式	符号说明
中心管直径	$d = \sqrt{\dfrac{4Q_{max}}{\pi v_1}}$	v_1：污水在中心管内流速（m/s）； Q_{max}：最大设计流量（m³/s）
池子直径	$D = \sqrt{\dfrac{4Q_{max}(v_1+v_2)}{\pi v_1 v_2}}$	v_2：池内水流上升速度（m/s）
水流部分高度	$h_2 = v_2 t$	h_2：设计有效水深（m）
沉淀部分所需容积	$V = \dfrac{Q_{max} XT \times 86400}{K_z \times 10^6}$	X：污水沉砂量，一般采用 30m³/10⁶m³ 污水； T：两次清除沉砂的间隔时间（d）； K_z：生活污水流量总变化系数
沉砂部分高度	$h_4 = (R-r)\mathrm{tg}\alpha$	R：池子半径（m）； r：圆截锥部分下底半径（m）； α：截锥部分倾角
圆锥部分实际容积	$V_1 = \dfrac{\pi h_4}{3}(R^2 + Rr + r^2)$	h_4：沉砂池锥底部分高度（m）
池总高度	$H = h_1 + h_2 + h_3 + h_4$	h_1：超高（m）； h_3：中心管底至沉砂砂面的距离，一般采用 0.25m

3. 曝气沉砂池

曝气沉砂池示意图如图 3-5 所示。

设计数据：

（1）旋流速度应保持 0.25～0.3m/s。

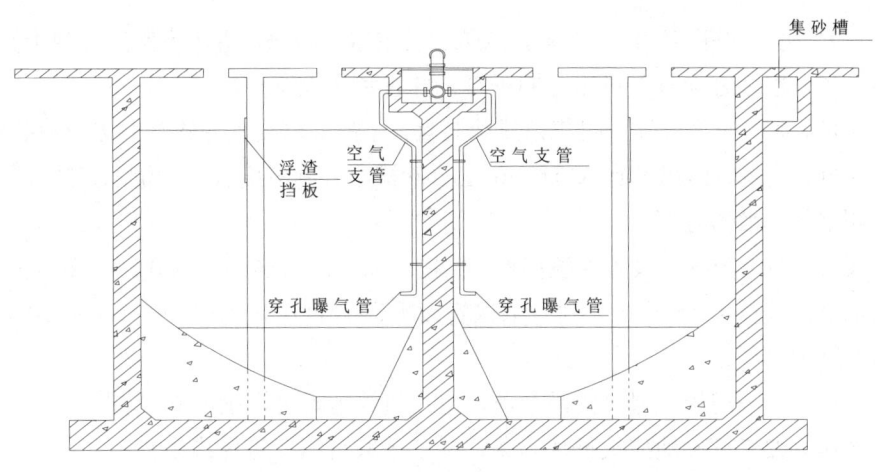

图 3-5 曝气沉砂池示意图

（2）水平流速为 0.06～0.12m/s。

（3）最大流量时停留时间不宜小于 5min。

（4）池深一般采用 2.0～5.0m，有效水深宜为 2.0～3.0m，宽深比一般采用 1:1～5:1，典型值 1.5:1。

（5）长度为 7.5～20.0m，宽度为 2.5～7.0m，长宽比一般采用 3:1～5:1，典型值为 4:1。

（6）处理每立方米污水的曝气量宜为 0.1～0.2m³ 空气，或 3.0～5.0m³/(m²·h)，也可按表 3-9 所列值采用。

表 3-9 每立方米污水的曝气量

曝气管水下浸没深度/m	最低空气用量/[m³/(m·h)]	达到良好除砂效果最大空气量/[m³/(m·h)]
1.5	12.5～15.0	30
2.0	11.0～14.5	29
2.5	10.5～14.0	28
3.0	10.5～14.0	28
3.5	10.0～13.5	25

（7）空气扩散装置应设置在浮渣挡板对向池壁一侧，其安装高度应位于池底正常平面以上 0.45～0.90m，当采用穿孔曝气管形式时，曝气管的曝气孔径宜为 ϕ3～5mm，并向池底方向设置。送气干管应设置调节气量的阀门。

（8）池子的形状应尽可能避免偏流或死角。

（9）池子的进口和出口布置，应防止发生水流短路。进水方向宜与池中旋流方向一致，出水方向宜与进水方向垂直，并宜考虑设置挡板。

（10）池内应设置浮渣收集及排除装置，并宜考虑设置冲洗及泡沫消除装置。

（11）池内砂槽深度宜为 0.5～0.9m，砂槽应有倾斜度较大的侧边，其位置应在池侧空气扩散器之下。

（12）池内一侧应设置浮渣挡板，挡板顶面应高于设计液位 0.1～0.2m，底面宜低于设计液位 0.8～1.5m。排浮渣区宽度不宜小于 0.8m，并应设有将浮渣排至收集装置的过程。

（13）当采用浮渣槽排除浮渣时，宜设置浮渣槽冲洗措施和装置。

（14）曝气沉砂池应根据环境条件要求采取封闭、除臭措施。

曝气沉砂池计算公式见表 3-10。

表 3-10　曝气沉砂池计算公式

名称	公式	符号说明
池子总有效容积	$V = Q_{max} \times 60$	Q_{max}：最大设计流量（m³/s）；t：最大设计流量时的流行时间（min）
水流断面积	$A = \dfrac{Q_{max}}{v_1}$	v_1：最大设计流量时的水平流速（m/s），一般采用 0.06～0.12m/s
池总宽度	$B = \dfrac{A}{h_2}$	h_2：设计有效水深（m）
池长	$L = \dfrac{V}{A}$	—
每小时所需空气量	$q = dQ_{max} \times 3600$	d：每立方米污水所需空气量（m³/m³）

4. 旋流式沉砂池 I

旋流式沉砂池 I 为一种浅流式沉砂池，如图 3-6 所示，由进水口、出水口、沉砂分选区、集砂区、砂提升管、排砂管、转盘与叶片、带变速箱的电动机等组成。污水由进水口沿切线方向进入沉砂区，利用电动机及传动装置带动转盘和斜坡式叶片旋转，在离心力的作用下，污水中密度较大的砂砾被甩向池壁，掉入砂斗，有机物则被截留在污水中。调整叶片转速，可达到最佳沉砂效果。沉砂一般用压缩空气通过砂提升管、排砂管（清洗后）排出，并有连续和脉冲排砂两种形式，洗砂废水可回流至沉砂分选区或排至厂区污水管道。

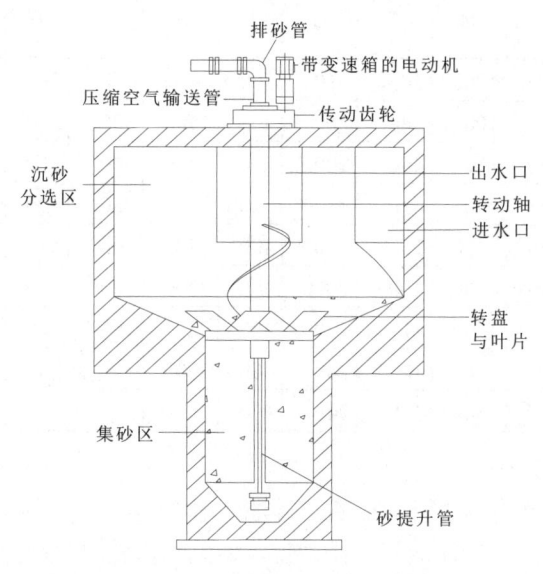

图 3-6 旋流式沉砂池 I 示意图

根据处理污水量的不同，旋流式沉砂池 I 可分为不同型号，各部分尺寸示意图如图 3-7 所示，具体参数见表 3-11。

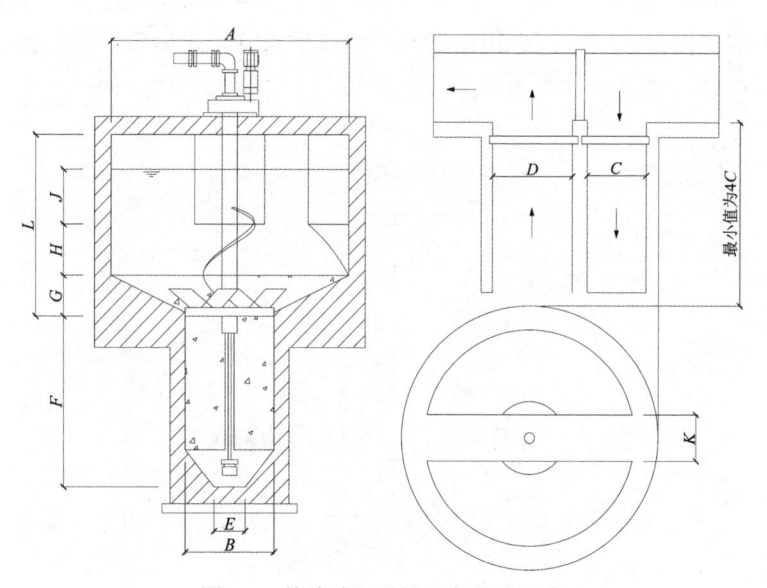

图 3-7 旋流式沉砂池 I 各部分尺寸

表 3-11　旋流式沉砂池 I 型号及尺寸

型号	流量/(L/s)	A	B	C	D	E	F	G	H	J	K	L
50	50	1830	1000	305	610	300	1400	300	300	200	800	1100
100	110	2130	1000	380	760	300	1400	300	300	300	800	1100
200	180	2430	1000	450	900	300	1350	400	300	400	800	1150
300	310	3050	1000	610	1200	300	1550	450	300	450	800	1350
550	530	3650	1500	750	1500	400	1700	600	510	580	800	1450
900	880	4870	1500	1000	2000	400	2200	1000	510	600	800	1850
1300	1320	5480	1500	1100	2200	400	2200	1000	610	630	800	1850
1750	1750	5800	1500	1200	2400	400	2500	1300	750	700	800	1950
2000	2200	6100	1500	1200	2400	400	2500	1300	890	750	800	1950

5. 旋流式沉砂池 II

旋流式沉砂池 II 为另一种涡流式沉砂池，如图 3-8 所示，由进水口、出水口、沉砂分选区、集砂区、砂抽吸管、排砂管、砂泵和齿轮电机等组成。该沉砂池的特点是，在进水口末端设有能产生池壁效应的斜坡，令砂粒下沉，沿斜坡流入池底，并设有阻流板，以防止紊流；轴向螺旋桨将水流带向池心，然后向上，由此形成一个涡形水流；平底的沉砂分选区能有效保持涡流形态，较重的砂粒在靠近池心的一个环形孔口落入集砂区，而较轻的有机物由于轴向螺旋桨的作用与砂粒分离，最终引向出水口。沉砂用的砂泵通过砂抽吸管、排砂管清洗后排出，清洗的水流最终回流至沉砂分选区。

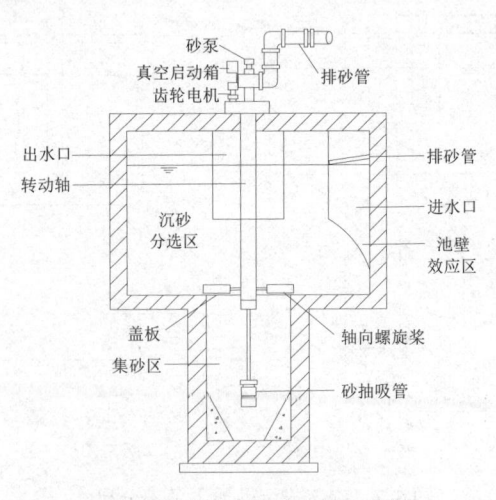

图 3-8　旋流式沉砂池 II 示意图

根据处理污水量的不同，旋流式沉砂池Ⅱ可分为不同型号，各部分尺寸示意图见图 3-9，具体型号参数见表 3-12。

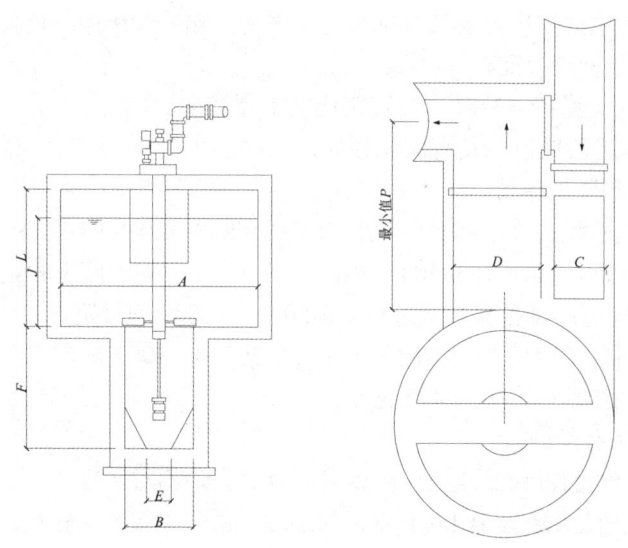

图 3-9 旋流式沉砂池Ⅱ各部分尺寸

表 3-12 旋流式沉砂池Ⅱ型号及尺寸

型号	流量/(万 m³/d)	A	B	C	D	E	F	J	L	P
1	0.40	1830	910	310	610	310	1520	430	1120	610
2.5	1.00	2130	910	380	790	310	1520	580	1120	760
4	1.50	2440	910	460	910	310	1520	660	1220	910
7	2.70	3050	1520	610	1220	460	1680	760	1450	1220
12	4.50	3660	1520	720	1520	460	2030	940	1520	1520
20	7.50	4880	1520	1170	2130	460	2080	1070	1680	1830
30	11.40	5490	1520	1220	2440	550	2130	1300	1980	2130
50	19.00	6100	1520	1370	2740	460	2440	1780	2130	2740
70	26.50	7320	1830	1680	3350	460	2440	1800	2130	3050

3.1.3.4 施工事项

（1）投标商在进行设备安装前，其安装位置和标高应符合设计要求，平面位置偏差不大于±10mm，标高偏差不大于±20mm。

（2）桨叶式分离机安装时，应保证其空心立轴垂直水面，其垂直度允许偏差不大于 1/1000，固定于空心立轴上的数叶桨板安装倾角应一致，保证其桨叶呈静态平衡状态。

（3）输砂泵或空压机安装基础平台应平整，输砂管路中各连接口应无渗水现象，各管路中心标高应准确。

（4）水洗装置在安装时，其管路连接不得渗漏。

（5）工程施工单位应具有国家相应的工程施工资质；工程项目宜通过招投标确定施工单位和监理单位。

（6）管道工程的施工和验收应符合 GB 50268—2008 的规定；混凝土结构工程的施工和验收应符合 GB 50204—2015 的规定；构筑物的施工和验收应符合 GBJ 141—1990 的规定；设备安装应符合 GB 50231—2009 的规定。

（7）塑料管道阀门的连接应符合 HG/T 20520—1992 规定，金属管道安装与焊接应符合 GB 50235—2010 的要求。

3.1.3.5 运行管理

（1）沉砂池的设计流速应控制到只能分离去除相对密度较大的无机、有机颗粒，一般用来去除直径为 0.2mm 以上的细砂，由于砂粒沉速较快，因此沉砂池设计停留时间较短。

（2）重力排砂时，应关闭进出水闸门，逐个打开排砂管的排砂闸门，直到沉砂池内积砂全部排除干净；必要时可稍微开启进水闸门，使用污水冲洗池底残砂，应避免数天或数周不排砂，从而避免因沉砂结团而堵塞排砂口的事故发生。排砂机械应连续式运转，以免积砂过多，从而造成排砂机械超负荷运行而损坏。

（3）应对进出水闸门、排砂闸门进行清洁保养并定期加油。

（4）定期对排出的沉砂进行化验分析，测定含水率和灰分含量。

（5）沉砂池操作环境较差，气体腐蚀性较强，管道、设备和闸门等容易被腐蚀和磨损，因此要加强检查和保养工作，如注意运动机械设备的加油和检查设备的紧固状态、温升、振动和噪声等常规项目并定期用油漆防锈。

3.1.4 初沉池

3.1.4.1 概述

初沉池是预处理工艺中较为核心的处理设施，其作用是去除 SS 以及一定的有机负荷，对胶体也有一定的吸附作用。在一定程度上，初沉池也可以起到调节池的作用，均衡水质，减缓对后续生化系统的冲击。经初沉池处理后，COD 可去除 30%左右，SS 可去除 50%~60%，BOD 可去除 20%左右，按去除单位质量 BOD 或固体物计算，用初沉池进行预处理是在经济上最为节省的净化步骤。对于生活污水和悬浮物较多的工业污水均宜采用初沉池预处理。

3.1.4.2 类型和结构

沉淀池一般分为平流式、竖流式和辐流式。每种沉淀池均包含五个区,即进水区、沉淀区、缓冲区、污泥区和出水区。每种沉淀池有其优缺点和适用条件,见表3-13。

表3-13 各种沉淀池的优缺点和适用条件

池型	优点	缺点	适用条件
平流式	(1)沉淀效果好; (2)对冲击负荷和温度变化的适应能力较强; (3)施工简易; (4)平面布置紧凑; (5)排泥设备趋于定型	(1)配水不易均匀; (2)采用多斗排泥时,每个泥斗需单独设置排泥管各自排泥,操作量大; (3)采用机械排泥时,设备复杂,对施工质量要求高	适用于大、中、小型污水处理厂
竖流式	(1)排泥方便,管理简单; (2)占地面积较小	(1)池子深度大,施工困难; (2)对冲击负荷和温度变化的适应能力较差; (3)池径不宜过大,否则布水不均	适用于小型污水处理厂
辐流式	(1)多为机械排泥,运行可靠,管理较简单; (2)排泥设备已定型化	机械排泥设备复杂,对施工质量要求高	适用于大、中型污水处理厂

3.1.4.3 设计及计算事项

一般规定:

(1)设计流量应按分期考虑:

1)当污水为自流进入时,应按每期的最大设计流量计算。

2)当污水为提升进入时,应按每期工作水泵的最大组合流量计算。

3)在合流制处理系统中,应按降雨时得设计流量计算,沉淀时间不宜小于30min。

(2)沉淀池个数或分格数不应少于2个,并宜按并联系列设计。

(3)当无实测资料时,城市污水沉淀池的设计数据,可参照表3-14选用。

表3-14 污水沉淀池设计数据

沉淀池类型	沉淀时间/h	表面负荷/[m³/(m²·h)]	污泥含水率/%	污泥量指标/[g/(人·d)]	堰口负荷/[L/(s·m)]
初沉池(无剩余污泥回流)	0.5~2.0	1.5~4.5	95~97	16~36	≤2.9
初沉池(有剩余污泥回流)	0.5~2.0	1.0~3.0	94~98	+剩余污泥量	≤2.9

（4）池子的超高至少采用 0.3m。

（5）沉淀池的有效水深 h_2、沉淀时间 t 与表面负荷 q' 的关系见表 3-15。当表面负荷一定时，有效水深与沉淀时间之比为定值，即 $h_2/t = q'$。一般沉淀时间不小于 1h；有效水深多采用 2～4m，对辐流沉淀池指池边水深。

表 3-15 有效沉淀、沉淀时间与表面负荷的关系

表面负荷 q' / [m³/(m²·h)]	沉淀时间/h				
	h_2=2.0m	h_2=2.5m	h_2=3.0m	h_2=3.5m	h_2=4.0m
4.5	0.4	0.56	0.67	0.78	0.89
4.0	0.5	0.63	0.75	0.88	1.0
3.5	0.6	0.7	0.86	1.0	1.1
3.0	0.7	0.8	1.0	1.2	1.3
2.5	0.8	1.0	1.2	1.4	1.6
2.0	1.0	1.3	1.5	1.8	2.0
1.5	1.3	1.7	2.0	2.3	2.7
1.2	1.7	2.1	2.5	2.9	3.3
1.0	2.0	2.5	3.0	3.5	4.0
0.6	3.3	4.2	5.0		

（6）初次沉淀池缓冲层高度一般采用 0.3～0.5m。

（7）当采用污泥斗排泥时，每个污泥斗均应设单独的排泥阀和排泥管。污泥斗的斜壁与水平面的倾角，方斗宜为 60°，圆斗宜为 55°。

（8）初次沉淀池的污泥区容积，当采用静水压力排泥时，一般按不大于 2d 的污泥量计算；当采用机械排泥时，宜按 4h 污泥量计算。采用活性污泥法处理后的二次沉淀池污泥区容积，宜按不大于 2h 贮泥量计算，并应有连续排泥措施；采用生物膜法处理后的二次沉淀池污泥区容积，宜按 4h 的污泥量计算；泥斗中污泥浓度按混合液浓度及底流浓度的平均浓度计算。

（9）排泥管直径不应小于 200mm。

（10）当采用静水压力排泥时，初次沉淀池的静水头不应小于 1.5m；二次沉淀池的静水头，生物膜法处理后不应小于 1.2m，活性污泥法处理后不应小于 0.9m。

（11）初次沉淀池的污泥采用机械排泥时，可连续或间歇排泥；不采用机械排泥时，应每日定时排泥。

（12）采用多斗排泥时，每个泥斗均应设单独的排泥阀和排泥管。

（13）初次沉淀池应设置撇渣设施。

（14）沉淀池的入口和出口均应采取整流措施。

（15）为减轻堰的负荷，或为改善水质，可采用多槽沿程出水布置。

（16）当每组沉淀池有两个池以上时，为使每个池的入流量相等，应在入流口设置调节闸门，以调整流量。

（17）当采用重力排泥时，污泥斗的排泥管一般采用铸铁管，其下端伸入斗内，顶端敞口，伸出水面，以便于疏通，在水面以下 1.5～2.0m 处，由排泥管接出水平排出管，污泥借静水压力由此排至池外。

（18）进水管有压力时，应设置配水井，进水管应由井壁接入，不宜由井底接入，且应将进水管的进口弯头朝向井底。

（19）初次沉淀池应根据环境条件要求采取封闭、除臭措施。

1. 平流式沉淀池

平流式沉淀池如图 3-10 所示。

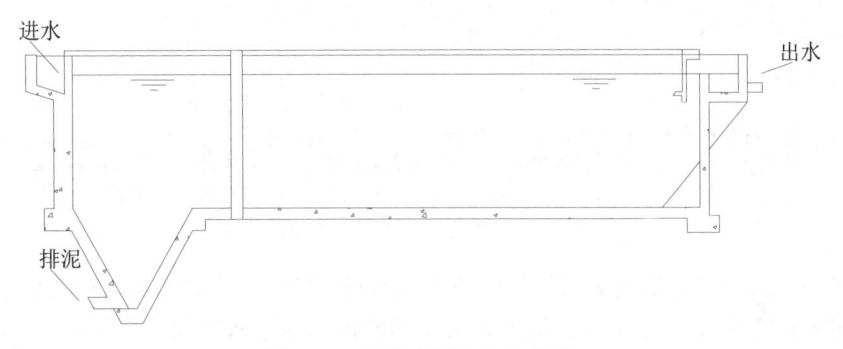

图 3-10 平流式沉淀池示意图

设计数据：

（1）池子的长宽比不小于 4，以 4～5 为宜。当长宽比过小时，池内水流的均匀性差，容积效率低，影响沉降效果；大型沉淀池可考虑设置导流墙。

（2）采用机械排泥时，宽度根据排泥设备确定。

（3）池子的长深比不小于 8，以 8～12 为宜。

（4）池底纵坡：采用机械刮泥时，不小于 0.005，一般采用 0.01～0.02。

（5）按表面负荷计算时，应对水平流速进行校核。最大水平流速：初次沉淀池为 7mm/s；二次沉淀池为 5mm/s。

（6）刮泥机的行进速度不大于 1.2m/min，一般采用 0.6～0.9m/min。

（7）入口的整流措施如图 3-11 所示，可设有孔整流墙或穿孔墙［见图 3-11（a）］；底孔式入流装置，底部设有挡流板［见图 3-11（b）］；淹没孔与挡流板的组合［见图 3-11（c）］；淹没孔与有孔整流墙的组合［见图 3-11（d）］。有孔整流墙上的开孔总面积为池断面积的 6%～20%。

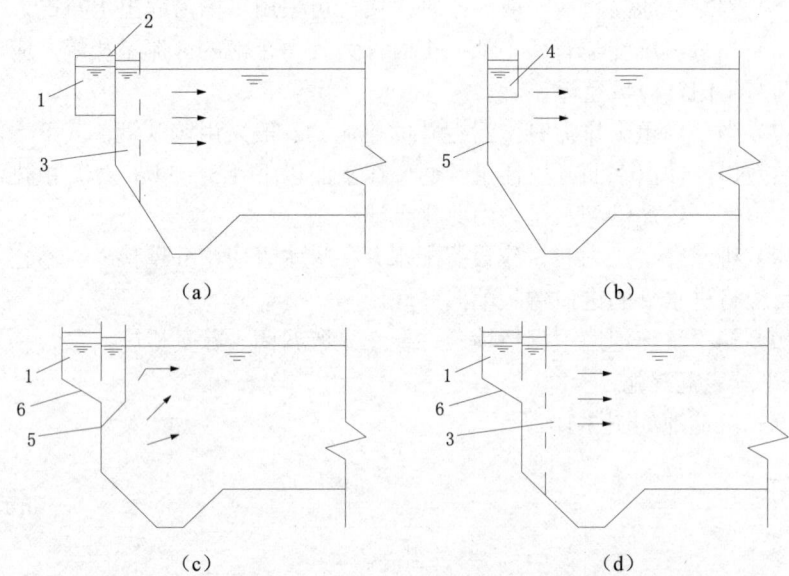

(a)　(b)　(c)　(d)

(a)设有有孔整流墙的整流措施；(b)设有底孔式入流装置及底部挡流板的整流措施；(c)设有淹没孔与挡流孔板组合的整流措施；(d)设有淹没孔与有孔整流墙的组合的整流措施

1—进水槽；2—溢流；3—有孔整流墙；4—底孔；5—挡流板；6—淹没孔

图 3-11　平流式沉淀池入口的整流措施

（8）出口的整流措施可采用溢流式集水槽。平流沉淀池通常采用的集水槽形式如图 3-12 所示，平流式沉淀池通常采用的出水堰形式如图 3-13 所示。其中锯齿形三角堰应用最普遍，水面宜位于齿高的 1/2 处。为适应水流的变化或构筑物的不同沉降，在堰口处需设置使堰板能上下移动的调整装置。

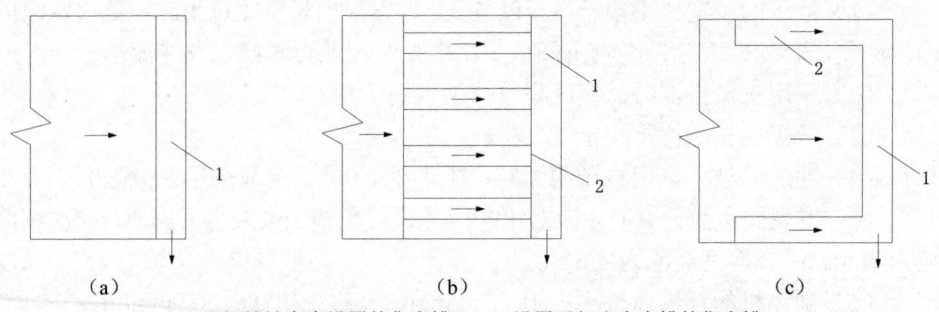

(a)　(b)　(c)

(a)沿沉淀池宽度设置的集水槽；(b)设置平行出水支槽的集水槽；
(c)沿部分池长设置出水支槽的集水槽

1—集水槽；2—集水支渠

图 3-12　平流式沉淀池的集水槽形式

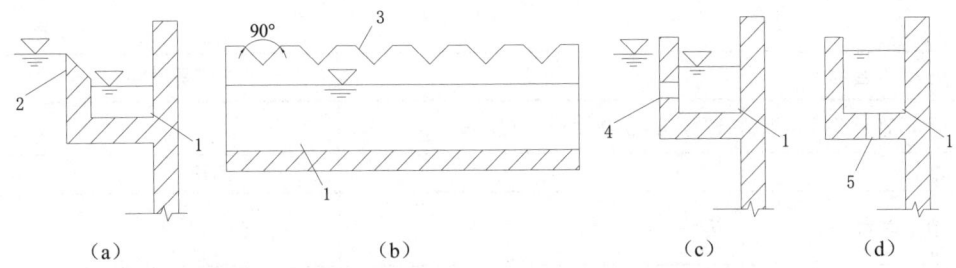

(a) 自由堰式的出水堰；(b) 锯齿形三角堰式的出水堰；(c) 出流孔口式的出水堰；
(d) 自由堰与底出流孔口组合的出水堰
1—集水槽；2—自由堰；3—锯齿三角堰；4—淹没孔口；5—底出流孔口

图 3-13　平流式沉淀池的出水堰形式

（9）进出口处应设置挡板，高出池内水面 0.1～0.15m。挡板淹没深度：进口处视沉淀池深度而定，不应小于 0.25m，一般为 0.5～1.0m；出口处一般为 0.3～0.4m。挡板位置：距进水口为 0.5～1.0m；距出水口 0.25～0.5m。

（10）在出水堰前应设置收集与排除浮渣的设施（如可转动的排渣管、浮渣槽等）。当采用机械排泥时，可与排泥设备一并结合考虑。当采用可转动排渣管时，可不再设置浮渣挡板。

（11）初沉池浮渣可采用人工或水力冲刷方式统一收集至浮渣井或浮渣压榨处理装置。浮渣井内应设置溢水管，将部分随浮渣排出的水分排至污水管道。

（12）初沉池污泥可采用重力排泥或机械提升排泥方式。当采用重力排泥方式时，应在排泥渠道内设置防止污泥沉降和淤积的搅拌或推流装置，也可在污泥渠道内设置小型刮泥设备。当采用机械提升排泥方式时，可采用螺杆泵、凸轮转子泵、潜水排污泵等提升设备。污泥提升设备的工作能力可按计算污泥体量配置，并按最大污泥体量校核（最大污泥含水率时的污泥体积）。污泥提升设备数量不宜少于 2 台，并宜设置备用设备。

（13）当初沉池采用多斗排泥时，污泥斗平面宜呈正方形或近于正方形的矩形，排数一般不宜多于两排。

计算公式：

（1）当无污水悬浮物沉降资料时，见表 3-16。

表 3-16　平流式沉淀池计算公式（无污水悬浮物沉降资料）

名称	公式	符号说明
池子总表面积	$A = \dfrac{Q \times 3600}{q'}$	Q：日平均流量（m³/s）； q'：表面负荷[m³/（m²·h）]
沉淀部分有效水深	$h_2 = q't$	t：沉淀时间（h）

续表

名称	公式	符号说明
沉淀部分有效容积	$V' = Qt \times 3600$（m³）或 $V' = Ah_2$	—
池长	$L' = vt \times 3.6$	v：水平流速（mm/s）
池子总宽度	$B = \dfrac{A}{L'}$	—
池子个数（或分格数）	$n = \dfrac{B}{b}$	b：每个池子（或分格）宽度（m）
污泥部分所需的总容积	（1）$V = \dfrac{SNT}{1000}$ （2）$V = \dfrac{Q(C_1 - C_2) \times 96400 \times 100T}{\gamma(100 - \rho_0)}$	S：每人每日污泥量[L/(人·d)]，一般采用 0.3～0.8； N：设计人口数（人）； T：两次清除污泥间隔时间（d）； C_1：进水悬浮物浓度（t/m³）； C_2：出水悬浮物浓度（t/m³）； γ：污泥密度（t/m³），其值约为1； ρ_0：污泥含水率（%）
池子总高度	$H = h_1 + h_2 - h_3 + h_4$	h_1：超高（m）； h_3：缓冲层高度（m）； h_4：污泥部分高度（m）
污泥斗容积	$V_1 = \dfrac{1}{3}h_4''(f_1 + f_2 + \sqrt{f_1 f_2})$	f_1：斗上口面积（m²）； f_2：斗下口面积（m²）； h_4''：泥斗高度（m）
污泥斗以上梯形部分污泥容积	$V_2 = \left(\dfrac{l_1 + l_2}{2}\right)h_4' b$	l_1、l_2：梯形上、下底边长（m）； h_4'：梯形的高度（m）

（2）当有污水悬浮物沉降资料时，见表 3-17。

表 3-17 平流式沉淀池计算公式（有污水悬浮物沉降资料）

名称	公式	符号说明
池长	$L_1 = \dfrac{v}{u \cdot \omega} h_2$	v：污水水平流速（m/s）； u：与所需沉淀效率相应的最小沉降速度（mm/s），一般采用 0.33mm/s；
池子总宽度	$B = \dfrac{Q_{\max}}{vh_2} \times 1000$	

续表

名称	公式	符号说明
沉淀时间	$t = \dfrac{L}{v \times 3.6}$	ω：垂直分速度（mm/s），当 v 在 5～10mm/s 时，采用 0.05mm/s；
污泥部分所需的总容积	同表 3-16	h_2：沉淀部分有效水深（m）； Q_{max}：最大设计流量（m³/s）

（3）当有污水悬浮物最小沉降速度和脉动垂直分速度资料时，见表 3-18。

表 3-18 平流式沉淀池计算公式（有污水悬浮物最小沉降速度和脉动垂直分速度资料）

名称	公式	符号说明
沉淀池流动水层平均深度	$h_m = 0.465 h_2 + 0.10$	h_2：沉淀池水流部分建筑深度，采用 0.8～3.0m
池长	$L = 1.15 \sqrt{\dfrac{2.15}{K_0}(h_m - h_0)} + \dfrac{h_2}{\mathrm{tg}\alpha}$	K_0：比例系数，与流速有关，当 v=1～10mm/s 时，K_0=0.10～0.17； h_0：沉淀池入口处流动水层深度，与沉淀池进水设备有关；如进水设备为一般溢水槽时，h_0=0.25m； α：沉淀池出水处水流收缩角，一般采用 25°～30°
沉淀时间	$t = \dfrac{1000 h_m}{u_0 - w}$	u_0：污水中应去除的悬浮物质的最小沉降速度，根据污水沉降曲线决定（mm/s）； w：脉动垂直分速度，当 v=5～10mm/s 时，w=0.05mm/s；当 v<5mm/s 时，取 w=0
池总宽度	$B = \dfrac{Q_{max}}{v h_m}$	Q_{max}：最大设计流量（m³/s）； v：设计流速（m/s）

2. 竖流式沉淀池

竖流式沉淀池如图 3-14 所示。

设计数据：

（1）为了使水流在沉淀池内分布均匀，池子直径（或正方形的一边）与有效水深之比值不大于 3。池子直径不宜大于 8m，一般采用 4～7m；最大可达 10m。

（2）中心管内流速不大于 30mm/s。

（3）中心管下口应设有喇叭口和反射板：

1）中心进水管喇叭口底面淹没深度应等于设计有效水深。

2）反射板底面距污泥层上顶面缓冲层高度不宜小于0.30m。

3）喇叭口直径及高度为中心进水管直径的1.35倍。

4）反射板直径为喇叭口直径的1.30倍，反射板斜板面与水平面夹角为17°。

5）中心进水管下端至反射板表面缝隙垂直间距宜为0.25～0.50m；在最大进水量时，缝隙中污水流速：初次沉淀池不应大于20mm/s，二次沉淀池不应大于15mm/s。

（4）当池子直径（或正方形的一边）小于7m时，澄清污水沿周边流出；当池子直径大于等于7m时，应增设辐射式集水支渠。

（5）排泥管下端距池底不大于0.2m，管上端超出水面不小于0.4m。

（6）浮渣挡板距集水槽0.25～0.5m，高出水面0.1～0.15m，淹没深度0.3～0.4m。

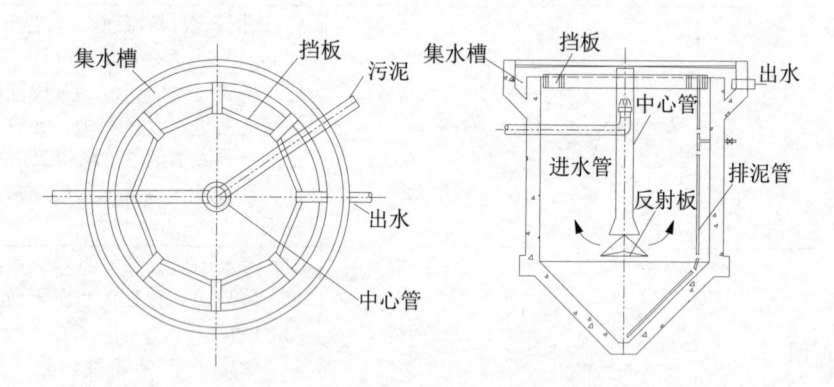

图3-14 竖流式沉淀池示意图

计算公式见表3-19。

表3-19 竖流式沉淀池计算公式

名称	公式	符号说明
中心管面积	$f = \dfrac{q_{max}}{v_0}$	q_{max}：每池最大设计流量（m³/s）;
中心管直径	$d_0 = \sqrt{\dfrac{4f}{\pi}}$	v_0：中心管内流速（m/s）；v_1：污水由中心管喇叭口与反射板之间的缝隙流出速度（m/s）；
中心管喇叭口与反射板之间的缝隙高度	$h_3 = \dfrac{q_{max}}{v_1 \pi d_1}$	d_1：喇叭口直径（m）;

续表

名称	公式	符号说明
沉淀部分有效断面积	$F = \dfrac{q_{max}}{K_z v}$	v：污水在沉淀池中流速（m/s）； t：沉淀时间（h）； S：每人每日污泥量[L/（人·d）]一般采用 0.3~0.8； N：设计人口数（人）； T：两次清除污泥相隔时间（d）； C_1：进水悬浮物浓度（t/m³）； C_2：出水悬浮物浓度（t/m³）； K_z：生活污水流量总变化系数； γ：污泥密度（t/m³），其值约为 1； P_0：污泥含水率（%）； h_1：超高（m）； h_2：中心管淹没深（m）； h_4：缓冲层高（m）； h_5：污泥室圆截锥部分的高度（m）； R：圆截锥上部半径（m）； r：圆截锥下部半径（m）
沉淀池直径	$D = \sqrt{\dfrac{4(F+f)}{\pi}}$	
沉淀部分有效水深	$h_A = vt3600$	
沉淀部分所需总容积	（1）$V = \dfrac{SNT}{1000}$ （2）$V = \dfrac{q_{max}(C_1+C_2)T \times 86400 \times 100}{K_z \gamma(100 - P_0)}$	
圆截锥部分容积	$V_1 = \dfrac{\pi h_5}{3}(R^2 + Rr + r^2)$	
沉淀池总高度	$H = h_1 + h_2 + h_3 + h_4 + h_5$	

3. 辐流式沉淀池

辐流式沉淀池如图 3-15 所示。

设计数据：

（1）池子直径（或正方形的一边）与有效水深的比值宜为 6~12。

（2）池径不宜小于 16m。

（3）池底坡度一般采用 0.05。

（4）一般均采用机械刮泥，也可附有空气提升或静水头排泥设施。

（5）当池径（或正方形的一边）较小（小于 20m）时，也可采用多斗排泥。

（6）进出水的布置方式可分为：中心进水周边出水；周边进水中心出水；周边进水周边出水。

（7）池子直径小于 20m 时，一般采用中心传动的刮泥机，其驱动装置设在池子中心的走道板上；池子直径大于 20m 时，一般采用周边传动的刮泥机，其驱动装置设在桁架的外缘。刮泥机旋转速度一般为 1~3r/h，外周刮泥板的线速不超过 3m/min，一般采用 1.5m/min。

（8）在进水口的周围应设置整流板，整流板的开孔面积为池断面积的10%~20%。

（9）浮渣用浮渣刮板收集，刮渣板装在刮泥机桁架的一侧，在出水堰前应设置浮渣挡板。

（10）周边进水的辐流式沉淀池是一种沉淀效率较高的池型，与中心进水、周边出水的辐流式沉淀池相比，其设计表面负荷可提高1倍左右。

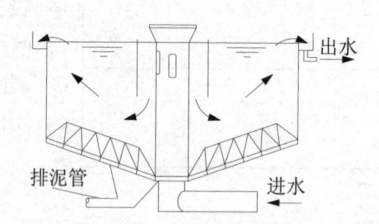

图3-15 辐流式沉淀池示意图

计算公式：

辐流式沉淀池取半径1/2处的水流断面作为计算断面，计算公式见表3-20、表3-21。

表3-20 中心进水辐流式沉淀池计算公式

名称	公式	符号说明
沉淀部分水面面积	$F = \dfrac{Q}{nq'}$	Q：日平均流量（m³/h）； n：池数（个）； q'：表面负荷 [m³/(m²·h)]
池子直径	$D = \sqrt{\dfrac{4F}{\pi}}$	—
沉淀部分有效水深	$h_2 = q't$	t：沉淀时间（h）
沉淀部分有效容积	$V' = \dfrac{Q}{n}t$（m³）或 $V' = Fh_2$	—
污泥部分所需的容积	(1) $V = \dfrac{SNT}{1000n}$ (2) $V = \dfrac{Q(C_1 - C_2)24 \times 100 T}{\gamma(100 - \rho_0)n}$	S：每人每日污泥量[L/(人·d)]，一般采用0.3~0.8； N：设计人口数（人）； T：两次清除污泥间隔时间（d）； C_1：进水悬浮物浓度（t/m³）； C_2：出水悬浮物浓度（t/m³）； γ：污泥密度（t/m³），其值约为1； ρ_0：污泥含水率（%）

续表

名称	公式	符号说明
污泥斗容积	$V' = \dfrac{\pi h_5}{3}(r_1^2 + r_1 r_2 + r_2^2)$	h_5：污泥斗高度（m）； r_1：污泥斗上部半径（m）； r_2：污泥斗下部半径（m）
污泥斗以上圆锥体部分污泥容积	$V_2 = \dfrac{\pi h_4}{3}(R^2 + R r_1 + r_1^2)$	h_4：圆锥体高度（m）； R：池子半径（m）
沉淀池总高度	$H = h_1 + h_2 + h_3 + h_4 + h_5$	h_1：超高（m）； h_3：缓冲层高度（m）

表 3-21 周边进水辐流式沉淀池计算公式

名称	公式	符号说明
沉淀部分水面面积	$F = \dfrac{Q}{nq'}$	Q：日平均流量（m³/h）； n：池数（个）； q'：表面负荷 [m³/（m²·h）]
池子直径	$D = \sqrt{\dfrac{4F}{\pi}}$	—
校核堰口负荷	$q' = \dfrac{Q_0}{3.6\pi D}$	Q_0：单池设计流量（m³/h），$Q_0 = Q/n$
校核固体负荷	$q_2' = \dfrac{(1+R)Q_0 N_w \times 24}{F}$	N_w：混合液悬浮物浓度（m³/h）； R：污泥回流比
澄清区高度	$h_2' = \dfrac{Q_0 t}{F}$	t：沉淀时间（h）
污泥区高度	$h_2'' = \dfrac{(1+R)Q_0 N_w t'}{0.5(N_w + C_u)F}$	t'：污泥停留时间（h）； C_u：底物浓度（kg/m³）
池边水深	$h_2 = h_2' + h_2'' + 0.3$	0.3：缓冲层高度（m）
沉淀池总高度	$H = h_1 + h_2 + h_3 + h_4$	h_1：池子超高（m）； h_3：池中心与池边落差（m）； h_4：池泥斗高度（m）

3.1.4.4 施工事项

（1）核对基坑平面尺寸和坑底标高，熟悉土层、水文地质资料。

（2）结合施工现场的实际情况，绘制施工总平面图和基坑开挖图，确定开挖路线、顺序、范围、边坡坡度。设置测量控制点，根据施工现场的实际情况将水准标高测设到周围的建筑物上，根据所布置的测量控制点，测定施工现场的自然地面标高以及相关标高，并做好现场测量记录，作为施工组织计划的依据。

（3）根据施工工期的要求安排好工作人员及施工机械进场，明确各专业工序间的配合关系，并根据施工规范的有关要求向参加施工工作的人员层层进行安全技术交底。

（4）根据施工要求的范围进行场地平整清理。凡在施工区域内，影响工程质量的软弱土层、淤泥、大石、垃圾，应分别情况采取全部挖除或排水沟疏干、抛填石块、砂等方法妥善处理。

（5）修建临时设施及施工道路，在建筑物四围设置排水沟。

（6）根据图纸及沉淀池实际尺寸，考虑工作面（沉淀池外边尺寸各边+0.5m）、沉淀池位置及基坑边坡白线，施工过程中派人监测基坑情况，开挖过程用水准仪测量基坑高程。

（7）基坑土方开挖采取机械大开挖，挖至临近设计标高处，预留0.3m进行人工拣底。

（8）基坑开挖至设计标高，复测无误后，方可进行基底垫层施工，在坑底测设中线、边线，然后放样安装混凝土垫层模板；模板安装完成后，浇筑垫层。

（9）沉淀池安装以安全操作为原则，针对施工现场的实际情况，采用机械和人工相结合的吊装方式，机械采用挖机。

1）挖机吊装时，应用非金属绳索扣系住，不得串心吊装。

2）吊装过程中，沉淀池应平稳下坑，不得与坑壁或坑底相碰撞，保证槽壁不垮塌。

3）吊装时，核对设计图纸，注意沉淀池进出口方向，箭头所指一端为出口方向。

4）吊装就位后，测定水平度，局部调整垫层使之水平；复测沉淀池标高，符合工程设计要求后，填塞砼垫块固定沉淀池管身，稳定后回填土。

（10）分层回填安装就位符合要求之后，池内必须注满水，超过地下水位使之稳定后，方可进行回填。回填的材料必须符合设计图纸及规范要求，严禁将建筑垃圾作为土壤回填。回填土中大的尖角石块应被剔除，回填土应分层夯实，按每层300mm进行，宜人工夯实，切忌局部猛力冲击，必须遵守施工规范中回填土作业的条文规定，必须使基坑周围回填土密实。密实度应符合《给水排水管道工程施工及验收规范》（GB 50268—2008）的规定，同时应注意以下事项：

1）填土应在管道基础混凝土达到一定强度后进行。

2）回填顺序应按排水方向由高到低分层进行，基坑内不得有积水。

3）基坑两侧应同时对称回填夯实，以防止沉淀池身位移。

4）回填高度应回填至沉淀池顶。

（11）工程施工单位应具有国家相应的工程施工资质；工程项目宜通过招投

标确定施工单位和监理单位。

（12）管道工程的施工和验收应符合 GB 50268—2008 的规定；混凝土结构工程的施工和验收应符合 GB 50204—2015 的规定；构筑物的施工和验收应符合 GBJ 141—1990 的规定；设备安装应符合 GB 50231—2009 的规定。

（13）塑料管道阀门的连接应符合 HG/T 20520—1992 规定，金属管道安装与焊接应符合 GB 50235—2010 的要求。

3.1.4.5 运行管理

（1）根据初沉池的形式及刮泥机的形式，确定刮泥方式和刮泥周期，避免因沉积污泥停留时间过长而造成浮泥，刮泥过于频繁或太快会扰动已沉下的污泥。

（2）初沉池一般采用间歇排泥，因此最好实现自动控制。无法实现自控时，要注意总结经验并根据经验掌握好排泥次数和排泥时间。当初沉池采用连续排泥时，应注意观察排泥的流量和排放污泥的颜色，使排泥浓度符合工艺要求。

（3）巡检时应注意观察各池的出水量是否均匀，还要观察出水是否均匀，堰口是否被浮渣封堵，并及时调整或修复。

（4）巡检时应注意观察浮渣斗中的浮渣是否能顺利排出，浮渣刮板与浮渣斗挡板配合是否适当，并及时调整或修复。

（5）巡检时应注意辨听刮泥、刮渣、排泥设备是否有异常声响，同时检查其是否有部件松动等，并及时调整或修复。

（6）排泥管道至少每月冲洗一次，防止泥沙、油脂等在管道内尤其是阀门处造成堵塞，冬季还应当增加冲洗次数。定期（一般每年一次）将初沉池排空，进行彻底清理检查。

（7）按规定对初沉池的常规监测项目进行及时分析化验，尤其是 SS 等重要项目要及时比较，确定 SS 去除率是否正常，如果下降则应采取必要的整改措施。

（8）初沉池的常规监测项目有进出水的水温、pH 值、COD、BOD_5、TS、SS 及排泥的含固率和挥发性固体含量等。

3.1.5 化粪池

3.1.5.1 概述

化粪池是一种将粪便污水分格沉淀，并将污泥进行厌氧消化的小型处理构筑物。它是一种利用沉淀和厌氧微生物发酵原理，以去除粪便污水或其他生活污水中悬浮物、有机物和病原微生物为主要目的的小型污水初级处理构筑物。

污水通过化粪池的沉淀作用可去除大部分悬浮物，通过微生物的厌氧发酵作用可降解部分有机物（COD_{cr}、BOD_5），池底沉积的污泥可用作有机肥。通过化粪池的预处理可有效防止污水管道被堵塞,也可有效降低后续处理单元的有机污染负荷,但化粪池处理效果有限,一般不能直接排放水体,需经后续好氧生物处理单元或生态技术单元进一步处理。化粪池应进行防水、防渗和防腐处理,以防止污染地下水并保证后续污水处理单元处理水量。化粪池应定期清掏,保持进出水畅通,清掏物作为固废进一步处理或用于农田施肥。

(1)化粪池的优点。结构简单、易施工、造价低、维护管理简便、无能耗、运行费用省、卫生效果好。

(2)化粪池的缺点。沉积污泥多,需定期进行清理;沼气回收率低,综合效益不高;化粪池处理效果有限,一般不能直接排放水体,需经后续好氧生物处理单元或生态技术单元进一步处理。

(3)化粪池适用范围。可广泛应用于农村生活污水的预处理,特别适用于生态卫生厕所的粪便与尿液的预处理。

3.1.5.2 类型和结构

化粪池根据建筑材料和结构的不同,主要可分为砖砌化粪池、现浇钢筋混凝土化粪池、预制钢筋混凝土化粪池、玻璃钢化粪池等;根据池子形状,可以分为矩形化粪池和圆形化粪池。河南省农村化粪池可根据使用人数分为双格式化粪池和三格式化粪池(见图3-16)。化粪池宜用于使用水冲厕所的场所,并宜设置在接户管下游且便于清掏的位置。

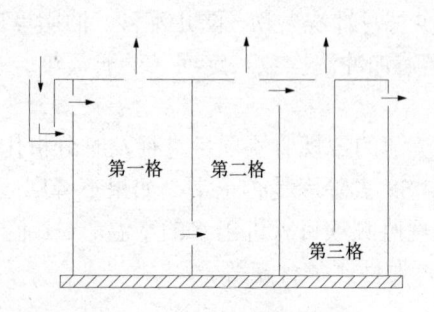

图3-16 三格式化粪池示意图

3.1.5.3 设计及计算事项

(1)化粪池宜用于使用水厕的场合。

(2)化粪池宜设置在接户管下游且便于清掏的位置。

(3)化粪池可每户单独设置,也可相邻几户集中设置。

(4)化粪池应设在室外,其外壁距建筑物外墙不宜小于5m,并不得影响建筑物基础。当受条件限制设置于机动车道下时,池顶和池壁应按机动车荷载核算。

(5)化粪池与饮用水井等取水构筑物的距离不得小于30m。

（6）化粪池池壁和池底进行防渗漏处理。

（7）化粪池的构造应符合下列要求：

1）化粪池的长度不宜小于 1.0m，宽度不宜小于 0.75m，有效深度不宜小于 1.3m，圆形化粪池直径不宜小于 1.0m。

2）双格化粪池第一格的容量宜为总容量的 75%；三格化粪池第一格的容量宜为总容量的 50%，第二格和第三格的容量宜分别为总容量的 25%。

3）化粪池格与格、池与连接井之间应设通气孔。

4）化粪池进出水口处应设置浮渣挡板。

5）化粪池应设有盖板和人孔。

（8）化粪池的有效容积宜按下列公式计算：

$$V = V_1 + V_2$$

$$V_1 = \frac{n\alpha q_1 t_1}{24 \times 1000}$$

$$V_2 = \frac{[anq_2 t_2(1-b)(1-d)(1+m)]}{(1-c) \times 1000}$$

式中：V 为化粪池的有效容积（m³）；V_1 为化粪池污水部分容积（m³）；V_2 为化粪池污泥部分容积（m³）；α 为实际使用化粪池的人数与设计总人数的百分比（%），可参考表 3-22 取值；n 为化粪池的设计总人数（人）；q_1 为每人每天生活污水量[L/（人·d）]，当粪便污水和其他生活污水合并流入时为 100~170 [L/（人·d）]，当粪便污水单独流入时为 20~30 [L/（人·d）]；t_1 为污水在化粪池中的停留时间，可取 24~36h；q_2 为每人每天污泥量 [L/（人·d）]，当粪便污水和其他生活污水合并流入时为 0.8 [L/（人·d）]，当粪便污水单独流入时为 0.5 [L/（人·d）]；t_2 为化粪池的污泥清掏周期，可取 90~360d；b 为新鲜污泥含水率（%），取 95%；m 为清掏后污泥遗留量（%），取 20%；d 为粪便发酵后污泥体积减量（%），取 20%；c 为化粪池中浓缩污泥含水率（%），取 90%。

实际使用的人数与设计总人数的百分比可参考表 3-22。

表 3-22　实际使用的人数与设计总人数的百分比

建筑物类型	百分比/%
家庭住宅	100
村镇医院、养老院、幼儿园（有住宿）	100
村镇企业生活间、办公楼、教学楼	50

（9）化粪池可采用钢筋混凝土、砖、浆砌块石等材料砌筑，并宜进行防渗处理。

（10）常用的化粪池结构形式、适用条件可按《国家建筑标准设计图集》（中国建筑标准设计研究院，中国计划出版社）选用。

3.1.5.4 施工事项

（1）工程施工单位应具有国家相应的工程施工资质；工程项目宜通过招投标确定施工单位和监理单位。

（2）管道工程的施工和验收应符合 GB 50268—2008 的规定；混凝土结构工程的施工和验收应符合 GB 50204—2015 的规定；构筑物的施工和验收应符合 GBJ 141—1990 的规定；设备安装应符合 GB 50231—2009 的规定。

（3）塑料管道阀门的连接应符合 HG/T 20520—1992 规定，金属管道安装与焊接应符合 GB 50235—2010 的要求。

（4）可根据当地气候和工期要求，购买预制成品化粪池进行安装，或现场建造化粪池。预制成品化粪池有效容积从 2.0m^3 至 100m^3 不等，应根据当地处理水量、地下水位、地质条件等具体情况，参照《国家建筑标准设计图集：给水排水标准图集（S2）》（中国建筑标准设计研究院，中国计划出版社）中相关内容，选择相应型号的预制成品化粪池。预制成品化粪池的加工在生产厂家完成，其现场安装和施工工序主要包括开挖坑槽、安装化粪池、分层回填土、砌清掏孔和砌连接井。

（5）由于化粪池易产生臭味，现场建造化粪池最好建成地埋式并采取密封防臭措施。若周围环境容许溢出，且地质条件较好，土壤渗滤系数很小，则可采取砖砌化粪池，其内外墙可采用 1:3 水泥砂浆打底，1:2 水泥砂浆粉面，厚度为 20mm。若当地地质条件较差，比如山区、丘陵地带、临近河流、湖泊或道路，则建议采取钢筋混凝土化粪池，对池底、池壁进行混凝土抹面避免化粪池污水渗滤污染周边土壤和地下水，同时配套安装 PVC 或混凝土管道。

3.1.5.5 运行管理

（1）化粪池的日常维护检查包括化粪池的水量控制、防漏、防臭、清理格栅杂物、清理池渣等工作。

（2）水量控制。化粪池水量不宜过大，过大的水量会稀释池内粪便等固体有机物，缩短固体有机物的厌氧消化时间，降低化粪池的处理效果，且大水量易带走悬浮固体，造成管道的堵塞。

（3）防漏检查。应定期检查化粪池的防渗设施，以免粪液渗漏污染地下水和周边环境。

（4）防臭检查。化粪池的密封性也应进行定期检查，要注意化粪池的池盖是否盖好，避免池内恶臭气体溢出，污染周边空气。

（5）清理格栅杂物。若化粪池第一格安置有格栅，应注意检查格栅，发现有大量杂物时及时清理，防止格栅堵塞。

（6）清理池渣。化粪池建成投入使用初期，可不进行污泥和池渣的清理，运行 1~3 年后，可采用专用的槽罐车，对化粪池中的池渣每年清理抽出一次。

（7）其他注意事项。在清渣或取粪水时，不得在池边点灯、吸烟等，以防粪便发酵产生的沼气遇火爆炸；检查或清理池渣后，井盖要盖好，以免对人畜造成危害。

3.1.6 净化沼气池

3.1.6.1 概述

污水净化沼气池是一种污水厌氧处理构筑物，由前处理区和后处理区两部分组成，前处理区为两级厌氧沼气池，后处理区为折流式生物滤池，由滤板和填料组成。污水净化沼气池采用厌氧发酵技术和兼性生物过滤技术相结合的方法，在厌氧和兼性厌氧的条件下将生活污水中的有机物分解转化成甲烷、二氧化碳和水，达到净化处理生活污水的目的，并实现资源化利用。

污水净化沼气池作为污水资源化单元和预处理单元，其副产品沼渣和沼液是含有多种营养成分的优质有机肥，如果直接排放会对环境造成严重的污染，所以应回用到农业生产中，或后接污水处理单元进一步处理。

（1）净化沼气池的优点。结构简单、易施工、维护管理简便、投资少、资金分散，见效快，相对于化粪池污泥减量效果明显，有机物降解效果高。

（2）净化沼气池的缺点。需专人管理，且目前采用的直通式安全排放沼气法和沼气池全封闭法均存在缺陷。

（3）净化沼气池适用范围。该技术适用于一家一户或联户的分散处理，如果有畜禽养殖、蔬菜种植和果林种植等产业，可形成适合不同产业结构的沼气利用模式。

3.1.6.2 类型和结构

净化沼气池有条形、矩形和圆形 3 种池型，在建池前，通常要根据工程现场地面和地形情况选用不同的池型结构。净化沼气池的流程如图 3-17 所示，根据黑水和灰水是否共用管道，可以将污水流程分为分流型和合流型两种。

图 3-17 净化沼气池流程示意图

3.1.6.3 设计及计算事项

（1）污水净化沼气池必须设在室外，其外壁距建筑物外墙不宜小于 5m，距水井等取水构筑物的距离不得小于30m。

（2）污水净化沼气池的池壁和池底应进行防渗处理，气室部分内壁应进行防腐处理。

（3）污水净化沼气池应由前处理区和后处理区两部分组成。前处理区宜为两级厌氧沼气池（厌氧Ⅰ区或污水前处理区Ⅰ及厌氧Ⅱ区或污水前处理区Ⅱ）；后处理区应为折流式生物滤池，宜分为四格，并应内设不同级配的填料。填料可采用不同形式，当采用颗粒填料时，第一格、第二格填料粒径宜为5~40mm，第三格填料粒径宜为5~20mm，第四格填料粒径宜为5~15mm。每格填料高度宜为0.45~0.5m，填料体积宜为后处理区容积的30%。

（4）污水净化沼气池的进、出水液位应根据填料形式确定，其差值不宜小于60mm。

（5）后处理区应设通风孔，孔径不宜小于100mm。

（6）当粪便污水和其他生活污水分别进入池内时，宜采用下列工艺流程：其他生活污水、粪便→污水前处理区Ⅰ→前处理区Ⅱ→后处理区→出流。

（7）当粪便污水和其他生活污水合并进入池内时，宜采用下列工艺流程：粪便、其他生活污水→污水前处理区Ⅰ→前处理区Ⅱ→后处理区→出流。

（8）污水净化沼气池前后处理区的容积比宜为2:1，前处理区Ⅰ与前处理区Ⅱ的容积比宜为1:1。

（9）污水净化沼气池进水管道的最小设计坡度宜为0.04。

（10）污水净化沼气池的总有效容积按下列公式计算：

$$V = V_1 + V_2 + V_3$$

$$V_1 = \frac{n\alpha q_1 t_1}{24 \times 1000}$$

$$V_2 = \frac{[anq_2 t_2(1-b)(1-d)(1+m)]}{(1-c) \times 1000}$$

$$V_3 = k(V_1 + V_2)$$

式中：V 为污水净化沼气池的总有效容积（m³）；V_1 为污水净化沼气池的污水区有效容积（m³）；V_2 为污水净化沼气池的污泥区有效容积（m³）；V_3 为污水净化沼气池的气室有效容积（m³）；α 为实际使用污水净化沼气池的人数与设计总人数的百分比（%）；n 为污水净化沼气池的设计总人数（人）；q_1 为每人每天生活污水量[L/（人·d）]，当粪便污水和其他生活污水合并流入时，为100~170 [L/（人·d）]，当粪便污水单独流入时，为20~30 [L/（人·d）]；t_1 为污水在污水净化沼气池中的停留时间，可取48~72h；q_2 为每人每天污泥量[L/（人·d）]，当粪便污水和其他生活污水合并流入时，为0.8 [L/（人·d）]；当粪便污水单独流入时，为0.5 [L/

（人·d）］；t_2 为污水净化沼气池的污泥清掏周期，可取 360～720d；b 为新鲜污泥含水率（%），取 95%；m 为清掏后污泥遗留量（%），取 20%；d 为粪便发酵后污泥体积减量（%），取 20%；c 为污水净化沼气池中浓缩污泥含水率（%），取 90%；k 为气室容积系数，取 0.12～0.15。

（11）污水净化沼气池可采用钢筋混凝土、砖、浆砌块石等材料砌筑，并宜进行防渗处理。

3.1.6.4 施工事项

净化沼气池的具体施工应参考《生活污水净化沼气池技术规范》（NY/T 1702—2009），在施工中，应着重考虑以下内容。

（1）施工前，设计人员应与施工人员进行技术交底；拟定施工方案；确定施工工艺；做好施工前的技术准备工作，组织好施工队伍；平均气温低于 5℃时不宜进行混凝土和抹灰施工。

（2）工程施工单位应具有国家相应的工程施工资质；工程项目宜通过招投标确定施工单位和监理单位。

（3）管道工程的施工和验收应符合 GB 50268—2008 的规定；混凝土结构工程的施工和验收应符合 GB 50204—2015 的规定；构筑物的施工和验收应符合 GBJ 141—1990 的规定；设备安装应符合 GB 50231—2009 的规定。

（4）塑料管道阀门的连接应符合 HG/T 20520—1992 规定，金属管道安装与焊接应符合 GB/T 50235—2010 的要求。

（5）回收土以"手捏成团，遍地开花"为宜，支撑物的拆除应与坑槽回填同步进行。

3.1.6.5 运行管理

净化沼气池的具体运行管理应参考《生活污水净化沼气池技术规范》，在工程运行管理中，应着重考虑以下内容。

（1）净化池验收合格后应尽快启动，非自然启动时宜加入厌氧硝化单元有效容积 5%～15% 的接种物。

（2）净化池投产使用或淘渣、维修重新进料，两个月后，应进行一次进出水水质水量监测，以后每年至少应进行一次。检测项为 BOD_5、COD_{cr}、SS、pH 值、色度、氨氮、寄生虫卵、大肠菌值。

（3）净化池宜采用机械出渣。残渣清掏期为 365～730d，沉沙除渣单元 30～60d 清掏一次。

（4）净化池出残渣时，应保留厌氧消化单元有效容积 10%～15% 的活性污泥作接种物。

（5）残渣经无害化处理后宜用于制造颗粒肥或作农肥。

（6）净化池 2～4 年应进行一次全面的检查维修，池内填料及滤料应按设计要求进行更换、清洗。

（7）净化池的所有露天井口及其他附属管口均应加盖，盖板应有足够的强度，防止人畜掉进池内。

（8）净化池排渣时应停止使用沼气，并开启活动盖。

（9）净化池检修时，应参照《生活污水净化沼气池技术规范》（NY/T 1702—2009）。

3.2　污水处理适用技术

3.2.1　生物接触氧化法

3.2.1.1　概述

生物接触氧化法（Submerged Biofilm Reactor）作为兼具生物膜法和活性污泥法优势的污水处理技术，其发展历程与填料革新密切相关。该技术自 20 世纪初应用于低浓度污水处理以来，经历两次重大突破：20 世纪 30 年代通过砂石、竹木等刚性填料克服活性污泥法易流失的缺陷，70 年代随着大比表面积蜂窝填料及立体波纹塑料填料的出现，实现技术升级与广泛应用。

该工艺核心在于构建"填料—生物膜—曝气"协同作用体系：①池内填充多孔载体形成生物膜附着基质；②底部曝气系统同步完成氧传递、污染物混合及生物膜动态更新；③生物膜呈现分层代谢特征——表层好氧菌主导有机物氧化分解，内层厌氧菌进行深度代谢，通过定期脱落实现自我更新。这种"固着生长+悬浮代谢"的复合模式，使其兼具生物膜法污泥龄长、耐冲击负荷，以及具有活性污泥法传质效率高的双重优势。

3.2.1.2　类型和结构

典型的生物接触氧化池由氧化池（床或生物反应器）、填料（载体）、布水装置和曝气系统四部分组成。在运行过程中，填料即微生物膜载体被污水淹没，生物膜绝大部分附着在这些固体填料上，少量悬浮于污水中，由于填料具有较大的比表面积，污水可以和生物膜有较大的接触面积，从而可以提高处理效果。同时，置于池底的曝气装置向污水混合液中充氧，能提高其中的溶解氧浓度，为污水中以及生物膜中的微生物代谢降解有机物、好氧硝化以及生长代谢活动提供充足的氧气。由于在生物膜的内部存在厌氧/兼氧环境，在实现氨态氮硝化反应的同时可实现部分反硝化脱氮作用。随着运行时间的推移，由于微生物的不断增殖，生物膜的厚度也不断增厚，传递至生物膜内部的氧气越来越少，导致生物膜内部的好氧微生物大量死亡，滋生大量的兼氧、厌氧微生物。生物膜内层的好氧微生物群不断死亡、解体，与此同时，厌氧微生物代谢活动产生的 CH$_4$ 气体等有害物质、膜内大量噬膜微型生物发生噬膜行为，这些因素都会导致生物膜与填料之间的附着作用越来越小，最终，在生物膜自身的重力作用以及污水的冲刷作用下脱落，作为剩余污泥排出系统。

生物接触氧化池的核心组件由池体、填料和曝气系统 3 部分组成，如图 3-18 所示。

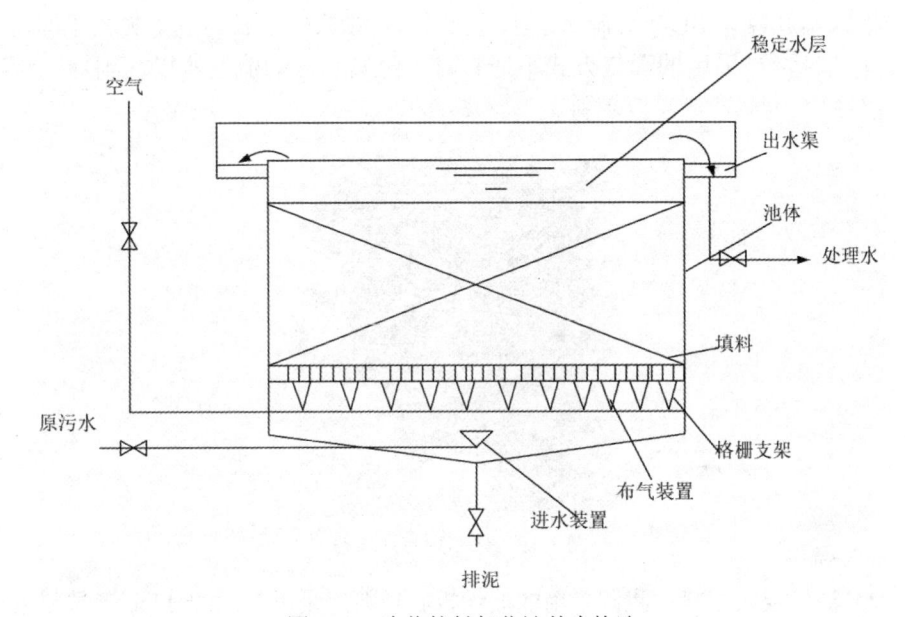

图 3-18 生物接触氧化池基本构造

（1）池体。接触氧化池的池体作为生物接触氧化装置的核心构筑物，是微生物降解有机污染物的关键反应区，其平面设计通常采用圆形、矩形或方形，结构材料则多选用钢材、钢筋混凝土或砖混等形式。池体需具备良好的密封性和抗腐蚀性，以适应长期曝气环境下的稳定运行需求，同时需结合布水、曝气系统实现污水与填料的充分接触。

（2）填料。作为生物膜法工艺的核心组件，填料在接触氧化系统中承担着微生物载体与污染物截留双重功能，其物理化学特性直接影响着生物膜的形成效率、氧传递性能及系统处理效能。从选型标准来看，优质填料应具备无毒害性、高比表面积（300m^2/m^3 以上）、良好孔隙率（利于传质与防堵塞）、机械强度优异（抗老化及水流冲击）等特点。

填料是微生物栖息的场所、生物膜的载体，兼有截留悬浮物质的作用。填料的特性直接影响处理效果的好坏，同时，它的费用在接触氧化处理系统的建设费用中又占较大比例，所以选择适宜的填料具有经济和技术意义。填料可按形状、性状及材质等方面进行区分。填料按形状分，有蜂窝状、筒状、波纹状、盾状、圆环辐射状、不规则粒状以及球状等；按性状分，有硬性、半软性、软性等；按材质分，有塑料、玻璃钢、纤维等。当前我国常用的填料有下列 3 种。

1）蜂窝状填料：材质为玻璃钢或塑料，这种填料的优点是比表面积大，空隙率高，质轻但强度高，管壁光滑无死角，衰老生物膜易于脱落等；缺点是当选定的蜂窝孔径与 BOD 负荷率不相适应时，生物膜的生长与脱落失去平衡，填料易于堵塞；当采用的曝气方式不适宜时，蜂窝管内的流速难以达到均一流速等。图 3-19 为聚乙烯悬浮填料。

图 3-19 聚乙烯悬浮填料

2）波纹板状填料：我国采用的波纹板状填料，是以英国的 Flocor 填料为基础，用硬聚氯乙烯平板和波纹板相隔黏结而成。这种填料的优点主要是孔径大，不易堵塞；结构简单，便于运输、安装，可单片保存，现场黏合；质轻强度高，防腐性能好；缺点仍是难以得到均一的流速。

3）软性填料：即软性纤维状填料，这种填料一般是用尼龙、维纶、涤纶、腈纶等化纤编结成束并用中心绳连接而成。软性填料的优点是比表面积大、重量轻、强度高、物理、化学性能稳定、运输方便、组装容易等；缺点是易于结块，并在结块中心形成厌氧状态。

除此之外，还有球形填料、陶粒填料（图 3-20）、半软性填料、盾形填料、不规则粒状填料等。

（3）曝气系统。接触氧化池的曝气系统作为核心功能单元，采用池底分布式曝气装置实现氧传递与流体动力学耦合。如直流式曝气系统，曝气器集成于填料层底部，通过上向流扰动形成三维紊流场，对生物膜实施连续剪切，使生物膜经常保持较高的活性,而且能够避免堵塞现象的发生,此外,上升的气流不断与填料撞击,使气泡破碎,直径减小,增加了气泡与污水的接触面积,提高了氧的转移率。

图 3-20 陶粒填料

国内工程实践表明,直流式接触氧化池结构因建设成本低,节约循环泵系统,维护便捷等优势,在市政污水领域占比超 75%。图 3-21 所示氧化池,其典型构造包含穿孔管布气层(间距 0.3m×0.3m)、弹性立体填料层(高度 3~4m)和稳定水层(0.5m),形成气—液—固三相高效传质体系。

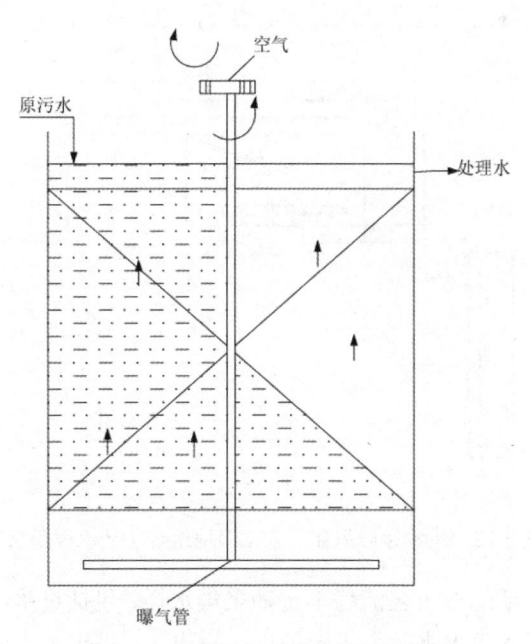

图 3-21 鼓风曝气直流式接触氧化池

生物接触氧化池的优点：①处理效率高，能适应较宽范围的污水有机负荷变化，具有较强的抗水质水量冲击负荷能力，具有脱氮除磷功能，可用于三级处理；②剩余污泥产量少且稳定，污泥处理费用低，无须污泥回流，运行费用较低；③水力停留时间短，反应器体积小，占地面积较少；④设备简单，操作、维修简便；⑤污泥浓度高、污泥泥龄长，对于一些较难降解的有机物具有较强的分解能力，且不易发生污泥膨胀。

生物接触氧化池的缺点：①当负荷过高或填料较厚时，运行过程中脱落的生物膜容易造成填料堵塞；②生物膜有时会瞬时大块脱落，影响出水水质；③由于需要较多的填料、支撑结构，导致基建费用增加；④布水、布气不易均匀。

随着生物接触氧化法的发展以及出水水质指标的提高，生物接触氧化法与其他工艺的组合研究也越来越多。杨川等通过生物接触氧化—蔬菜型人工湿地处理农村生活污水，结果表明装置对 COD、NH_4^+-N、TN 的去除率分别达 69.23%~96.53%、95.9%~97.26%和 73.6%~93.07%。出水 COD、NH_4^+-N 和 TN 的质量浓度分别为 5.02~49.98mg/L、0.59~1.93mg/L 和 2.83~9.35mg/L，均能稳定达到 GB 18918—2002 的一级 A 标准。本课题组先将污水经过水解酸化池，在生物接触氧化法之后接入人工湿地系统进行脱氮除磷处理。实验设计的生物接触氧化法人工湿地组合工艺流程示意图，构建"水解酸化预处理—外加填料生物接触氧化—泥水分离—人工湿地"四级处理体系，如图 3-22 所示。

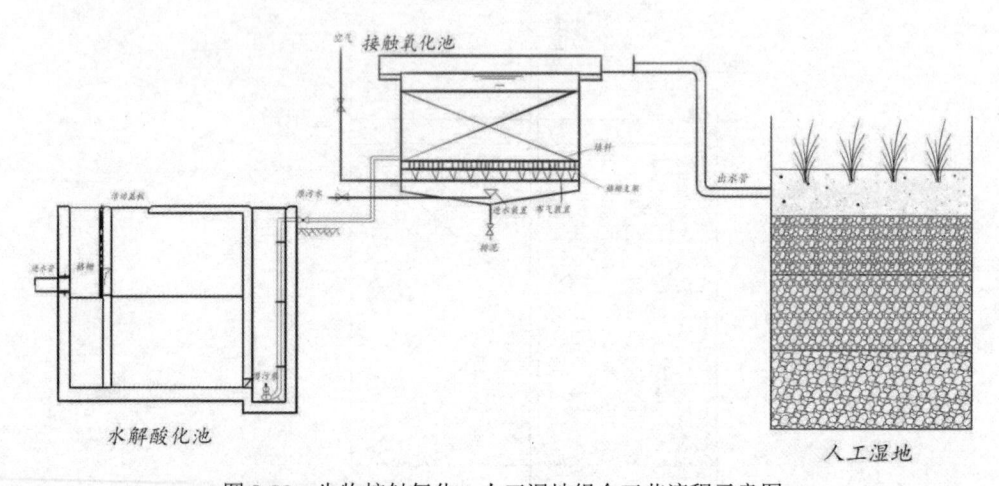

图 3-22 生物接触氧化—人工湿地组合工艺流程示意图

试验装置运行期间按工艺流程不定期采集水样，包括进水、水解调节池出水、生物接触氧化池取水口出水及人工湿地出水槽出水。进出水水质指标如图 3-23 所示，进水 COD、TN、NH_4^+-N、TP 各水质指标分别为 450mg/L、55.8mg/L、27.6mg/L、5.32mg/L；经过水解酸化池的出水 COD、TN、NH_4^+-N 和 TP 各水质指标分别为 276mg/L、38.6mg/L、19.64mg/L、2.58mg/L；生物接触氧化后的出水 COD、TN、NH_4^+-N、TP 各水质指标分别为 43.3mg/L、22.5mg/L、12.38mg/L、1.77mg/L；最后经人工湿地深度处理后的出水 COD、TN、NH_4^+-N、TP 各水质指标分别为 25.4mg/L、12.2mg/L、5.1mg/L、0.85mg/L。经处理后各出水水质指标均满足河南省《农村生活污水处理设施水污染物排放标准》（DB41/T 1820—2019）一级标准。

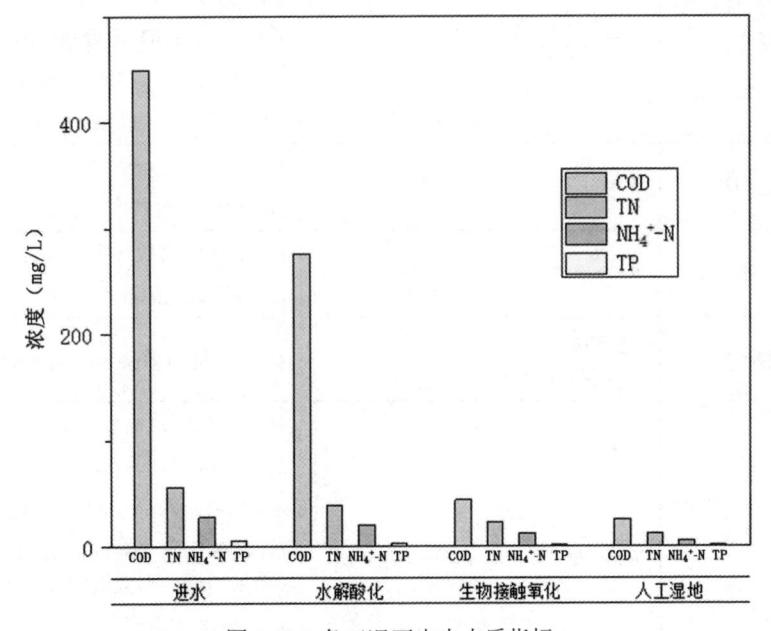

图 3-23　各工况下出水水质指标

3.2.1.3　设计及计算事项

有关生物接触氧化池设计计算可参考表 3-23。

（1）生物接触氧化池的个数或分格数应不少于 2 个，并按同时工作设计。

（2）填料的体积按填料容积负荷和平均日污水量计算。填料的容积负荷一般应通过试验确定。当无试验资料时，对于生活污水或以生活污水为主的城市污水，容积负荷一般采用 1000～1500g BOD_5/（$m^3·d$）。

（3）污水在氧化池内的有效接触时间一般为 1.5～3.0h。

（4）填料层总高度一般为 3m。当采用蜂窝型填料时，一般应分层装填，每层高为 1m，蜂窝孔径应不小于 ϕ25mm。

（5）进水 BOD_5 浓度应控制在 150～300mg/L 范围内。

（6）接触氧化池中的溶解氧含量一般应维持在 2.5~3.5mg/L 之间，气水比为 15:1~20:1。

（7）为保证布水布气均匀，每格氧化池面积一般应不大于 25m²。

表 3-23 生物接触氧化池设计参数

名称	公式	符号说明
生物接触氧化池的有效容积（填料体积）	$V = \dfrac{Q(L_a - L_t)}{M}$	V：氧化池有效容积（m³）； Q：平均日污水量（m³/d）； L_a：进水 BOD_5 浓度（mg/L）； L_t：出水 BOD_5 浓度（mg/L）； M：容积负荷［$gBOD_5$/（m³·d）］
氧化池总面积	$F = \dfrac{V}{H}$	F：氧化池总面积（m²）； H：填料层总高度（m）
氧化池格数	$n = \dfrac{F}{f}$	n：氧化池格数（个），$n>2$ 个； f：每格氧化池面积（m³）$f \leqslant 25m^2$
校核接触时间	$t = \dfrac{nfH}{Q}$	t：氧化池有效接触时间（h）
氧化池总高度	$H_0 = H + h_1 + h_2 + (m-1)h_3 + h_4$	H_0：载化池总高度（m）； h_1：超高（m），$h_1=0.5~0.6m$； h_2：填料上水深（m），$h_2=0.4~0.5m$； h_3：填料层间隙高（m），$h_3=0.2~0.3m$（当采用蜂窝形或波纹板型填料时）； h_4：配水区高度（m），不进入检修者 $h_4=0.5m$；进入检修者 $h_4=1.5m$； m：填料层数
需气量	$D = D_0 Q$	D：需气量（m³/d）； D_0：每立方米污水需气量（m³/m³），$D_0=15~20$（m³/m³）

3.2.1.4 施工事项

生物接触氧化工艺的设计应参考《生物接触氧化法污水处理工程技术规范》（HJ 2009—2011），在实际工程施工中，应着重考虑以下内容。

（1）工程施工单位应具有国家相应的工程施工资质；工程项目宜通过招投标确定施工单位和监理单位。

（2）管道工程的施工和验收应符合 GB 50268—2008 的规定；混凝土结构工程的施工和验收应符合 GB 50204—2015 的规定；构筑物的施工和验收应符合 GBJ 141—1990 的规定；设备安装应符合 GB 50231—2009 的规定。

（3）塑料管道阀门的连接应符合 HG/T 20520—1992 规定，金属管道安装与焊接应符合 GB 50235—2010 的要求。

（4）生物接触氧化池宜采用钢筋砼结构，应按设计图纸及相关设计文件进行施工，土建施工应重点控制池体的抗浮处理、地基处理、池体抗渗处理，满足设备安装对土建施工的要求。

3.2.1.5 运行管理

（1）根据需要检测进出水温度、pH 值、缺氧池/好氧池溶解氧（DO）等指标，并据此判断运行状况。

（2）正常的生物膜外观一般较粗糙，具有黏性，呈泥土褐色，若发现生物膜异常时，应及时优化工艺参数。

（3）填料堵塞、脱落、断裂时，应及时反冲洗或更换补充。

（4）风机、曝气器、排泥泵以及布水器等设备运行不正常时，应及时维修或更换。

（5）定期检查池底积泥情况，当出现积泥黑臭或出水悬浮物浓度升高时，应及时启动排泥。

3.2.1.6 强化通风分级跌水生物滤池

课题组以传统污水处理技术 A/O 工艺为基础，以生物滤池为原型研发出一种强化通风分级跌水充氧生物过滤器，在生物过滤器上设进水管，在进水管上设置水射器，在生物过滤器的顶部设置通风管，由上往下依次设置布水渠、跌水板一、跌水板二Ⅰ、填料区、跌水板二Ⅱ和出水口。本工艺具有生物脱氮功能，脱氮效率明显提高，由自然通风改为管道拔风，提高通气量，充氧效率明显提升，净化效果明显提高。布水渠依靠水力条件实现均匀布水，分级跌水、分级反射溅水，使水滴更加细小、分散，不但能实现均匀布水，而且能提高充氧效率。主体工艺流程图如图 3-24 所示。强化通风分级跌水充氧生物过滤器剖面图如图 3-25 所示。

污水处理装置核心工艺为具有脱氮功效的 A/O 法，收集的农村生活污水通过管道进入前端的水解调节池进行调节处理，后经过潜污泵将污水提升到生物过滤器中进行生物处理。出水经二沉池沉淀后流入出水槽，出水槽内设置可移动隔板来调节回流比，一部分出水由出水管排至人工湿地进行深度处理，另一部分出水由回流管回流至水解调节池前端进水管。

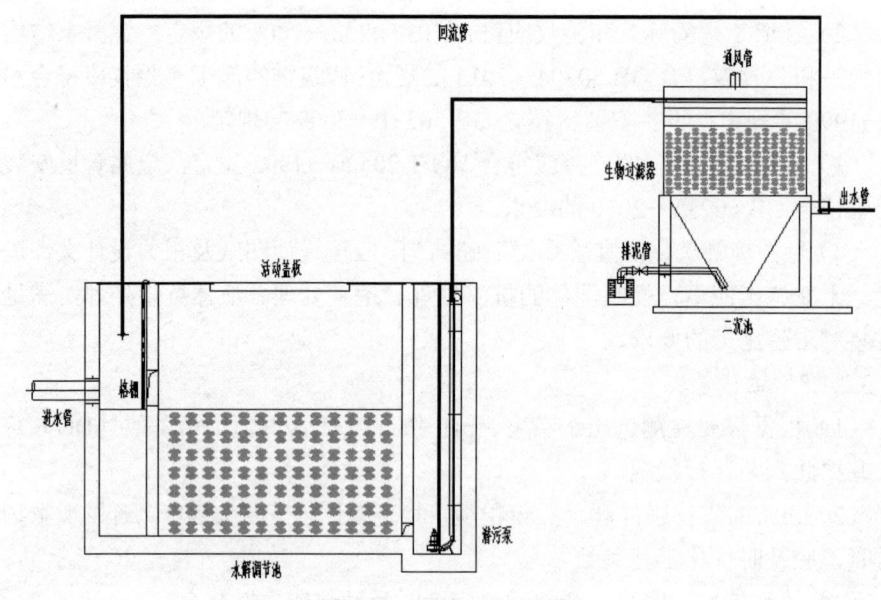

图 3-24 主体工艺流程图

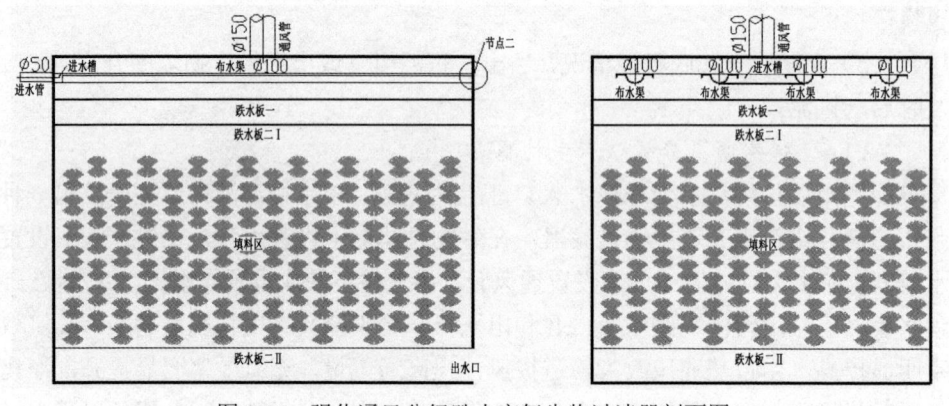

图 3-25 强化通风分级跌水充氧生物过滤器剖面图

格栅与水解调节池合建，用于拦截大颗粒悬浮物。由于水量、水质波动较大，不利于后续生物处理，为了均化冲击，前端设置半地下式调节池，起调节均衡水质、水量的作用。水解调节池的最小有效容积应能够容纳水量变化一个周期所排放的全部废水量，水解调节池设计停留时间应为 9h。水解调节池内置组合填料，填料上附着的异养菌不仅能将污水中的淀粉、纤维以及大颗粒难溶性有机物水解为小分子易溶性有机物，异养菌的氨化作用还能将污水中的蛋白质、脂肪等小分子氨基酸氨化为 NH_3、NH_4^+ 等形式的游离态氨。水解调节池末端设置潜污泵，将污水提升至生物过滤器内作进一步生物处理。

强化通风分级跌水充氧生物过滤器以生物滤池为原型进行优化，具有强化通风分级跌水充氧的功能。经潜污泵提升的污水自进水管流入生物过滤器，进水管与进水槽相连，并由进水槽将污水均匀分向 4 根布水渠。布水渠为 ϕ100mm 的半圆形管道，管道两端连接溅水板，溅水板的作用，一是保证从进水管流出的污水向两端均匀分布，二是通过溅水板使流出的污水向下跌落。布水渠下方设置跌水板，水流分级向下跌水。上方跌水板（跌水板一）等间距分布 16 条节点（即 16 条宽为 15mm 的缝隙），从布水渠两端溅水板流出的污水跌落至跌水板相邻两条节点的中间位置，水流通过跌落与反弹形成水滴状并四散，使水流细化并向两端节点均匀分布。下方跌水板（跌水板二Ⅰ）长宽与上跌水板相同，板上等间距分布 32 条节点，从上跌水板节点处流出的污水跌落至下跌水板相邻两条节点的中间位置，通过跌落与反弹再一次细化水流并均匀布水。生物过滤器顶端设置通风管拔风充氧提高通气量，对不断跌落、不断细化的水流进行连续充氧，能够提高好氧生物的处理效率。充氧生物过滤器跌水板示意图如图 3-26 所示。

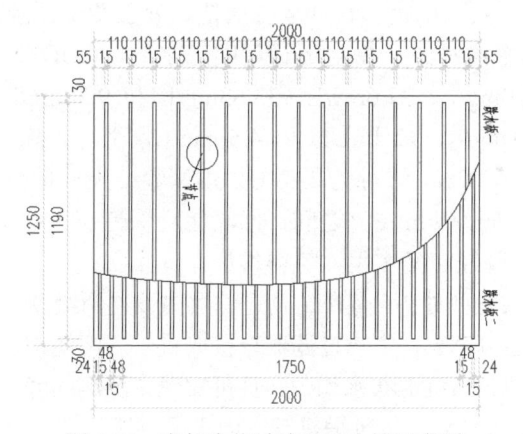

图 3-26　充氧生物过滤器跌水板示意图

经过分级跌水充氧的水流由跌水板上的节点流入下部填料区。填料区填充球形滤料，滤料表面附着的自养菌通过硝化作用将水中 NH_3-N（NH_4^+）氧化为 NO_3^-。经好氧处理后的出水通过重力流入二沉池中再次沉淀。二沉池作为生物过滤器的基础置于底部，精巧的设计不但能够节省占地面积，而且还能实现二沉池均匀布水，省去布水系统。出水上清液通过溢流的方式流入出水槽，污泥沉降外排。出水槽内设置可移动隔板，通过移动隔板的位置调节出水回流比。一部分出水由出水管排至人工湿地做深度处理，另一部分出水由回流管通过重力回流至缺氧调节池进水口，在缺氧区异氧菌的反硝化作用下将 NO_3^- 还原成分子态的氮（N_2），完成脱氮过程。同时，回流至缺氧池的水还能起到稀释原水的作用，完全满足生物过滤器对进水水质的要求，证明试验装置对进水的水质、水量具有调节作用。

该充氧生物过滤器针对农村污水处理现存的问题进行研究开发，为农村地区解决这些难题，将提高农村污水处理的水平。充氧生物过滤器在实际应用过程中有以下优点。

（1）充氧生物过滤器可"设备化"，可在工厂批量加工生产，运送至现场安装，缩短施工周期，降低基建费用。

（2）简化操作过程，保证后期运行简便。采用生物膜工艺，在调节池和过滤器中布置填料，供微生物附着生长，降低污泥产量，且无须污泥回流，保证后期运行管理方便简单。

（3）改变充氧方式，用跌水通风充氧代替传统鼓风设备充氧，以此在保证充氧效果良好的条件下，降低处理能耗，从而降低运行成本，提高经济适用性。

（4）改善传统生物滤池滋生蚊蝇的缺点。生物过滤器除通风装置外，均进行密闭处理，处理环境较好。

该装置具有处理效果稳定、管理运行简便、处理费用低廉的特点，整体运行耗能仅为一台小功率潜污泵。稳定运行期间进水时，COD、NH_4^+-N、TN 和 TP 平均浓度分别为 450mg/L、27.6mg/L、33.63mg/L 和 9.38mg/L，出水平均浓度分别为 79.6mg/L、5.1mg/L、12.4mg/L 和 4.50mg/L，平均去除率分别为 82.24%、81.52%、63.07%和 52.02%，去除效果良好。由试验结果分析得出本次试验装置水力负荷宜保持在 3~5m^3/（m^2·d）之间，回流比宜保持在 300%。经计算后期运行费用仅 0.34 元/吨，既经济又实用，值得推广。

本装置创新点共有两处：一是在生物过滤器内设置两级跌水板与通风管进行强化分级跌水、强化通风充氧，生物过滤器直接放置于二沉池顶，生物过滤器出水呈面状重力滴入二沉池，二沉池布水均匀，且可实现二沉池的静止沉降状态。生物过滤器由射流充氧、跌水复氧和拔风增氧三方面实现自然无动力充氧，无须消耗能源，且满足生物过滤器微生物对氧气的需求。二是出水槽内设置可移动隔板调节回流比，精准且实用。与传统 A/O 工艺中存在的管路复杂、布水不均、环境恶劣、能耗较高等缺点相比，本装置具有如下特点，能够明显改善传统 A/O 工艺中的不足。

（1）强化通风跌水充氧。污水从布水渠两端溅水板流出，跌落至跌水板上两条相邻节点的中间位置，将水流一股分为两股，两股分为四股，既能保证污水的均匀分布，又能使跌落形成的水滴四散，不断细化污水。过滤器顶部设置通风管强化通风供氧，对细化的水流连续充氧，满足生物处理过程微生物对氧气的需求，省去了鼓风机房及曝气管道系统。

（2）基建费用较低。钢筋混凝土池体现场浇筑，生物过滤器构造简单，可量化生产，现场安装，大大缩短施工周期。

（3）运行费用低廉。整套污水处理装置耗电设备仅为一台潜污泵，每吨水的处理费用低于 0.5 元，在达到处理效果的同时大大降低了运行费用。

（4）操作简单，管理方便。调节池与过滤器均为生物膜工艺，无须污泥回流，不存在污泥膨胀等问题，省去专人看守费用。

综上所述，本装置具有处理效果好、基建费用少、运行成本低、方便易管理等优点，适合偏远村镇的生活污水处理或中小型企业生产用水处理，出水可视情况而定，用作外排、回用、浇灌或景观等用水。

该装置挂膜期间平均水温为 25℃，适宜采用自然挂膜法进行挂膜，进水量较大，因此适宜采用连续式培养。微生物的培养阶段进水水量为 270L/h，微生物的驯化阶段进水水量逐渐提高至最大流量 540L/h，进水水质也逐渐升高。在此过程中定期观察滤料表面微生物的生长状态，并对过滤器进出水中的 COD、NH_4^+-N 进行检测。

本次试验装置主体工艺采用 A/O 工艺，O 池为强化通风分级跌水充氧生物过滤器，主要进行微生物的生长代谢和硝化反应，A 池为前置水解调节池，不仅能起到调节水质水量的作用，还能完成反硝化过程，达到脱氮的效果。生物过滤器的出水通过重力流入二沉池中进行泥水分离，出水上清液通过溢流的方式流入出水槽内，出水槽内设置可移动隔板，通过移动隔板的位置调节出水回流比。一部分出水由出水管排至人工湿地做深度处理，另一部分出水通过回流管由重力回流至缺氧调节池进水口处。

该装置的投资建设费用主要分为三个部分：一是水解调节池等池体的土建费用，二是生物过滤器等设备的加工费用，三是填料等材料费用。水解调节池末端共有两台潜水泵，一用一备，试验装置运行期间仅有一台水泵耗能，吨水处理费用为 0.34 元/吨，运行费用低廉。

3.2.2 序批式活性污泥法

3.2.2.1 概述

活性污泥法也称为悬浮生长系统，它的核心为反应池。由于活性污泥法一般为好氧系统，反应池中须注入空气，使溶解氧保持在 2mg/L 左右，故反应池也称曝气池。活性污泥法的变型有很多，其基本模式称为常规曝气（Conventional Aeration），也称普通曝气或传统曝气。

为避免粗大物质对后续处理的干扰，曝气池前必须有预处理设施，包括粗格栅、细格栅、沉砂池等。

为避免活性污泥出现膨胀现象，破坏二次沉淀池（二沉池）出水水质，近年国内外相继出现生物预处理设施，如酸化池（也称水解池）、选择池等。

一级处理中，除预处理设施外，主要为初次沉淀池（初沉池）。根据来水水质情况，以及曝气池各种不同变型的要求，初次沉淀池往往可以取消，如当曝气池采用氧化沟法、A-B 法等时。但曝气池后的二次沉淀池，关系到活性污泥系统的出水水质和回流污泥的浓度，不但不可缺少，而且一般都采用较高的设计标准。

序批式活性污泥法（Sequencing Batch Reactor Activated Sludge Process，SBR）是指在同一反应池中，按时间顺序由进水、曝气、沉淀、排水和待机五个基本工序组成的活性污泥污水处理方法。由于只有一个反应池，不需二沉池、回流污泥及设备，一般情况下不设调节池，多数情况下可省去初沉池，故节省占地和投资，耐冲击负荷且运行方式灵活，可以从时间上安排曝气、缺氧和厌氧的不同状态，实现脱氮除磷的目的。

序批式活性污泥法适用于有一定闲置土地、对出水水质要求较高的村庄。参考费用为 1.0~1.4 元/m³。

3.2.2.2 类型和结构

序批式活性污泥工艺已发展出多种新的形式，主要包括循环式活性污泥工艺（CASS 工艺或 CAST 工艺）、连续和间歇曝气工艺（DAT-IAT 工艺）、交替式内循环活性污泥工艺（AICS 工艺）等。普通的 SBR 反应池的池型为矩形，主要包括进出水管、剩余污泥排出管、曝气器和滗水器等。曝气方式可以采用鼓风曝气或射流曝气。滗水器是一类专用排水设备，其实质是一种可以随水位高度变化而调节的出水堰，排水口淹没在水面以下一定深度，可以防止浮渣进入。

SBR 工艺在运行方式上与传统活性污泥法不同，SBR 工艺利用时间分割替代传统的空间分割。SBR 反应池集均化、初沉、生物降解、二沉等功能于一身，其主要特征是运行上的有序性和间歇操作，可根据水质的具体情况对曝气、搅拌工序的时间进行调节，从而提高整个运行过程的灵活性。

一般来说，可以将 SBR 的一个运行周期分为五个阶段，如图 3-27 所示。第一阶段，进水阶段。在该时段内，污水连续进入 SBR 池，在达到预先设定的液位后停止进水。此阶段可以根据实际运行需要采用单纯注水、曝气、缓速搅拌三种方式中的一种，污水和池中的活性污泥在此阶段得到充分接触和混合。在此过程中，由细菌、藻类、原生动物和后生动物等微生物及其分泌物组成的菌胶团大量吸附污水中的有机物，为下一阶段的生物降解做好准备。

第二阶段，反应阶段。当进入的污水到达预先设定的水位后，开始对污水进行曝气，曝气方式一般采用推流曝气或完全混合曝气。这一阶段在好氧状态下运行，污水中的溶解氧浓度达到峰值，微生物不断降解污水中的有机物，污水的 COD 值不断下降，同时，硝化细菌发生好氧硝化反应，将氨氮氧化为硝酸盐和亚硝酸盐。

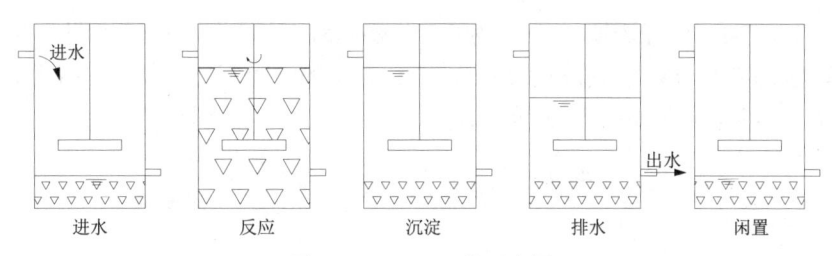

图 3-27　SBR 工艺示意图

第三阶段，沉淀阶段。在这一阶段，池底搅拌泵及曝气设备停止工作，使 SBR 反应池处于静沉状态，以保证污泥与污水能够高效地分离。此时，污水中的 COD 值降至谷值，由于污水中的溶解氧不断被微生物降解代谢活动消耗，曝气设备停止工作，污水中的溶解氧浓度不断降低，厌氧反应随之进行。在这一阶段，污泥与污水得以高效分离。

第四阶段，排水阶段。在第四阶段利用滗水器将上层澄清液作为系统出水排出 SBR 反应池，排水至预先设定的最低液位后进入下一运行阶段，反应池底部沉降的活性污泥大部分用于后续周期的污染物去除过程，排水后根据实际需要将一定数量的污泥作为剩余污泥排出池外。

第五阶段，闲置阶段。在此阶段中，SBR 池处于闲置状态，使活性污泥中的微生物得以充分休息，以恢复其生物活性。此外，这一阶段将定期排出适量的剩余污泥，为新鲜污泥提供足够的生长繁殖空间，以保证污泥的生物活性，防止污泥老化现象的出现。闲置阶段的时间可视情况确定，也可根据实际需要将其去除。

（1）SBR 工艺的优点。①工艺流程短、占地小、投资低；②运行方式灵活多变，可控性好；③具有较强的耐水质水量冲击负荷的能力；④由于 SBR 池中的水流状态具有理想推流式的特点，反应期间底物浓度大，可以实现缺氧和好氧状态的交替变化以及污泥泥龄较短，可以较好地抑制丝状菌的生长，防止污泥膨胀现象的发生；⑤SBR 工艺提供了缺氧、厌氧和好氧交替出现的运行条件，在缺氧条件下可以实现反硝化，在厌氧条件下可以实现磷的释放，在好氧条件下可以实现硝化和磷的摄取，从而可以取得较好的脱氮除磷效果。

（2）SBR 工艺的缺点。①单个 SBR 池无法连续进出水，需要建设多个 SBR 反应池或污水储存池才能保证 SBR 工艺的连续运行；②SBR 工艺自动化控制要求较高，要求自动控制系统质量好，运行可靠；③对操作人员要求较高，要求操作人员具备一定的自动控制系统知识和电气知识。

循环式活性污泥工艺（Cyclic Activated Sludge System，CASS）由四个彼此相互独立的 SBR 池组成，就每个单独的 SBR 池而言，它是一个间歇式反应池，集均化、初沉、生物降解、二沉等功能于一身，并依时序完成进水、曝气、静沉和出水的整个 SBR 运行周期。就 CASS 工艺整体而言，在任何时段，四个 SBR 池中都有处于进水、曝气、静沉和出水四个状态中的一个状态，使 CASS 可以实现连续进水。其示意图如图 3-28 所示。

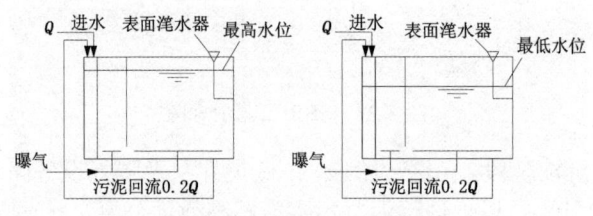

图 3-28 CASS 工艺示意图

在设计上，CASS 工艺习惯采用一个厌氧段或生物选择池对应一个 SBR 池的方式。厌氧段或生物选择池也称为生物选择器，它是依据活性污泥种群的组成动力学规律，设置在 CASS 反应器进水处的一个容积较小的污水污泥接触区域。经过厌氧段或生物选择池的污水先进入预反应区，然后通过用于稳定流态的穿孔花墙，最后到达 SBR 主反应区。

在生物选择器中，进入 CASS 反应器的污水和自主反应区回流的活性污泥相互混合接触，以创造出适合微生物生长的条件，选择出絮凝性能好的细菌。经过生物选择区后，污水最后进入 CASS 主反应区，即单个的 SBR 池。就单个的 SBR 池而言，其运行方式和 SBR 工艺基本相同，都是采取进水、曝气、静沉和出水的运行方式，以完成对污水中有机污染物的降解、硝化反应、反硝化反应以及泥水分离过程。

作为 SBR 工艺的改进工艺，CASS 工艺继承了 SBR 工艺简单可靠、运行方式灵活、自动化程度高的优点。尽管 CASS 工艺中单池的运行方式为间歇操作，但由于其为多个彼此相对独立的单池组成，保证 CASS 工艺整个构筑物可以在整个过程中连续进水，连续出水，克服了 SBR 工艺不能连续进水的缺点。同时，由于 CASS 工艺在传统的 SBR 池前或池中设置了生物选择器及厌氧区，相当于将厌氧、缺氧、好氧阶段串联了起来，提高了脱氮除磷效果。

3.2.2.3 设计及计算事项

序批式活性污泥工艺的设计应参考《序批式活性污泥法污水处理工程技术规范》(HJ 577—2010)，在工程设计中，应着重考虑以下内容。

（1）SBR 法的周期宜为整数，如每天 2/3/4/5/6 个周期。

（2）反应池水深宜为 4.0～6.0m，当采用矩形池时，反应池长宽比宜为 1:1～2:1。

（3）反应池设计超高一般取 0.5～1.0m。

（4）反应池的数量不宜少于 2 个,并且均为并联设计。

（5）SBR 工艺反应池的排水设备宜采用滗水器,滗水器性能应符合相应产品标准的规定。

（6）滗水器的堰口负荷宜为 20~35L/（m·s）,最大上清液滗除速率易取 30mm/min,滗水时间宜取 1h。

（7）滗水器应有浮渣阻挡装置和密封装置。

（8）曝气设备和鼓风设备的选择以及鼓风机房的设计应参照（GB 50014—2021）的有关规定执行。

（9）混合搅拌设备应根据好氧、厌氧等反应条件选用,混合搅拌功率宜采用 2~8W/m³,搅拌器性能应符合《环境保护产品技术要求 推流式潜水搅拌机》（HJ/T 279—2006）的要求。

序批式活性污泥工艺的计算事项包括以下几个方面。

1. 处理效率

处理效率的公式为

$$E = \frac{L_j - L_{ch}}{L_j} \times 100\% = \frac{L_r}{L_j} \times 100\%$$

式中：E 为 BOD_5 去除效率（%）；L_j 为进水 BOD_5 浓度（kg/m³）；L_{ch} 为出水 BOD_5 浓度（kg/m³）；L_r 为去除的 BOD_5 浓度（kg/m³）。

2. 曝气池容积

曝气池容积的公式为

$$V = \frac{QL_r}{N_{wv}F_w} = \frac{QL_r}{F_r}$$

$$f = N_{wv} / N_w$$

$$F_r = N_{wv}F_w$$

式中：V 为曝气池容积（m³）；Q 为进水设计流量（m³/d）；N_{wv} 为混合液挥发性悬浮物浓度（MLVSS kg/m³）；N_w 为混合液悬浮物浓度（MLSS kg/m³）；f 为 N_{wv}/N_w 比,一般为 0.7~0.8；F_w 为污泥负荷 [kg BOD_5/（kg MLVSS·d）]；F_r 为容积负荷 [kg BOD_5/（m³·d）]。

3. 水力停留时间

水力停留时间的公式为

$$t_m = \frac{V}{Q}$$

$$t_s = \frac{V}{(1+R)Q}$$

式中：t_m 为名义水力停留时间（d）；t_s 为实际水力停留时间（d）；R 为污泥回流比。

4. 污泥产量

污泥产量的公式为

$$\Delta = YQL_r - K_d VN_{wv} = \frac{YQL_r}{1 + K_d \theta_c}$$

$$y = YF_w - K_d$$

$$x = \frac{YK_d}{F_w}$$

式中：Δ 为每日系统产泥量（kg/d）；Y 为污泥产泥系数 [kg VSS/（kg BOD$_5$·d）]，20℃时为 0.4～0.8；K_d 为衰减系数 [kg VSS/(kg VSS·d)] 或（d^{-1}），20℃时为 0.04～0.075；y 为每 kg 活性污泥日产泥量 [kg VSS/（kg VSS·d）] 或（d^{-1}）；x 为去除每 kg BOD$_5$ 产泥量 [kg VSS/（kg BOD$_5$·d）] 或（d^{-1}）。

5. 泥龄

泥龄的公式为

$$\theta_c = \frac{1}{YF_w - K_d} = \frac{1}{y}$$

式中：θ_c 为泥龄，也称污泥停留时间（Sludge Retention Time，SRT）。

当剩余污泥由曝气池排出时，

$$q = \frac{V}{\theta_c}$$

当剩余污泥由二次沉淀池排出时，

$$q = \frac{VR}{(1+R)\theta_c}$$

式中：q 为剩余污泥排放流量（m³/d）。

6. 曝气池需氧量

曝气池需氧量的公式为

$$O = aQL_r + bVN_{wv}$$

式中：O 为系统中混合液每日需氧量（kg O$_2$/d）；a 为氧化每 kg BOD$_5$ 需氧千克数（kg O$_2$/kg BOD$_5$），一般为 0.42～0.53；b 为污泥自身氧化需氧率 [kg O$_2$/（kg MLVSS·d）] 或（d^{-1}），一般为 0.19～0.11。

$$\Delta O_a = aF_w + b$$

$$\Delta O_b = a + \frac{b}{F_w}$$

式中：ΔO_a 为每千克污泥日需氧量 [kg O$_2$/（kg MLVSS·d）]；ΔO_b 为去除每千克 BOD$_5$ 需氧量（kg O$_2$/kg BOD$_5$）。

3.2.2.4 施工事项

序批式活性污泥工艺的施工应参考《序批式活性污泥法污水处理工程技术规范》，在工程施工中，应着重考虑以下内容。

（1）工程施工单位应具有国家相应的工程施工资质；工程项目宜通过招投标确定施工单位和监理单位。

（2）管道工程的施工和验收应符合 GB 50268—2008 的规定；混凝土结构工程的施工和验收应符合 GB 50204—2015 的规定；构筑物的施工和验收应符合 GBJ 141—1990 的规定；设备安装应符合 GB 50231—2009 的规定。

（3）塑料管道阀门的连接应符合 HG/T 20520—1992 规定，金属管道安装与焊接应符合 GB 50235—2010 的要求。

（4）构筑物宜采用钢筋砼结构，应按设计图纸及相关设计文件进行施工，土建施工应重点控制池体的抗浮处理、地基处理、池体抗渗处理，满足设备安装对土建施工的要求。

（5）处理构筑物应设置必要的防护栏杆，并采取适当的防滑措施，符合《多孔砖砌体结构技术规范》（JGJ 137—2001）的规定。

3.2.2.5 运行管理

工程运行管理中，应着重考虑以下内容：

（1）动态调整周期各阶段时间，高浓度废水延长反应或分次进水，低负荷缩短周期节能。

（2）维持 MLSS 在 3000～5000mg/L 之间，污泥泥龄为 10～20d，长龄利于硝化，短龄利于除磷，定期检测 SVI（80～150mL/g）。

（3）在线监测 DO、ORP、pH 值，利用数据实时调整曝气与阶段切换，有机负荷控制在 0.05～0.15kg BOD$_5$/（kg MLSS·d）之间。

（4）定期清理曝气头防堵塞，维护滗水器液位传感器和搅拌器，自动化系统结合历史数据优化运行参数。

（5）进水冲击时延长反应时间或投加碳源，SS 超标延长沉淀或投加 PAC，TN/TP 超标优化缺氧/好氧时间或化学除磷。

（6）污泥膨胀时提高 DO（>2mg/L）、调整营养比（C:N:P=100:5:1），及时排泥避免老化。

（7）采用间歇曝气、谷电运行节能，精准投加药剂，脱水污泥含水率不超过 80%。

（8）每日记录水质参数与设备状态，巡检曝气均匀性，培训人员应急处理流程。

(9) 安装在线监测仪联网环保平台，校准数据，探索污泥沼气发电与中水回用。

(10) 设备故障启用备用机，雨季提前降水位防溢流，确保稳定达标与低成本运行。

(11) 处理构筑物应设置必要的防护栏杆，并采取适当的防滑措施。

3.2.2.6 SBR 组合人工湿地工艺

为了能够获得更好的水处理效果，提高系统的废水处理能力，增强出水的稳定性，可以在 SBR 反应器之后接入人工湿地系统进行脱氮处理。实验设计的 SBR 组合人工湿地工艺流程示意图如图 3-29 所示。该实验了搭建了两个不同的人工湿地，一个栽种香蒲，记为 W_1；另一个栽种美人蕉，记为 W_2。人工湿地在运行 30 天后出水指标和去除率逐渐趋于稳定。

进水 → 隔油池 → 格栅 → 集水池 → SBR 预反应区 → SBR 主反应区 → 人工湿地 → 出水

图 3-29　SBR 组合人工湿地流程示意图

(1) 水力停留时间对 SBR 工艺处理生活废水效能的影响。不同水力停留时间（Hydraulic Retention Time，HRT）条件下 COD、NH_4^+-N、TN 和 TP 的进出水浓度及去除率如图 3-30 所示。如图 3-30（a）所示，随着 HRT 的延长，出水 COD（COD_{eff}）浓度整体呈现下降趋势，3 个周期的出水 COD 含量均达到 GB 18918—2002 一级 A 排放标准。当 HRT 为 8h 时，COD 平均去除率（COD_{rem}）为 93%，可见该活性污泥有较好的废水处理效果，可生化性好。当 HRT 为 12h 和 24h 时，反应器的出水 COD 存在先下降再上升的趋势，考虑是反应器运行工况改变导致活性污泥存在一定的适应时间。出水 COD 在两三个周期之后趋于稳定。8h 的出水 COD 含量较高，可能是因为 HRT 较短，无法使污泥中的各种菌类充分利用有机物。但是 HRT 为 12h 和 24h 时，COD 出水浓度相近，平均去除率均为 95%，考虑是反应时间过长导致后续反应缺少碳源，抑制了微生物的生命活动。这也说明在进水 COD（COD_{inf}）为 490~510mg·L^{-1} 时，12h 的水力停留时间已足够微生物降解有机物，进行生命活动，并满足出水水质。

延长 HRT 使出水 NH_4^+-N_{eff} 浓度逐步降低。如图 3-30（b）所示，当 HRT 为 8h、12h 和 24h 时，NH_4^+-N 平均去除率分别为 95%、98%和 98%。可见，设置不同的 HRT 对出水 NH_4^+-N 影响较小，当 HRT 改为 24h 时，反应器有轻微波动可能是因为厌氧、好氧时间变长，微生物存在一定的适应时间。两个周期之后出水 NH_4^+-N 趋于稳定。

不同的 HRT 对于 TN 的去除效果影响较大。如图 3-30（c）所示，当 HRT 为

8h 时，TN 平均去除率（TN$_{rem}$）较低，为 56%，考虑是缺氧段时间较短，硝化菌与反硝化菌无法将水中的 NO$_2^-$-N 和 NO$_3^-$-N 还原。反硝化依赖碳源，HRT 过长导致进水碳源提前耗尽，反硝化菌因碳源不足活性下降。当 HRT 为 12h 和 24h 时，TN 平均去除率分别为 63% 和 59%。当 HRT 为 24h 时，TN 的出水浓度没有进一步降低，且去除效果相对较差，可能是 HRT 过长导致污水中的有机物被提前消耗，类似反硝化菌等异养微生物增加了自身的内源呼吸，导致其活性降低。

该反应器去除 TP 的效果优秀。如图 3-30（d）所示，3 个周期的出水 TP 含量均达到 GB 18918—2002 一级 A 排放标准，出水 TP 浓度稳定在 0.1mg·L^{-1}。可见，聚磷菌有较强的适应环境改变的能力，保证了反应器优秀的除磷效果。

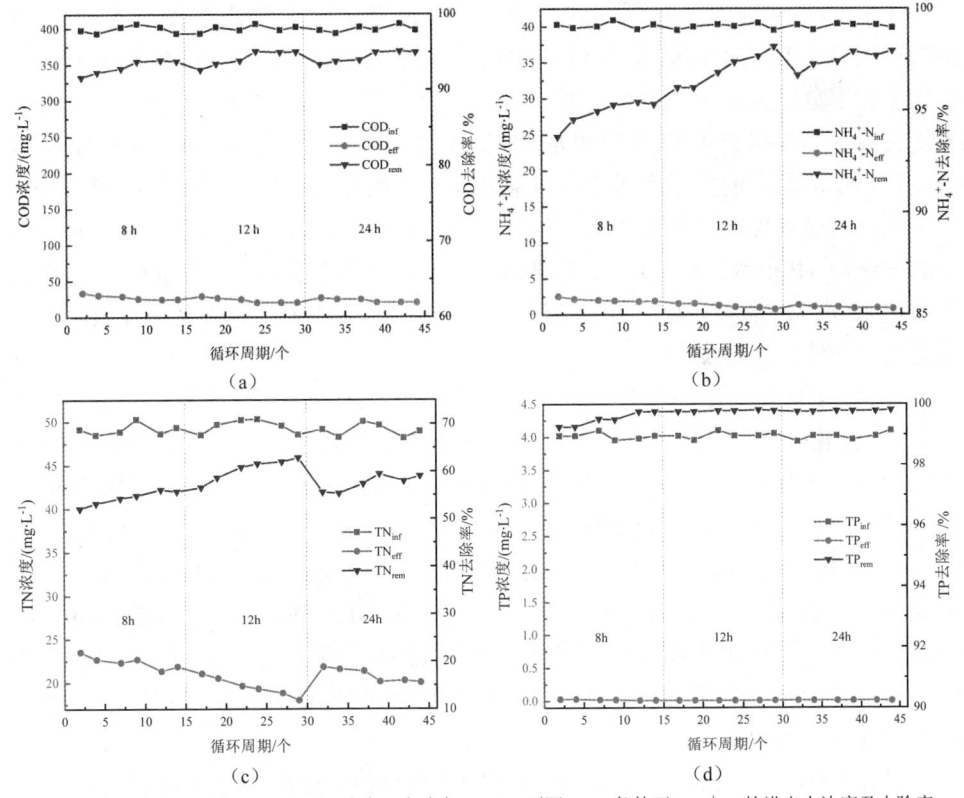

（a）不同 HRT 条件下 COD 的进出水浓度及去除率；（b）不同 HRT 条件下 NH$_4^+$-N 的进出水浓度及去除率；
（c）不同 HRT 条件下 TN 的进出水浓度及去除率；（d）不同 HRT 条件下 TP 的进出水浓度及去除率

图 3-30　不同 HRT 条件下 COD、NH$_4^+$-N、TN、TP 的进出水浓度及去除率

通过考察 HRT 对 SBR 反应器处理废水的影响，发现相比于 8h 和 24h，HRT 为 12h 时有较好的 COD、NH$_4^+$-N、TN、TP 去除效果，去除效率较高且反应器曝气时间相对较短，能够节省一定的运行成本。因此，最佳的 HRT 为 12h。

（2）有机负荷对 SBR 工艺处理生活废水效能的影响。不同有机负荷条件下 COD、NH_4^+-N、TN 和 TP 的进出水浓度及去除率如图 3-31 所示。改变有机负荷对出水 COD（COD_{eff}）浓度没有明显影响。如图 3-31（a）所示，5 个阶段出水 COD 含量差别不大，说明该反应器具有较强的抗冲击能力。图 3-31（b）所示，进水 NH_4^+-N（NH_4^+-N_{inf}）浓度改变对其的出水（NH_4^+-N_{eff}）浓度影响较小，前 4 个阶段的出水 NH_4^+-N 浓度均低于 1mg·L^{-1}。NH_4^+-N 去除效果好可能是因为反应器污泥中的硝化细菌活性较强，可以将反应器中的 NH_4^+-N 基本氧化为 NO_3^-。T5 阶段时出水 NH_4^+-N 浓度增加到 1.4mg·L^{-1}，去除率有所下降，这可能是因为进水有机负荷增加，反应器中氨氮浓度较高，当前的 HRT 下不能完全将 NH_4^+-N 氧化为 NO_2^-。如图 3-31（c）所示，进水 TN（TN_{inf}）浓度改变对其出水（TN_{eff}）浓度影响较大。T1、T2、T3 阶段，出水 TN 平均浓度分别为 10mg·L^{-1}、15mg·L^{-1}、15mg·L^{-1}，平均去除率分别为 66%、65%、65%。T4、T5 阶段，出水 TN 平均浓度为 26mg·L^{-1}，平均去除率为 59%。T4、T5 阶段出水 TN 浓度大幅提高，可能是因为进水中 NH_4^+-N 浓度增加使污水中的大量有机物在好氧环境中被硝化菌利用，硝化反应进行充分，反硝化过程受到抑制，导致硝态氮和亚硝态氮堆积。如图 3-31（d）所示，有机负荷的变化对 TP 出水（TP_{eff}）浓度影响不大，出水 TP 浓度小于 0.5mg·L^{-1}，平均去除率达到 99%，说明该反应器对 TP 有较好的抗冲击能力，聚磷菌对反应环境有较强的适应性。

（3）SBR 人工湿地组合工艺处理效果。研究过程中可以发现，出水 TN 浓度大于 17mg·L^{-1}，因此在反应器后面接入人工湿地是有必要的。人工湿地阶段进水为考察碳氮比（C/N）为 500 时的 SBR 反应器出水，污染物浓度为 COD，24～26mg·L^{-1}；TN，17～19mg·L^{-1}；NH_4^+-N，0.5～1.5mg·L^{-1}；TP，0.1～0.5mg·L^{-1}。运行温度处于室温，pH 值为中性。由于人工湿地进水 NH_4^+-N 浓度小于 1.5mg·L^{-1}，TP 浓度小于 1mg·L^{-1}，达到（GB 18918—2002）一级 A 排放标准，因此考察人工湿地出水指标时不考虑出水 NH_4^+-N、TP 的浓度，只对 COD、TN 的进出水浓度及去除率进行分析比较。人工湿地的 COD、TN 的进出水浓度及去除率如图 3-32 所示。

研究发现，人工湿地对 COD 有一定的去除效果。如图 3-32（a）所示，人工湿地运行第 20 天至第 35 天时，出水 COD（$W_{1\ eff}$、$W_{2\ eff}$）浓度存在波动。随着运行天数的继续增加，出水 COD 浓度不断降低，在 50 天之后逐步趋于稳定。W_1 中出水 COD（$W_{1\ eff}$）浓度由 26mg·L^{-1} 下降至 12mg·L^{-1}，平均去除率达到 52%。W_2 中出水 COD（$W_{2\ eff}$）浓度由 26mg·L^{-1} 下降至 14mg·L^{-1}，平均去除率达到 45%。W_1 人工湿地出水 COD 浓度较低，去除 COD 效果较好。

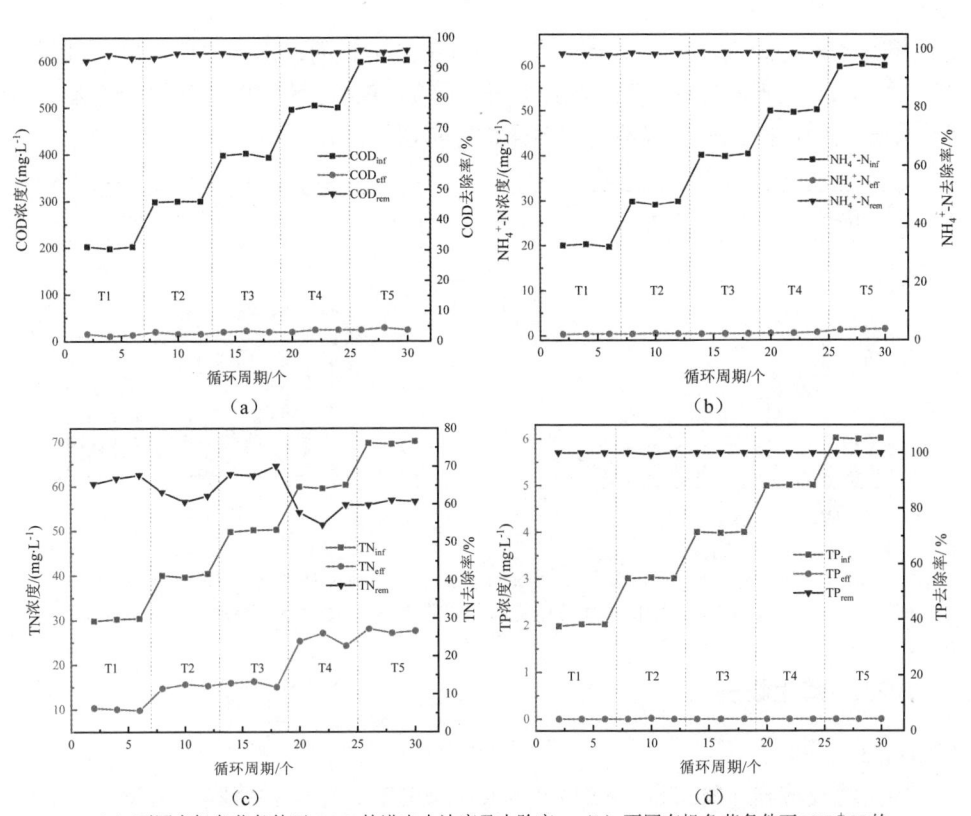

(a) 不同有机负荷条件下 COD 的进出水浓度及去除率；(b) 不同有机负荷条件下 NH_4^+-N 的进出水浓度及去除率；(c) 不同有机负荷条件下 TN 的进出水浓度及去除率；(d) 不同有机负荷条件下 TP 的进出水浓度及去除率

图 3-31　不同有机负荷条件下 COD、NH_4^+-N、TN、TP 的进出水浓度及去除率

如图 3-32（b）所示，人工湿地运行第 20 天至第 40 天时，出水 TN（$W_{1\,eff}$、$W_{2\,eff}$）浓度存在波动，第 40 天之后出水 TN 浓度在逐步降低，并于第 50 天之后趋于稳定。W_1 中出水 TN（$W_{1\,eff}$）浓度由 18mg·L^{-1} 下降至 4mg·L^{-1}，平均去除率达到 76%。W_2 中出水 TN（$W_{2\,eff}$）浓度由 18mg·L^{-1} 下降至 2.5mg·L^{-1}，平均去除率达到 86%。将反应器出水接入人工湿地进行处理后，人工湿地出水的 TN 浓度达到 GB 18918—2002 一级 A 排放标准。W_2 的出水 TN 浓度低于 W_1，这可能是因为美人蕉吸收 TN 的效果好。反硝化过程影响 N 元素的去除，人工湿地自上而下呈现好氧—厌氧的条件，为反硝化反应提供了较为理想的反应环境。人工湿地中下层的反硝化菌属于优势菌种，因此人工湿地内反硝化效果好，TN 去除率较高。

通过对人工湿地出水水质的检测可以发现，人工湿地在去除 SBR 出水中的 COD、TN 浓度上取得较好的处理效果，出水经过人工湿地后残留的污染物得到了有效降解，解决了 SBR 反应器出水 TN 不达标的问题。可见，采用 SBR 人工湿地组合工艺处理高浓度生活有机废水的方案是可行的，出水水质可以达到 GB 18918—2002 一级 A 排放标准。除此之外，前置 SBR 工艺可以有效地避免人工湿地的堵塞问题，降低人工湿地的占地面积，实现资源化利用。

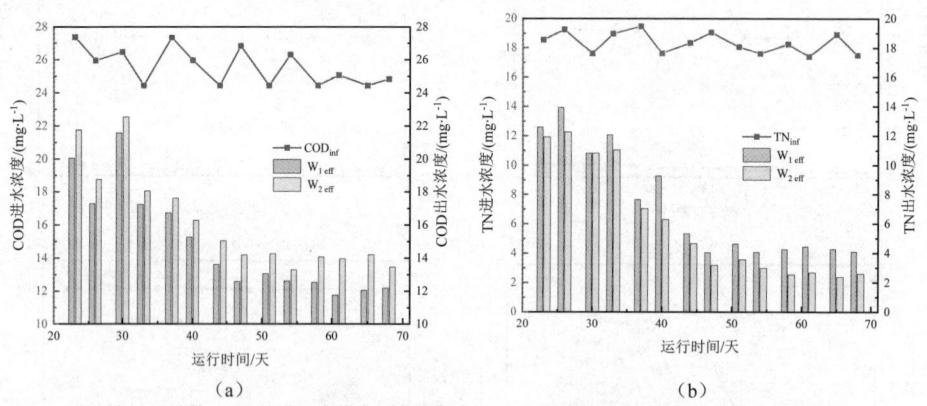

(a) 人工湿地的 COD 的进出水浓度及去除率； (b) 人工湿地的 TN 的进出水浓度及去除率

图 3-32　人工湿地的 COD、TN 的进出水浓度及去除率

3.2.3　膜生物法

3.2.3.1　概述

膜生物反应器（Membrane Bio-Reactor，MBR），是一种将膜分离技术与生物技术有机结合的新型水处理技术，它利用膜分离设备将生化反应池中的活性污泥和大分子有机物截留住，省掉二沉池。膜生物反应器工艺通过膜的分离技术大大强化了生物反应器的功能，使活性污泥浓度提高，通过保持低污泥负荷减少剩余污泥量，并减少污水处理设施占地面积。其参考费用为 $1.0\sim2.0$ 元$/m^3$。

3.2.3.2　膜生物反应器种类

根据膜组件的安装位置，膜生物反应器的种类很多，有外置式也有沉浸式，还有复合式。反应器有的需要供氧，有的无需供氧，因此膜生物反应器也可以细分为好氧型和厌氧型。好氧 MBR 在启动时，时间比较短，出水环节效果更为理想，处理后的水可以达到回用水标准。但是这种操作方式污泥产量极高，消耗也很高。厌氧 MBR 无须大量的污泥和能耗，还可以形成沼气，但是需要非常长的时间来启动，污染物的清理效果不够理想。结合膜材料差异，膜生物反应器也有差异，应用较多的 MBR 膜材料主要是微滤膜和超滤膜。

根据膜组件及生物反应器的反应关系，膜生物反应器可分为如下三种。

（1）曝气膜生物反应器。这种反应器技术曝气的效果比传统的多孔和微孔大气泡曝气效果更好，可以立足透气膜完成无泡曝气，能够进行氧气供应，从而实现很好的利用效率。透气膜中的生物膜会与污水实现充分全面的接触，此时微生物可以从中得到氧气，从而实现对污染物的分解处理。

（2）分离膜生物反应器。这种反应器将膜分离技术与传统生物处理技术融合起来，通过膜组件替代二沉池来对微生物、固体颗粒及大分子溶解性物质进行处理，这种操作方式可以实现更好的固液分离效果。同时因为曝气池中的活性污泥浓度逐渐升高，施工生化反应效率得到很大提升，有机物得到快速降解。这种反应器是当前应用最多的 MBR 技术。

（3）萃取膜生物反应器。这种反应器将膜分离工艺与厌氧技术搭配起来，通过选择性膜提取水中有机物，厌氧微生物将水中有机物转化为甲烷，将氮、磷等物质转变为其他化学形态，实现废水资源高效回收。萃取膜生物反应器在农村污水处理中的应用研究结论是空白的，这种反应器更多地运用在废水及废气处理中，但是其中生物膜在特定组分方面不具备较好的反应力，需要合理控制策略，并开发性能更好的生物膜。

最常见、应用最广泛的是固液分离膜生物反应器，以下就固液分离膜生物反应器作简要介绍。

在固液分离膜生物反应器工艺中，由于膜具有高效的分离作用，可以将污水混合液中的微生物悬浮物，溶解性大分子有机物和水分子，小分子物质分离开来，从而得到固液分离膜生物反应器工艺系统的处理出水。根据膜组件与固液分离膜生物反应器工艺组合方式的不同，可以将固液分离膜生物反应器工艺分为一体式 MBR（又称为浸没式）和分体式 MBR（又称为外置式，膜组件采用错流过滤）两类。

在一体式固液分离膜生物反应器工艺中，膜组件浸没于混合液内。膜腔内在抽吸泵或高低位水头差的作用下形成负压，由于膜的空隙大小一定，污水混合液中一定粒度以上的污泥以及大分子物质被膜截留，水分子以及小分子物质则可以通过细小膜孔进入膜腔内，之后经水泵输送至出口成为膜出水。同时，通过设置在膜组件下方的曝气系统对污水污泥混合液进行曝气，可以提高其中的溶解氧浓度，为微生物代谢降解有机物、好氧硝化以及生长代谢活动提供充足的氧气。由于曝气产生的气泡在上升过程中会对膜表面产生一定的水力冲刷作用，且曝气会产生水流搅动作用，因此可以有效抑制膜表面上污染物的沉积速度，从而降低膜污染速度，降低运行成本。

（1）MBR 工艺优点。①构筑物结构紧凑，占地面积小；②工艺处理效率高，出水水质好，可以从根本上解决污泥膨胀问题；③容积负荷高，抗负荷冲击能力强；④剩余污泥少，减少污泥处理工作量、处理费用；⑤MBR 处理系统设备化、自动化程度高。

（2）MBR 工艺缺点。①由于膜组件价格昂贵，MBR 工艺基建成本高，一次性投入资金大；②运行过程中膜污染严重、膜清洗困难；③由于 MBR 工艺需要保持较高的污水压力，不断更换受损的膜纤维及组件，将导致 MBR 工艺污水处理成本较高。

膜生物反应系统基本工艺流程如图 3-33 所示。

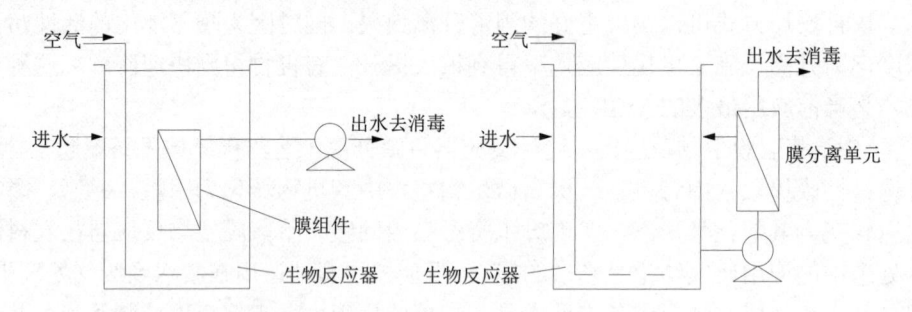

图 3-33 膜生物反应系统基本工艺流程

3.2.3.3 设计及计算事项

（1）膜生物反应器工艺的主要设计参数宜根据试验资料确定。当无试验资料时，可采用经验数据或按表 3-24、表 3-25 的规定取值。

表 3-24 MBR 设计参数

名称	单位	典型值或范围
膜池内污泥浓度（MLSS）X	g/L	6～15（中空纤维膜），10～20（平板膜）
生物反应池的五日生化需氧量污泥负荷 L_s	kg BOD$_5$/(kg MLVSS·d)	0.03～0.1
总污泥龄 θ_C	d	15～30
缺氧区（池）至厌氧区（池）混合液回流比 R_1	%	100～200
好氧区（池）至缺氧区（池）混合液回流比 R_2	%	300～500
膜池至好氧区（池）混合液回流比 R_3	%	400～600

表 3-25 MBR 设计数据

名称	公式	符号说明
MBR 瞬时通量	$Q = \dfrac{Jx(t_1-t_2)}{t_1}$	J：理论平均膜通量 [m^3/(m^2·d)]； t_1：抽吸循环周期内抽吸泵运行时间（min）； t_2：抽吸循环周期内抽吸泵停止时间（min）

续表

名称	公式	符号说明
膜元件总数	$n = \dfrac{Q}{J \cdot A}$	Q：日平均污水处理量（m^3/d）； J：理论平均膜通量 [$m^3/(m^2 \cdot d)$]； A：膜元件有效膜面积（m^2/片）
膜组件数量	$N = \dfrac{n}{n_1}$	n：膜元件总数（片）； n_1：每组膜组件含元件数（片/组）
MBR 反应池有效容积	$V = \dfrac{Q(S_0 - S_e) \times 10^{-3}}{N_v}$	Q：日平均污水处理量（m^3/d）； S_0：MBR 进水 BOD_5 浓度（mg/L）； S_e：MBR 出水 BOD_5 浓度（mg/L）； N_v：MBR 池 BOD_5 容积负荷 [kg BOD_5/($m^3 \cdot d$)]
MBR 膜组件所需风量	$Q_{风} = N \times n_1 \times q \times a_1$	N：膜组件组数（组）； n_1：每个膜组件含膜片数量（片/组）； q：单片膜所需风量 11～12L/min； a_1：安全系数，可取 1.1
MBR 生物处理所需风量	$G = \dfrac{[aQ(S_0 - S_e) + bVX_v]}{0.277e}$	a：活性污泥微生物氧化分解有机物过程中的需氧率（kg O_2/kg），一般为 0.42～1.0； b：活性污泥微生物内源代谢自身氧化过程中的需氧率 [kg O_2/(kg·d)]，一般为 0.11～0.18； V：MBR 池容积（m^3）； X_v：MBR 池内挥发性浮物浓度（kg/m^3）； e：溶解效率，一般为 0.02～0.05； Q：日平均污水处理量（m^3/d）
MBR 自吸泵流量	$Q_{吸} = \left(\dfrac{Q}{24}\right) \cdot \left[\dfrac{(t_1 + t_2)}{t_1}\right] \cdot a_1$	t_1：抽吸循环周期内抽吸泵运行时间（min）； t_2：抽吸循环周期内抽吸泵停止时间（min）； Q：日平均污水处理量（m^3/d）； a_1：安全系数，可取 1.1
MBR 清洗加药量	$V = nq$	n：清洗对象膜的片数（片）； q：单片膜清洗所需的加药量，一般为 3～5L
MBR 池理论每日污泥量	$W = \dfrac{Q(C_0 + C_1)}{1000^2 \cdot (1 - P_0)}$	P_0：污泥含水率（%）； C_0：进水悬浮物浓度（mg/L）； P_0：出水悬浮物浓度（mg/L）； Q：日平均污水处理量（m^3/d）

（2）膜生物反应器工程中膜系统运行通量的取值应小于临界通量。临界通量的选取应考虑膜材料类型、膜组件和膜组型式、污泥混合液性质、水温等因素，

可实测或采用经验数据。同时，应根据生物反应池设计流量校核膜的峰值通量和强制通量。

（3）浸没式膜生物反应器平均通量的取值范围宜为15～25L/（m^2·h），外置式膜生物反应器平均通量的取值范围宜为30～25L/（m^2·h）。

（4）布设膜组件时，应留10%～20%的富余膜组器空位作为备用。

（5）膜生物反应器工艺应设置化学清洗设施。

（6）膜离线清洗的废液宜采用中和等措施处理，处理后的废液应返回污水处理构筑物进行处理。

3.2.3.4 施工事项

MBR工艺的施工应参考《膜生物法污水处理工程技术规范》（HJ 2010—2011），在工程施工中，应着重考虑以下内容。

（1）工程施工单位应具有国家相应的工程施工资质；工程项目宜通过招投标确定施工单位和监理单位。

（2）管道工程的施工和验收应符合GB 50268—2008的规定；混凝土结构工程的施工和验收应符合GB 50204—2015的规定；构筑物的施工和验收应符合GBJ 141—1990的规定；设备安装应符合GB 50231—2009的规定。

（3）膜组器的安装应做好必要的防护，防止划伤、脱水，且安装后应及时进水。

（4）塑料管道阀门的连接应符合HG/T 20520—1992规定，金属管道安装与焊接应符合GB 50235—2010的要求。

（5）膜生物法污水处理工程竣工验收具体要求参照（GB 50334—2017）执行。

（6）膜生物法污水处理工程竣工验收应执行《建设项目（工程竣工验收办法》。

3.2.3.5 运行管理

MBR工艺的运行管理应参考《膜生物法污水处理工程技术规范》，在运行管理中，应着重考虑以下内容。

（1）膜生物法去除效率较其他处理工艺高，但同时，运行管理要求高、运行费用高、维修费用高，选定工艺时，应慎重考虑。

（2）膜生物法处理农村生活污水时，污水处理设施的运行、维护及安全管理可参考《城镇污水处理厂运行、维护及安全技术规程》（CJJ 60—2011）执行。

（3）操作人员应按规程进行系统操作，并定期检查设备、构筑物、电器和仪表的运行情况。

（4）应定期检测进出水水质，并定期对检测仪器、仪表进行校验。

（5）膜生物法农村生活污水处理工程污水正常运行检验项目与周期，可参考

CJJ60—2011 的规定。

（6）应定期检测各生化池的溶解氧浓度和混合液悬浮固体浓度，当浓度值超出规定的范围时，应及时调节曝气量。

（7）对鼓风机和关键控制元器件等通用设备进行日常维护，并进行周期性的保养和维护。

（8）膜系统运行前，须排除膜组件和出水管路中的空气。

（9）当污水中含有大量的合成洗涤剂或其他起泡物质时，膜生物反应池会出现大量泡沫，此时可采取喷水的方法解决，但不可投加硅质消泡剂。

（10）膜生物反应池出水浑浊，应重点检查膜组件和集水管路上的连接件是否松动或损坏，如有损坏应及时更换。

3.2.4　新型 A/O 技术和 A²/O 技术

3.2.4.1　A/O 工艺

A/O 工艺分为 A/O（Anoxic/Oxic）生物脱氮工艺和 A/O（Anaerobic/Oxic）生物除磷工艺两种，以下将分别作简要介绍。

1. A/O 生物脱氮工艺

A/O（Anoxic/Oxic）生物脱氮工艺，即缺氧/好氧生物脱氮处理工艺，是一种通过在常规好氧活性污泥法处理系统前增加缺氧生物处理过程，从而形成缺氧/好氧生物脱氮的污水处理工艺，如图 3-34 所示。

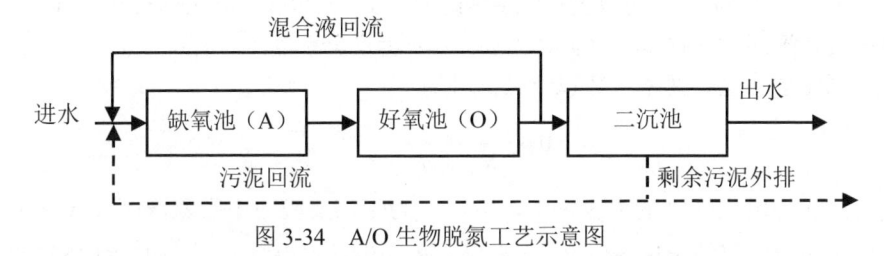

图 3-34　A/O 生物脱氮工艺示意图

A 段在缺氧状态下运行，构筑物内的溶解氧一般控制在 0.5mg/L 以下。在此阶段中，反硝化细菌以原水中的有机物作为碳源，以好氧段回流的污水混合液中的硝酸盐作为电子受体进行反硝化作用，将硝态氮还原为气态氮（N_2），随后，气态氮不断被释放到空气中，从而完成对污水中氮的去除。

O 段在好氧状态下运行，在此阶段中，污水中的微生物对有机物进行氧化分解，同时，硝化细菌通过硝化作用将有机氮和氨氮氧化为亚硝酸盐和硝酸盐，含有硝酸盐的部分出水被回流至缺氧池。

（1）A/O 生物脱氮工艺的优点。①工艺流程简单，构筑物少，占地面积也较小，可以节省基建费用、运行费用；②由于缺氧池在前，原水中的有机碳源可以用于微生物的反硝化过程，无须额外投加碳源，降低工艺的运行费用；③生物脱氮效率较高，污水的总氮去除率可以达到70%~80%。

（2）A/O生物脱氮工艺的缺点。①由于好氧池设在缺氧池之后，硝化反应相对较彻底，因此，进入二沉池的混合液中含有一定量的硝态氮，如果沉淀池运行不当，在沉淀池内则可能发生反硝化反应，产生的气态氮附着于污泥上，导致污泥上浮，使出水水质恶化；②由于A段处于缺氧环境下，聚磷菌厌氧释磷需严格厌氧环境，缺氧段（A段）溶解氧大于0.2mg/L时，厌氧环境破坏，释磷受阻，因此生物除磷效果一般。

计算及施工注意事项：

（1）好氧区（池）容积。

好氧区（池）容积的公式为

$$V_0 = \frac{Q(S_o - S_e)\theta_{co}Y_t}{1000X}$$

$$\theta_{co} = F\frac{1}{\mu}$$

式中：Q为设计流量（m³/d）；V_0为好氧区（池）容积（m³）；S_o为生物反应池进水BOD_5浓度（mg/L）；S_e为生物反应池出水BOD_5浓度（mg/L）；θ_{co}为好氧区（池）设计污泥泥龄（d）；Y_t为污泥总产率系数（kg MLSS/kg BOD_5），宜根据试验资料确定，无试验资料时，系统有初次沉淀池时取0.3，无初次沉淀池时取0.6~1.0；X为混合液悬浮固体平均浓度（g MLSS/L）；F为安全系数，为1.5~3.0。

硝化菌比生长速率可按以下公式计算

$$\mu = 0.47\frac{N_a}{K_n + N_a}e^{0.098(T-15)}$$

式中：μ为硝化菌比生长速率（d⁻¹）；N_a为生物反应池中氨氮浓度（mg/L）；K_n为硝化作用中氨的半速率常数（mg/L）；T为设计温度（℃）；0.47为15℃时，硝化菌最大比生长速率（d⁻¹）。

温度高时硝化速度快，水温30℃时的硝化速度为17℃时的2倍。

混合液回流量可按以下公式计算：

$$Q_{Ri} = \frac{1000V_n K_{de} X}{N_{te} - N_{ke}} - Q_R$$

式中：Q_{Ri}为混合液回流量（m³/d），混合液回流比不宜大于400%；Q_R为回流污泥量（m³/d）；V_n为缺氧池容积（m³）；X为混合液悬浮固体平均浓度（g MLSS/L）；N_{ke}为生物反应池出水总凯氏氨浓度（mg/L）；N_{te}为生物反应池出水总氮浓度（mg/L）。

如果好氧区（池）硝化作用完全，回流污泥中硝态氮进入厌氧区（池）后全部被反硝化，缺氧区（池）有足够的碳源，则系统最大脱氮速率是总回流比（混合液回流量加上回流污泥量与进水流量之比）r 的函数，$r = (Q_{Ri}+Q_R)/Q$（Q 为设计污水流量），最大脱氮率 $= r/(1+r)$。由公式可知，增大总回流比可提高脱氮效果，但是，当总回流比为 4 时，再增加回流比，对脱氮效果的提高不大。总回流比过大，会使系统由推流式趋于完全混合式，导致污泥性状变差；在进水浓度较低时，会使缺氧区（池）氧化还原电位升高，导致反硝化速率降低。回流污泥量的确定，除理论计算外，还应综合考虑进水硝态氮浓度、反硝化速率及碳源供给等因素。

（2）缺氧区（池）容积。

缺氧区（池）容积的公式为

$$V_n = \frac{0.001Q(N_k - N_{te}) - 0.12\Delta X_V}{K_{de}X}$$

$$\Delta X_V = yY_t \frac{Q(S_o - S_e)}{1000}$$

式中：V_n 为缺氧区（池）容积（m³）；Q 为生物反应池的设计流量（m³/d）；X 为生物反应池内混合液悬浮固体平均浓度（g MLSS/L）；N_k 为生物反应池进水总凯氏氮浓度（mg/L）；N_{te} 为生物反应池出水总氮浓度（mg/L）；ΔX_V 为排出生物反应池系统的微生物量（kg MLVSS/d）；K_{de} 为脱氮速率 [(kg NO$_3$-N)/(kg MLSS·d)]，宜根据试验资料确定，无试验资料时，20℃的 Kde 值可采用 0.03～0.06，并进行温度修正；y 为生物反应池出水总凯氏氮浓度（mg/L）。

缺氧/好氧法（A/O 法）生物脱氮的主要设计参数，宜根据试验资料确定；无试验资料时，可采用经验数据或按表 3-26 的规定取值。

表 3-26 生物脱氮的主要设计参数

项目	单位	参数值
BOD$_5$ 污泥负荷 L_s	kg BOD$_5$/(kg MLVSS·d)	0.05～0.15
总氮负荷率	kg TN/(kg MLVSS·d)	≤0.05
污泥浓度（MLSS）X	g/L	2.5～4.5
污泥泥龄 O_c	d	1～23
污泥产率系数 Y	kg MLSS/kg BOD$_5$	0.3～0.6
生化需氧量 BOD	kg O$_2$/kg BOD$_5$	1.1～2.0
水力停留时间 HRT	h	8～16
		缺氧段，0.5～3.0
污泥回流比 R	%	50～100

续表

项目		单位	参数值
混合液回流比 R'		%	100~400
总处理效率 η	BOD_5	%	90~95
	TN	%	60~85

2. A/O 生物除磷工艺

A/O（Anaerobic/Oxic）生物除磷工艺，即厌氧/好氧生物除磷处理工艺，是一种通过在常规的好氧活性污泥法处理系统前，增加一段厌氧生物处理过程，形成厌氧/好氧生物除磷的污水处理工艺，如图 3-35 所示。

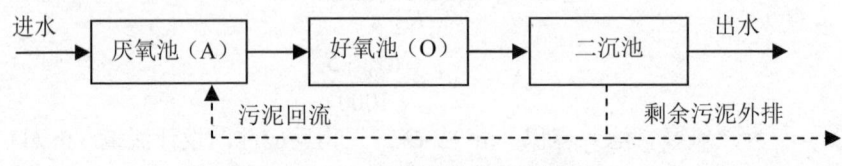

图 3-35 A/O 生物除磷工艺示意图

A 段在厌氧状态下运行，在此阶段中，回流污泥中的聚磷菌充分吸收原水中易降解的有机物，并释放出大量的磷，为能够在后续的好氧段大量吸磷创造条件。

O 段在好氧状态下运行，在此阶段中，微生物对污水中的剩余有机物进行氧化分解，同时，聚磷菌大量吸磷，富磷的污泥作为剩余污泥排出处理系统，在实现在有机物去除的同时完成磷的去除。

（1）A/O 生物除磷工艺的优点。①工艺流程简单，在去除有机物的同时具有较高的磷去除率；②厌氧池在前、好氧池在后，能够减轻好氧池的有机负荷，有利于抑制丝状细菌的生长，使污泥易于沉淀，不易发生污泥膨胀；③水力停留时间短；④剩余活性污泥的含磷率高，一般为 2.5%以上，故污泥的肥效较好，可用于堆肥处理。

（2）A/O 生物除磷工艺的缺点。①除磷率难以进一步提高，当污水中的易降解有机物浓度不足而含磷量较高时，即 TP/BOD_5 比值较高时，剩余污泥的产率低，使除磷率难以提高；②当污泥在二沉池内的停留时间过长时，聚磷菌会在厌氧状态下释放磷，从而降低该工艺的除磷效率，导致出水水质恶化。

（1）厌氧区（池）容积。

厌氧区（池）的容积的公式为

$$V_p = \frac{t_p Q}{24}$$

式中：V_p 为厌氧区（池）容积（m^3）；t_p 为厌氧区（池）水力停留时间（h），宜为 1~2；Q 为设计污水流量（m^3/d）。

（2）主要设计参数。厌氧/好氧法（A/O 法）生物除磷的主要设计参数，宜根据试验资料确定；无试验资料时，可采用经验数据或按表 3-27 的规定取值。

表 3-27　生物除磷的主要设计参数

项目		单位	参数值
BOD_5 污泥负荷 L_s		kg BOD_5/(kg MLVSS·d)	0.4~0.7
污泥浓度（MLSS）X		g/L	2.0~4.0
污泥泥龄 O_c		d	3.5~7
污泥产率系数 Y		kg VSS/kg BOD_5	0.4~0.8
污泥含磷率		kg TP/kg VSS	0.03~0.07
生物需氧量 BOD		kg O_2/kg BOD_5	0.7~1.1
水力停留时间 HRT		h	3~8
			厌氧段，0.5~3.0
			A_p:O=1:2~1:3
污泥回流比 R		%	40~100
总处理效率 η	BOD_5	%	80~90
	TP	%	75~85

采用生物除磷工艺处理污水时，剩余污泥宜采用机械浓缩。这是由于生物除磷工艺的剩余污泥在污泥浓缩池中浓缩时会因厌氧放出大量磷酸盐，用机械法浓缩污泥可缩短浓缩时间，减少磷酸盐析出量；生物除磷的剩余污泥，采用厌氧消化处理时，输送厌氧消化污泥或污泥脱水滤液的管道，应有除垢措施。

对含磷高的液体，宜先除磷再返回污水处理系统。这是由于生物除磷工艺的剩余活性污泥厌氧消化时会产生大量灰白色的磷酸盐沉积物，这种沉积物极易堵塞管道。

3.2.4.2　A^2/O 工艺

1. 概述

A^2/O 工艺也称 A/A/O 工艺，即厌氧—缺氧—好氧生物处理工艺，该工艺于 20 世纪 70 年代由美国专家在 A/O（厌氧—好氧）除磷工艺的基础上开发出来。A/A/O 工艺是一种通过厌氧、缺氧、好氧的环境交替变化来完成除磷、脱氮、有机物降解等生物反应过程的污水处理工艺。A/A/O 工艺将传统活性污泥法、缺氧/好氧生物脱氮工艺、厌氧/好氧生物除磷工艺的优点结合了起来，具有较好的脱氮除磷效果。示意图如图 3-36 所示。

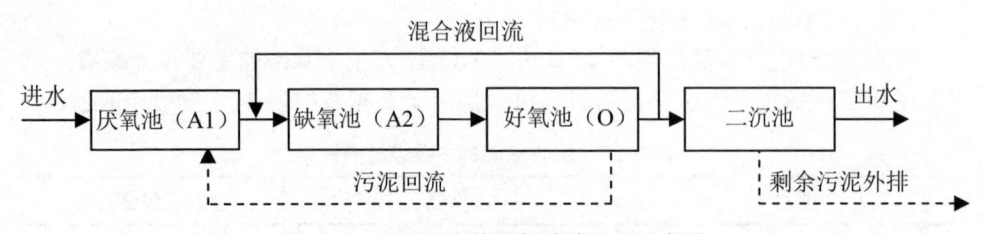

图 3-36　A/A/O 生物脱氮除磷工艺示意图

A/A/O 工艺的工作原理如下。

经过预处理的污水进入厌氧池（A1），二沉池的回流污泥也进入厌氧池（A1）。由于回流污泥中聚磷菌的新陈代谢在厌氧状态下受到抑制，其只能通过释放聚集于体内的磷酸盐这一途径获取能量，进而通过吸收污水中的易降解有机物来维持生存，并在体内将这些易降解有机物转化为 PHB（聚羟基丁酸酯）贮存起来。在该阶段中，聚磷菌完成了磷的厌氧释放，部分难降解有机物被厌氧细菌降解为易降解有机物。

随后，厌氧池出水混合液随即进入缺氧池（A2），来自好氧池（O）的含有硝态氮的回流混合液也进入缺氧池。在缺氧状态下，反硝化细菌将污水中的有机碳作为电子供体，以硝酸盐作为电子受体进行"无氧呼吸"，将回流液中的硝态氮还原成氮气进而释放到空气中去，从而完成污水反硝化脱氮过程。

最后，经过缺氧池的全部混合液进入好氧池。一方面，在好氧状态下，聚磷菌将体内的 PHB 进行好氧分解反应，所释放的能量用于细胞合成与增殖，并充分吸收污水中的磷以合成聚磷酸盐，随后通过排除剩余污泥的方式排出系统，从而实现了污水脱磷的目的；另一方面，在好氧状态下，硝化菌将污水中的氨氮氧化成硝酸盐，同时，活性污泥中的其他微生物进一步降解污水中的有机物，污水的 BOD、COD 值进一步降低。

A/A/O 工艺将生物脱氮、除磷和有机物降解三个生化过程巧妙地结合起来，在厌氧段和缺氧段为除磷和脱氮提供各自所需的不同反应条件，在最后的好氧段为三种污染物的去除提供了共同的反应条件，这就能够在简单的流程、尽量少的构筑物内实现复杂的生物处理过程。

（1）A/A/O 工艺的优点。①脱氮除磷效果好；②在厌氧/缺氧/好氧交替运行下，丝状细菌不易大量繁殖，因此能够有效控制污泥膨胀。

（2）A/A/O 工艺的缺点。①由于二沉池的贮泥区处于厌氧或缺氧状态下，如果沉淀污泥未能及时地排出，沉淀污泥中的聚磷菌将很容易再次发生释磷现象，造成出水中磷含量超标；②如果缺氧池的反硝化过程不够彻底，则容易在二沉池中发生反硝化脱氮，造成污泥上浮，从而影响出水水质；③脱氮与除磷环境有所冲突，同步脱氮除磷的效果难以进一步提高；④由于 A/A/O 工艺配有两套回流系统，管路复杂，致使工程费用增加；⑤构筑物较多，占地面积较大。

2. 计算及施工注意事项

（1）厌氧区（池）容积。

厌氧区（池）容积的公式为

$$V_p = \frac{t_p Q}{24}$$

式中：V_p 为厌氧区（池）容积（m³）；t_p 为厌氧区（池）水力停留时间（h），宜为 1~2；Q 为设计污水流量（m³/d）。

（2）缺氧区（池）容积。

缺氧区（池）容积的公式为

$$V_n = \frac{0.001Q(N_k - N_{te}) - 0.12\Delta X_V}{K_{de} X}$$

$$\Delta X_V = y Y_t \frac{Q(S_o - S_e)}{1000}$$

式中：V_n 为缺氧区（池）容积（m³）；Q 为生物反应池的设计流量（m³/d）；X 为生物反应池内混合液悬浮固体平均浓度（gMLSS/L）；N_k 为生物反应池进水总凯氏氮浓度（mg/L）；N_{te} 为生物反应池出水总氮浓度（mg/L）；ΔX_V 为排出生物反应池系统的微生物量（kg MLVSS/d）；K_{de} 为脱氮速率[（kg NO$_3$-N）/（kg MLSS·d）]，宜根据试验资料确定。无试验资料时，20℃ 的 K_{de} 值可采用 0.03~0.06，并进行温度修正；y 为生物反应池出水总凯氏氮浓度（mg/L）；Y_t 为污泥产率系数（kg MLSS/kg BOD$_5$），无初沉池时取 0.6~1.0；S_o 为进水 BOD$_5$ 浓度（mg/L）；S_e 为出水 BOD$_5$ 浓度（mg/L）。

（3）好氧区（池）容积。

好氧区（池）容积的公式为

$$V_0 = \frac{Q(S_o - S_e)\theta_{co} Y_t}{1000 X}$$

$$\theta_{co} = F \frac{1}{\mu}$$

式中：V_0 为好氧区（池）容积（m³）；S_o 为生物反应池进水 BOD$_5$ 浓度（mg/L）；S_e 为生物反应池出水 BOD$_5$ 浓度（mg/L）；θ_{co} 为好氧区（池）设计污泥泥龄（d）；Y_t 为污泥总产率系数（kg MLSS/kgBOD$_5$），宜根据试验资料确定，无试验资料时，系统有初次沉淀池时取 0.3，无初次沉淀池时取 0.6~1.0；X 为混合液悬浮固体浓度；F 为安全系数，为 1.5～3.0。

硝化菌比生长速率可按以下公式计算：

$$\mu = 0.47 \frac{N_a}{K_n + N_a} e^{0.098(T-15)}$$

式中：μ 为硝化菌比生长速率（d^{-1}）；N_a 为生物反应池中氨氮浓度（mg/L）；K_n 为硝化作用中氮的半速率常数（mg/L）；T 为设计温度（℃）；0.47 为 15℃时，硝化菌最大比生长速率（d^{-1}）。

温度高时硝化速度快，水温 30℃时的硝化速度为 17℃时的 2 倍。

混合液回流量可按以下公式计算

$$Q_{Ri} = \frac{1000 V_n K_{de} X}{N_{te} - N_{ke}} - Q_R$$

式中：Q_{Ri} 为混合液回流量（m³/d），混合液回流比不宜大于 400%；Q_R 为回流污泥量（m³/d）；V_n 为缺氧池容积（m³）；K_{de} 为脱氮速率［kg NO₃⁻-N/(kg MLSS·d)］，20℃时取 0.03～0.06；N_{ke} 为生物反应池出水总凯氏氮浓度（mg/L）；N_{te} 为生物反应池出水总氮浓度（mg/L）。

如果好氧区（池）硝化作用完全，回流污泥中硝态氮进入厌氧区（池）后全部被反硝化，缺氧区（池）有足够的碳源，则系统最大脱氮速率是总回流比（混合液回流量加上回流污泥量与进水流量之比）r 的函数，$r=（Q_{Ri}+Q_R）/Q$（Q 为设计污水流量），最大脱氨率=$r/（1+r）$。由公式可知，增大总回流比可提高脱氮效果，但是，总回流比为 4 时，再增加回流比，对脱氮效果的提高不大。总回流比过大，会使系统由推流式趋于完全混合式，导致污泥性状变差；在进水浓度较低时，会使缺氧区（池）氧化还原电位升高，导致反硝化速率降低。回流污泥量的确定，除计算外，还应综合考虑提供硝酸盐和反硝化速率等方面的因素。

3. 主要设计参数

A/A/O 法生物脱氮除磷的主要设计参数，宜根据试验资料确定；无试验资料时，可采用经验数据或按表 3-28 的规定取值。

表 3-28 A/A/O 法生物脱氮除磷的主要设计参数

项目	单位	参数值
BOD₅污泥负荷 L_s	kg BOD₅/(kg MLVSS·d)	0.1～0.2
污泥浓度（MLSS）X	g/L	2.5～4.5
污泥泥龄 O_c	d	10～20
污泥产率系数 Y	kg MLSS/kg BOD₅	0.3～0.6
生化需氧量 BOD	kg O₂/kg BOD₅	1.1～1.8

续表

项目		单位	参数值
水力停留时间 HRT		h	7～14
			厌氧段 1～2
			缺氧段 0.5～3
污泥回流比 R		%	20～100
混合液回流比 R_1		%	≥200
总处理效率 η	BOD5	%	85～95
	TP	%	50～75
	TN	%	55～80

3.2.4.3 剩余污泥量的基本计算

（1）按污泥泥龄计算：

$$\Delta X = \frac{VX}{\theta_c}$$

（2）按污泥产率系数、衰减系数及不可生物降解和惰性悬浮物计算：

$$\Delta X = YQ(S_o - S_e) - K_d VX_V + fQ(SS_o - SS_e)$$

式中：ΔX 为剩余污泥量（kg SS/d）；V 为生物反应池的容积（m³）；X 为生物反应池内混合液悬浮固体平均浓度（g MLSS/L）；θ_c 为污泥泥龄（d）；Y 为污泥产率系数（kg VSS/kg BOD$_5$），20℃时为 0.3～0.8；Q 为设计平均日污水量（m³/d）；S_o 为生物反应池进水 BOD$_5$ 浓度（kg/m³）；S_e 为生物反应池出水 BOD$_5$ 浓度（kg/m³）；K_d 为衰减系数（d^{-1}）；X_V 为生物反应池内混合液挥发性悬浮固体平均浓度（g MLVSS/L）；f 为 SS 的污泥转换率，宜根据试验资料确定，无试验资料可取 0.5～0.7 g MLVSS/g SS；SS_o 为生物反应池进水悬浮物浓度（kg/m³）；SS_e 为生物反应池出水悬浮物浓度（kg/m³）。

说明：

1）在按污泥泥龄计算的公式中，剩余污泥量与污泥泥龄成反比关系。

2）按污泥率系数、衰减系数及不可生物降解和惰性悬浮物计算的公式中的 Y 值为污泥产率系数。理论上污泥产率系数是指单位五日生化需氧量降解后产生的微生物量。

3）由于微生物在内源呼吸时要自我分解一部分，其值随内源衰减系数（泥龄、温度等因素的函数）和泥龄变化而变化，不是一个常数。

4）污泥产率系数 Y，采用活性污泥法去除碳源污染物时为 0.4～0.8；采用

ANO 法时为 0.3~0.6；采用 APO 法时为 0.4~0.8；采用 AAO 法时为 0.3~0.6，范围为 0.3~0.8。

5）由于原污水中有相当量的惰性悬浮固体，它们原封不动地沉积到污泥中，在许多不设初次沉淀池的处理工艺中其值更大。计算剩余污泥量必须考虑原水中惰性悬浮固体的含量，否则计算所得的剩余污泥量往往偏小。由于水质差异很大，因此悬浮固体的污泥转换率相差也很大。德国排水技术协会推荐取 0.6，日本指南推荐取 0.9~1.0。

6）设计参数可选择 1~1.5kg MLSS/kg BOD_5，经过核算悬浮固体的污泥转换率大于 0.7。

7）悬浮固体的污泥转换率，有条件时可根据试验确定，或参照相似水质污水处理厂的实测数据。当无试验条件时可取 0.5~0.7g MLSS/g SS。

8）活性污泥中，自养菌所占比例极小，故可忽略不计。出水中的悬浮物没有单独计入，若出水的悬浮物含量过高，可自行斟酌计入。

3.2.4.4 需氧量的基本计算

1. 需氧量计算公式

生物反应池中好氧区的污水需氧量，根据去除的五日生化需氧量、氨氮的硝化和除氨等要求，宜按下式计算：

$$BOD_5 = 0.001aQ(S_o - S_e) - c\Delta X_V + b[0.001Q(N_k - N_{ke}) - 0.12\Delta X_V] - 0.62b[0.001Q(N_t - N_{ke} - N_{ce}) - 0.12\Delta X_V]$$

式中：BOD_5 为污水需氧量（kg O_2/d）；Q 为生物反应池的进水流量（m^3/d）；S_o 为生物反应池进水 BOD_5 浓度（mg/L）；S_e 为生物反应池出水 BOD_5 浓度（mg/L）；ΔX_V 为排出生物反应池系统的微生物量（kg/d）；N_k 为生物反应池进水总凯氏氮浓度（mg/L）；N_{ke} 为生物反应池出水总凯氏氨浓度（mg/L）；N_t 为生物反应池进水总氨浓度（mg/L）；N_{ce} 为生物反应池出水硝态氨浓度（mg/L）；$0.12\Delta X_V$ 为排出生物反应池系统的微生物中含氨量（kg/d）；a 为碳的氧当量，当含碳物质以 BOD5 计时，取 1.47；b 为常数，氧化每千克氨所需氧量（kg O_2/kg N），取 4.57；c 为常数，细菌细胞的氧当量，取 1.42。

去除含碳污染物时，去除每千克五日生化需氧量可采用 0.7~1.2kg O_2。

2. 曝气装置传氧速率计算公式

（1）实际传氧速率和标准传氧速率的折算。目前广泛采用的测定曝气装置的方法是在清水中用亚硫酸钠和氯化钴消氧，然后用拟测定的曝气装置充氧，求出该装置的总传氧系数 KLa 值。此值是在 1 个大气压、20℃、起始 DO 值为 0 的清水中得出的。试验在无氧消耗的不稳定状态下进行，这样最后得出的传氧速率（kg

O₂/h），称为标准传氧速率（Standard Oxygen Rate，SOR）。

在实际应用中，充氧的介质不是清水，而是混合液；温度不是20℃，而是临界温度（Critical Temperature，TC）；稳定的DO值不是0，而是一般按2mg/L计算。混合液的饱和溶解氧值，曝气装置在混合液中的KLa值，均与在清水中不同，需要乘以修正系数。因此，在实际应用中，实际的传氧速率（Actual Oxygen Rate，AOR）数值与上述的标准传氧速率不同。为了选择曝气装置和设备，需要把实际传氧速率换算为标准传氧速率。

由于表曝机和鼓风曝气装置竖向位置不同，所以其换算公式略有不同。

设以 N_0 代表 SOR，N 代表 AOR，则二者的换算公式如下：

对于表曝机：

$$N = \alpha N_0 \frac{\beta C_{sw} - C_0}{C_s} \times 1.024^{(T-20)}$$

对于鼓风曝气装置：

$$N = \alpha N_0 \frac{\beta C_{sm} - C_0}{C_s} \times 1.024^{(T-20)}$$

式中：α 为混合液中 KLa 值与清水中 KLa 值之比，即（KLa）污（KLa）清比，一般为0.8～0.85；N_0 为标准传氧速率（20℃清水中的传氧速率，kg O₂/h）；β 为混合液的饱和溶解氧值与清水的饱和溶解氧值之比，一般为0.9～0.97；C_{sw} 为清水表面处饱和溶解氧（mg/L），温度为 TC，实际计算压力 Pa；C_0 为混合液剩余 DO 值，一般为2mg/L；C_s 为标准条件下清水中饱和溶解氧，等于9.17mg/L；T 为混合液温度，一般为5～30℃；C_{sm} 为按曝气装置在水下深度处至池面的清水平均溶解氧值（mg/L），温度为 TC。

实际计算压力：

$$C_{sm} = C_{sw} \left(\frac{O_t}{42} + \frac{p_b}{2 \times p_a} \right)$$

式中：O_t 为曝气池逸出气体中含氧量（%）；p_b 为曝气装置处绝对压力（MPa）；Pa 为标准大气压。

$$O_t = \frac{21(1-E_A)}{79 + 21(1-E_A)} \times 100$$

式中：E_A 为氧利用率（%）。

（2）供气量（G_s）计算。

供气量（G_s）计算公式为

$$G_s = \frac{N_0}{0.3E_A}$$

1）鼓风机功率计算公式如下：

$$G_s = \frac{O_S}{0.28E_A}$$

式中：G_s 为标准状态下供气量（m³/h）；0.28 为标准状态（0.1MPa、20℃）下每立方米空气中含氧量（kgO₂/m³）；O_S 为标准状态下生物反应池污水需氧量（kgO₂/m³）；E_A 为氧利用率（%）。

鼓风曝气时，可按公式将标准状态下的污水需氧量，换算为标准状态下的供气量。

2）增加鼓风机功率计算公式。

$$P = \frac{G_s p}{7.5n} \times 2.05$$

式中：P 为鼓风机功率（kW）；p 为风压（MPa）；n 为风机效率，一般为 0.7~0.8。

3）离心式鼓风机的功率计算公式。

$$P_W = \frac{\omega R T_1}{29.7m\eta}\left[\left(\frac{p_2}{p_1}\right)^n - 1\right]$$

式中：P_W 为鼓风机的功率需求（kW）；ω 为空气的质量流量（kg/s）；R 为空气的工程气体常数，8.314kJ/(kmol·K)；T_1 为鼓风机入口气体绝对温度（K）；p_1 为入口绝对压力（MPa）；p_2 为出口绝对压力（MPa）；n 为空气常数，$n=(k-1)/k=0.283$；k 为绝热指数，空气取 1.395；η 为风机效率，风机效率通常为 0.7~0.9。

4）鼓风机理论绝热温升计算公式。

$$\Delta T = T_1\left[\left(\frac{p_2}{p_1}\right)^n - 1\right]$$

式中：ΔT 为绝热温升（K）；其他参数意义同前。

3.2.4.5 施工事项

A/O 工艺生活污水处理工程施工中，应着重考虑以下内容：

（1）工程施工单位应具有国家相应的工程施工资质；工程项目宜通过招投标确定施工单位和监理单位。

（2）管道工程的施工和验收应符合 GB 50268—2008 的规定；混凝土结构工程的施工和验收应符合 GB 50204—2015 的规定；构筑物的施工和验收应符合 GBJ 141—1990 的规定；设备安装应符合 GB 50231—2009 的规定。

（3）塑料管道阀门的连接应符合 HG/T 20520—1992 规定，金属管道安装与焊接应符合 GB 50235—2010 的要求。

（4）生物反应池宜采用钢筋砼结构，应按设计图纸及相关设计文件进行施工，土建施工应重点控制池体的抗浮处理、地基处理、池体抗渗处理，满足设备安装对土建施工的要求。

（5）处理构筑物应设置必要的防护栏杆，并采取适当的防滑措施，符合 JGJ 137—2001 的规定。

3.2.4.6 经济指标及运行管理

参考费用为 1.0 元/m³ 左右，运行中应注意：

（1）根据需要检测进出水温度、pH 值、缺氧池/好氧池的溶解氧（DO 值）等指标，并据此判断运行状况。

（2）巡检风机、曝气器、回流泵以及排泥泵等设备的运行状态，重点检查曝气是否均匀，发生堵塞、破损、脱落时，应及时维修或更换并排除造成的原因。

（3）冬季温度较低，应适当增加曝气量及曝气时间。

（4）检查活性污泥排空装置，确保污泥活性。

（5）活性污泥法工艺运行参数应符合 GB 50014—2021 的规定。

3.2.4.7 无搅拌无回流缺氧好氧反应器

研发的反应器包括进水口、风机、溢流口、溢流池、气封止流装置、曝气布水管、反应池、沉淀池、出水口。本反应器无须硝化液回流，通过共用曝气布水管，实现了反应池的搅拌反应功能，不需单独设置搅拌器，如图 3-37（a）所示。

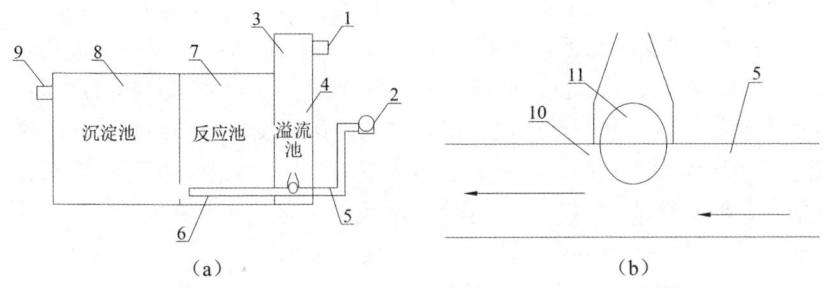

（a）反应器整体结构示意图；（b）反应器的气封止流装置结构示意图
1—进水口；2—风机；3—溢流口；4—溢流池；5—进气管道；6—曝气布水管；
7—反应池；8—沉淀池；9—出水口；10—止流口；11—封堵球

图 3-37 无搅拌无回流缺氧好氧反应器结构示意图

本反应器包括反应池、沉淀池和溢流池。沉淀池与反应池相连，反应池与溢流池相连，溢流池上设有进水口，沉淀池上方设有出水口。这样使缺氧反应单元和好氧反应单元在同一空间内进行，无须硝化液回流；气封止流装置位于溢流池底部［见图 3-37（b）］，通过连接风机，利用气压作用下的气封止流装置来封闭和连通水流，实现水流的控制。止流口内设有封堵球，以控制水流的进出，从而实现无需物理回流的混合液循环；在反应池底部分布有曝气布水管，与进气管道连接。通过气体的反冲力实现反应池的搅拌反应功能，无须单独设置搅拌器。

运行时污水首先进入溢流池，溢流池与反应池底部设有连通的曝气装置，设有曝气管路和气封止流设施，同时在溢流池上部设有溢流口。风机启动后，溢流池底部的气封止流装置在气压的作用下自动封闭，溢流池和反应池只有通过溢流池顶的溢流口连通，溢流池不曝气，反应池充氧曝气，原水由溢流池的溢流口进入反应池，发生好氧硝化反应；关闭风机时，气封止流装置在水压作用下打开，溢流池和反应池通过曝气系统实现连通，原水经溢流池并通过底部的曝气管路进入反应池，反应池曝气系统出水，并形成水力搅拌作用，反应池发生缺氧反硝化反应和厌氧释磷反应，且碳源充足。系统的运行由风机启停来实现自动控制，在反应池形成时间序列的交替好氧、缺氧环境，对 COD、氨氮和 TN 进行去除，自动化程度高，且操作管理方便。传统的缺氧段反应器通过搅拌实现反应池的混合反应功能，通过硝化液回流实现反硝化功能。本研发目的在于克服现有技术的不足，提供一种新型无搅拌无回流缺氧好氧反应器，在空间上实现搅拌和曝气，在时间上实现缺氧和好氧的交替，无须硝化液回流，利用势能搅拌，节能且节省投资。该反应器处理费用低廉，维护方便，适用于村镇生活污水处理。

3.2.4.8　C-CBR 一体化生物反应工艺

与大型污水处理技术相比，一体化技术具有占地面积小、处理效率高、耗能低、产泥量少、便于管理和维护等优点。课题组在多年实验的基础上，研发出 C-CBR 一体化生物反应工艺，在农村生活污水处理方面具有独特的优势。

原水多点进入缺、厌氧区，如图 3-38、图 3-39 所示，经水泵和射流器将污水由厌氧区提升至好氧区，并实现充氧；好氧区聚磷菌过度吸磷和硝化反应，硝化液重力回流至缺氧区实现生物脱氮，好氧区污水重力进入二沉池，沉淀污泥部分重力回流至厌氧区，部分外排。C-CBR 一体化生物反应工艺所需设备仅为一台水泵，实现充氧、硝化液回流和污泥回流等环节，有效降低处理成本且管理简单。其工艺流程示意图及实物图如图 3-40、图 3-41 所示。

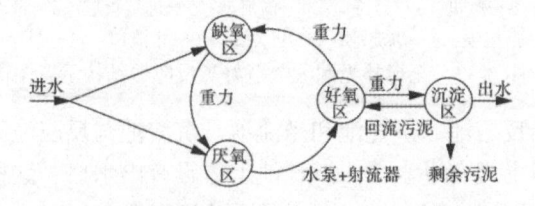

图 3-38　C-CBR 一体化生物反应工艺流程图

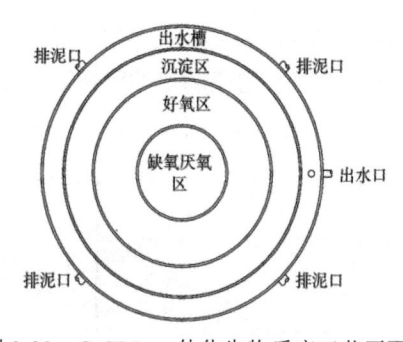

图 3-39　C-CBR 一体化生物反应工艺平面图

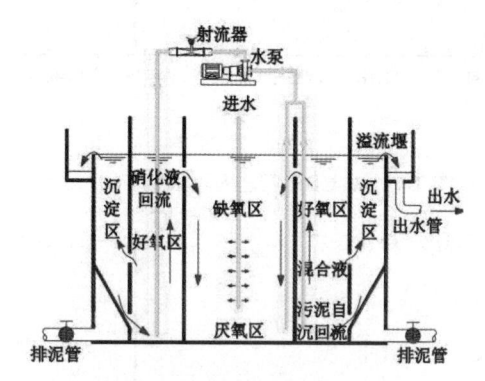

图 3-40　C-CBR 一体化生物反应工艺示意图

图 3-41　C-CBR 一体化生物反应器实物图

C-CBR 一体化生物反应工艺源于活性污泥法的倒置 A^2/O 工艺。与 A^2/O 工艺不同的是，C-CBR 原水分别进入缺氧和厌氧区，厌氧区污水经水泵提升和射流器充氧后至好氧区，形成好氧区液位最高、二沉池次之、缺氧区液位最低。一次提升，实现射流充氧，不再消耗能源；硝化液重力回流至缺氧区，也不消耗能源；污泥从二沉池回流到厌氧区，是重力回流，不再消耗能源。C-CBR 一体化生物反应工艺还减少了鼓风曝气设备、硝化液回流设备和污泥回流设备，管理操作简单，处理费用为 0.7~0.9 元/m^3，该技术适宜在村镇污水处理厂应用。C-CBR 试验装置处于持续的正常运行期时，COD、NH$_4^+$-N、TN、TP 平均去除率分别为 74.3%、53.8%、50.1%、60.3%，出水浓度平均值满足 GB 18918—2002 二级排放标准，如图 3-42～图 3-45 所示。

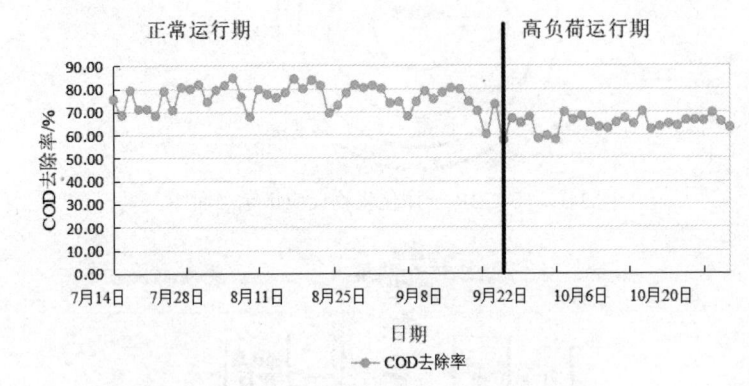

图 3-42 C-CBR 工艺去除水中 COD 效率

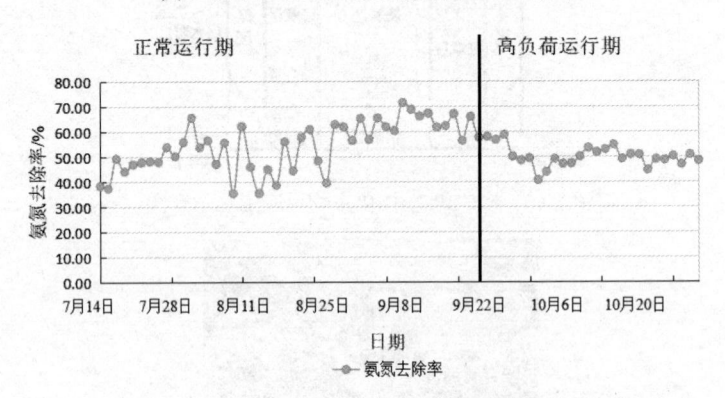

图 3-43 C-CBR 工艺去除水中 NH$_4^+$-N 效率

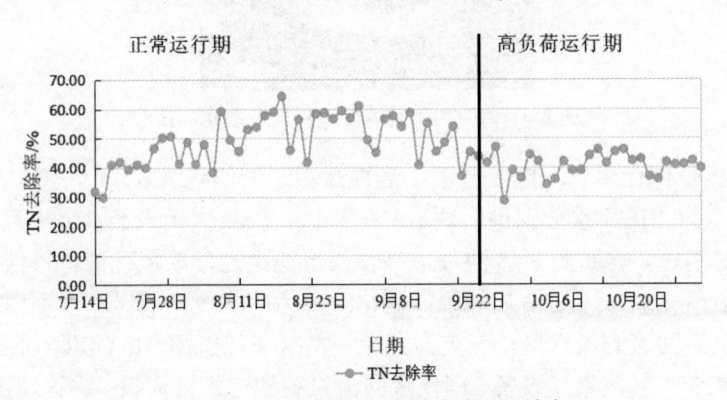

图 3-44 C-CBR 工艺去除水中 TN 效率

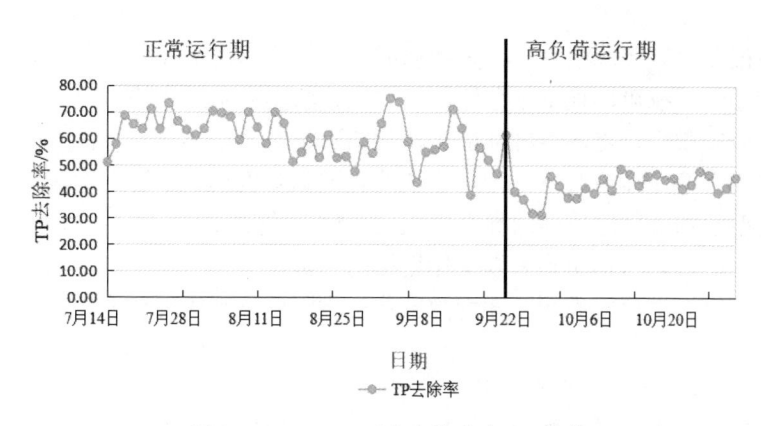

图 3-45 C-CBR 工艺去除水中 TP 效率

3.2.5 人工湿地、土地处理技术

3.2.5.1 人工湿地

1. 人工湿地的组成

人工湿地是由人工建造和控制运行的与沼泽地类似的地面，将污水、污泥有控制地投配到经人工建造的湿地上，污水与污泥沿一定方向流动的过程中，主要利用土壤、人工介质、植物，以及微生物的物理、化学、生物三重协同作用，对污水、污泥进行处理的一种技术。其作用机理包括吸附、滞留、过滤、氧化还原、沉淀、微生物分解、转化、植物遮蔽、残留物积累、蒸腾水分和养分吸收及各类动物的作用。

绝大多数自然和人工湿地由五部分组成：①具有各种透水性的基质，如土壤、砂、砾石；②适于在饱和水和厌氧基质中生长的植物，如芦苇；③水体（在基质表面下或上流动的水）；④无脊椎或脊椎动物；⑤好氧或厌氧微生物种群。湿地系统正是在这种有一定长宽比和底面坡度的洼地中由土壤和填料（如砾石等）混合组成填料床，废水在床体的填料缝隙中流动或在床体表面流动，并在床体表面种植具有性能好、成活率高、抗水性强、生长周期长、美观及具有经济价值的水生植物（如芦苇、蒲草等）形成一个独特的动植物生态系统，对废水进行处理。

人工湿地根据湿地中主要植物形式可分为：①浮生植物系统；②挺水植物系统；③沉水植物系统。沉水植物系统还处于实验室阶段，其主要应用领域在于初级处理和二级处理后的精处理。浮水植物主要用于 N、P 去除和提高传统稳定塘效率。目前所指人工湿地系统一般都是挺水植物系统。挺水植物系统根据水流形式可建成自由表面流、潜流和竖流系统。其中湿地植物具有三个间接的重要的作用：①显著增加微生物的附着（植物的根茎叶）；②湿地中植物可将大气氧传输至根部，使根在厌氧环境中生长；③增加或稳定土壤的透水性。

植物通气系统可向地下部分输氧，根和根状茎向基质中输氧，因此可向根际中好氧和兼氧微生物提供良好环境。植物的数量对土壤导水性有很大影响，芦苇的根可松动土壤，死后可留下相互连通的孔道和有机物。不管土壤最初的孔隙率如何，大型植物可稳定根际的导水性相当于粗砂的 2~5 年。

土壤、砂、砾石基质具有以下作用：①为植物提供物理支持；②为各种复杂离子、化合物提供反应界面；③为微生物提供附着。水体为动植物、微生物提供营养物质。

2. 人工湿地污水处理系统及其特点

人工湿地污水处理系统由预处理单元和人工湿地单元组成。通过合理设计可将 BOD_5、SS、营养盐、原生动物、金属离子和其他物质处理达到二级和高级处理水平。预处理主要去除粗颗粒和降低有机负荷。构筑物包括双层沉淀池、化粪池、稳定塘或初沉池。人工湿地单元中的流态采用推流式、阶梯进水式、回流式或综合式。

人工湿地污水处理系统具有如下优点：①建造和运行费用便宜；②易于维护，技术含量低；③可进行有效可靠的废水处理；④可缓冲对水力和污染负荷的冲击；⑤可提供和间接提供效益，如水产、畜产、造纸原料、建材、绿化、野生动物栖息、娱乐和教育。但它也有缺点：①占地面积大；②设计运行参数不精确；③生物和水力复杂性及对重要工艺动力学理解的缺乏；④易受病虫害影响。

人工湿地污水处理系统需 2~3 个生长周期达到其最优效率。因为根据已有数据，当上下表面植物密度增大时，处理效率提高，所以需建成几年后系统才能达到完全稳定的运行。目前人工湿地技术最大的问题在于缺乏长期运行的系统的详细资料。

3. 国内外人工湿地研究现状

人工湿地的研究可追溯到 20 世纪 50 年代，人们在意识到天然湿地具有调节径流、改善气候、美化环境等多方面的重要作用后，开始对天然湿地进行改造研究。1972 年，德国学者提出了根区理论，首次揭示了高等植物在湿地污水处理系统中的作用，认为湿地净化去除污染物的主要作用过程发生在植物的根区部位，通过根区微生物的硝化、反硝化和吸附作用可有效去除氮、磷等营养元素。由此，欧洲开始了大量的人工湿地的研究与应用。据统计，目前欧洲至少有 6000 个运行的人工湿地系统。此外，美国、新西兰、澳大利亚等也建造了大量的人工湿地系统，近十几年来，亚洲、非洲的一些发展中国家也开始建造和应用人工湿地污水处理系统。

我国从 20 世纪 80 年代后半期引入人工湿地并开始其相关的研究工作。1990 年

7月，深圳建立的白泥坑人工湿地可以看作是人工湿地在我国的首次大规模应用实践。随后，杭州、武汉、沈阳、北京、成都、昆明等市也相继建立了人工湿地污水处理系统示范工程。截至2020年，我国至少有500个运行正常的大规模人工湿地。考虑我国农村经济、人口等实际情况，采取易管理、成本低、运行稳定的分散污水处理设施在农村地区有广阔的应用前景。传统人工湿地系统处理生活污水具有投资小、运行维护简单等特点，适宜我国农村地区。但传统人工湿地存在水力性能较差、处理效率较低、易堵塞等问题。为此，对传统人工湿地进行改良研究非常重要。

4. 人工湿地的应用前景

人工湿地作为农村生活污水分散式处理技术之一，虽然在我国已得到广泛推广和应用，但由于区域差异、建造管理水平、应用经验以及运管不善等，其在实际应用中仍存在一些问题，建议从优化设计、合理运行和布局以及建立后期的运维和管理体系等进行强化，以保证湿地系统的长效运行。在过去的几十年里，我国多个省份建立了大量的人工湿地，但与污水产生量相比，目前的人工湿地数量和规模还远远不够，有关处理技术的研究也需不断拓展。未来随着我国污水产生量的不断增长，人工湿地技术可与其他处理方法相结合来形成新的污水处理模式和措施。例如，在我国大多数城市，废水处理系统和暴雨收集系统是共用的，尽管暴雨中污染物因子（总氮、总磷和有机物）浓度比废水中要低，但暴雨较大的径流量需要更大的处理面积，尤其在雨季，在污水处理厂数量规模有限且处理低浓度污染物效率较低的情况下，人工湿地系统可作为它的有效补充来处理暴雨污水。另外，针对大多数地区普遍存在的污水处理厂处理后的排放水浓度未能满足地表水Ⅲ类标准的现象，可在污水处理厂尾部构建人工湿地，从而将废水进行深度处理后再排入外界水体，以防止进一步造成水体污染。

人工湿地污水处理技术相比于传统的二级生化处理技术来讲，整个污水处理优势上表现在两个方面：首先，建设人工湿地污水处理系统所需要投入的经济成本相对较低，后续的设备维护和保养工作也相对简单，整个污水处理工作需要承担的建设及运营成本要高于传统的污水处理厂，但是如果进行大面积推广和使用，所获得的经济效益也相对较高；其次，在传统的污水处理工作中只能表现出单一性作用，不能充分展现出动态污水处理功能，但是实际系统凭借本身所具有的天然优势，相比于自然湿地来讲对周围环境产生的影响仍然比较明显，大面积建设人工湿地不仅可以有效扩大周围绿地的实际范围，还可以为城市建立起良好的生态发展观，在很大程度上提高了污水净化的综合效益，对实现整个城市的绿色健康发展有着重要的保障意义。

在传统的湿地净化处理工作中，主要是针对排泄物的冲洗水、人们日常生活当中的洗涤水以及种植养殖水等进行处理。在近几年的发展过程中，各种污水处理中存在不同的污染物以及排水量，各种元素在构成含量上存在着明显的差异，通过大量的基底水生植物等资源混合，向污水处理系统中直接投入不同类型的水生植物以及好氧型和厌氧型生物，能在很大程度上提高污水分类处理的效果。人工湿地系统不仅可用于污水处理，还能兼具生物多样性保护、洪水调蓄等生态服务功能，是一种污水处理的生态可持续发展模式。但它的局限性也不容忽视，如在处理高浓度污水时，需要建造相应负荷流量的更大面积的人工湿地，这在我国土地资源非常缺乏的情况下应进行充分权衡。此外，湿地植物在我国北方的抗冻性问题、基质的淤堵问题、植物的再资源化利用问题等也尚需进行深入的科学研究。

5. 人工湿地处理村镇污水适用技术

（1）无动力潮汐运行人工湿地技术。该技术由天津市水利科学研究院最先研发。该无动力潮汐运行人工湿地在不用水泵、气泵等耗能设备的前提下，实现水位自动、连续地升降，并且强化了排空阶段对湿地的充氧效果，对有机物、氮的处理效果优异，具有建设、运行费用低廉，操作管理简便、出水水质好的优点，适合我国村镇污水的深度处理。

无动力潮汐运行人工湿地示意图如图 3-46 所示。填料层包括由上至下依次铺设的覆盖层、填料层（1）、填料层（2）及填料层（3），且填料层上种植水生植物，填料层（1）顶部设有湿地布水管，湿地布水管设有打眼口，便于水源分布至填料层（1）内，填料层（3）底部设有湿地收水管；水位调控机构包括第一水位调控池及第二水位调控池，第一水位调控池连接湿地布水管；第二水位调控池连接湿地出水管，湿地出水管由填料层（2）顶部折至填料层（3）底部，并与湿地收水管连接；第一水位调控池连接有水源进水管及溢流管；第二水位调控池内还设有 U 型连通管，U 型连通管的顶部高度低于湿地布水管，但高于湿地出水管，U 型连通管的底部高度低于湿地出水管。

该人工湿地系统不需要动力源，能自然实现湿地上层的干湿交替运行，增强湿地内部的复氧能力，改善好氧微生物环境，强化人工湿地的去污能力，降低运行成本。

该系统的特征在于设有倒 U 型集水直管，用于虹吸排水；同时设有通气孔的导气管理设于湿地床体内部，用于复氧。污水通过穿孔进水管均匀分配到床体内部，随着水位的升高，湿地内部呈现缺氧环境，提高了湿地的反硝化作用；当水位达到集水直管顶部触发虹吸开始排水，水位下降的同时产生孔隙吸力，利用虹吸原理的负压抽吸作用与大气压差实现管道通风，增加了系统内部溶解氧浓度，提高了湿地对有机物、氨氮的处理效果。水位降低到集水直管的底部，虹吸停止，集水直管不再排水，水位再次上升。如此循环往复，在无动力的条件下，实现连续进水、间歇排水，形成交替的缺氧、好氧环境。单位体积基质复氧效率较传统鼓风机动力曝气补氧提升 200%且能耗降低 60%以上，硝化细菌和反硝化细菌丰度分别提升 5.3 倍和 1.6 倍，氨氮和总氮去除率分别是常规人工湿地的 2.3 倍和 1.8 倍。

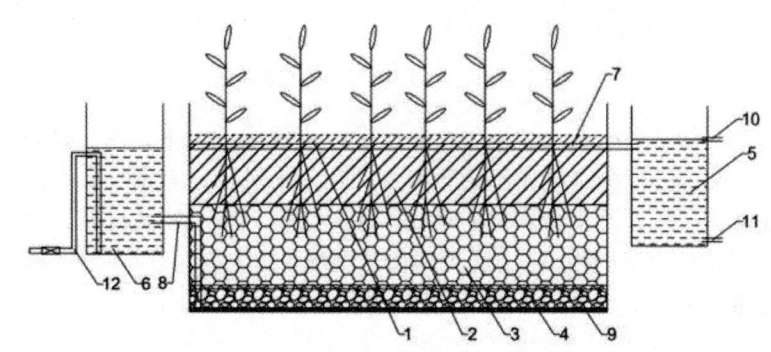

1—覆盖层；2—填料层（1）；3—填料层（2）；4—填料层（3）；5—第一水位调控池；6—第二水位调控池；7—湿地布水管；8—湿地出水管；9—湿地收水管；10—溢流管；11—水源进水管；12—U 型连通管

图 3-46　无动力潮汐运行人工湿地示意图

（2）缓释碳基人工湿地技术。重庆交通大学研究通过制备高分子固相缓释碳基，构建间歇供氧和气水联合原位修复通道，提出了小尺寸、高界面、强传质的高通量小微人工湿地工艺。该工艺考察小微人工湿地在不同运行参数下对山区农村污水中氮磷污染物的去除性能，以揭示小微人工湿地构建原理及常规氮磷污染物的去除机制；在此基础上，开展小微人工湿地示范工程低碳净化研究，系统评估了净化性能、温室气体排放通量及应用前景，为小微人工湿地的实际应用提供技术支持和科学借鉴。某山区农村污水净化研究表明，在稳定运行期间（108～138d），小微人工湿地对化学需氧量、氨氮、总氮和总磷去除效率较对照组分别提高了 13.7%、17.4%、16.0%和 10.5%，具备更强的抗有机负荷冲击能力。双重荧光染色揭示了间歇曝气耦合气水联合原位修复使小微人工湿地床体内富集大量微生物且活性功能菌占比更高，活性功能菌荧光强度达 71.6%，高于对照组（40.3%），加速酪氨酸、色氨酸等类蛋白有机物和溶解性代谢产物的削减和矿化。

3.2.5.2　污水土地处理技术

1. 污水土地处理技术的概念和净化机理

污水土地处理系统就是利用土壤—微生物—植物的陆地生态系统的自我调控机制和对污染物的综合净化功能处理生活污水及一些工业废水使水质得到不同程度的改善，同时通过营养物质和水分的生物地球化学循环，促进绿色植物生长并使其增产，实现废水资源化与无害化的常年性生态系统工程。其工艺流程简单表示如图 3-47 所示。

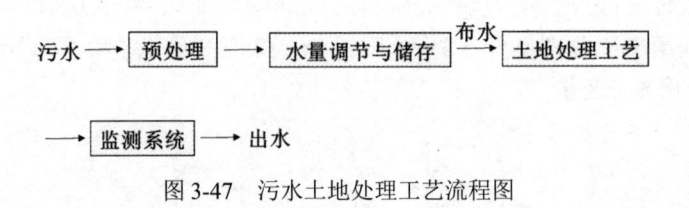

```
污水 → 预处理 → 水量调节与储存 →布水→ 土地处理工艺
                                              ↓
              → 监测系统 → 出水
```

图 3-47　污水土地处理工艺流程图

污水土地处理系统的处理机理十分复杂，主要通过土壤、微生物和植物的协同作用对污染物进行综合净化，使有机物转化为无机物，有毒物质经生物降解转化为无毒物质，部分污染物被植物吸收，这一过程包含了物理过滤、物理吸附、物理沉积、物理化学吸附、化学反应和化学沉淀、微生物对有机物的降解等作用，对于不同的污染物，起主导作用的处理机制不同。

2. 污水土地处理技术的主要处理工艺

污水土地处理系统是现代污水处理的新技术，且具有投资少、能耗低、成本低等特点，因此这一技术在许多国家得到了运用和发展。土地处理系统根据处理目标和处理对象选择不同的工艺，像慢速渗滤、快速渗滤、地表漫流和地下渗滤等工艺类型均是土地处理系统中最为常见的类型。土地处理系统中的各种工艺在污水处理过程中，对其处理的程度、工艺参数等方面会有一定的差异。

（1）慢速渗滤系统。慢速渗滤系统将污水缓慢灌溉至种有农作物的土地表面，其主要利用了地表的土壤和植物根系对污水进行净化。与其他土地处理系统不同的是，慢速渗滤系统一般不往外排水，其投配的水量一部分被农作物吸收，一部分由于蒸发而散失，还有一部分渗入地下。慢速渗滤系统的设计水流方向需要与地块内地下水水流方向相同。慢速渗滤系统是一种将污水作为资源进行利用的系统，其在处理生活污水的同时可以为地块种植的农作物提供营养，从而获得一定的经济效益。

同时，由于采用了慢速渗滤的设计，水力停留时间长，污水的处理效果非常好，且由于不往外排水，其受场地坡度的限制较小。但慢速渗滤系统也存在一些缺点。首先，由于水力负荷较小，处理相同量污水需要的土地量就较大，限制了其在地价较高的地区的应用。其次，渗滤系统的处理效率与场地种植的农作物有很大的关系，作物的营养需求及水量需求通常是设计该系统的关键因素，同时也对该系统的处理能力起着限制性作用。

（2）快速渗滤系统。快速渗滤系统是一种将污水投配到具有良好渗滤性能的土壤中进行处理的系统。与其他渗滤系统不同的是，该渗滤系统对土壤的渗滤性要求较高，且主要依靠渗滤过程去除污染物。在渗滤的过程中除发生物理的过滤和沉淀作用以外，同时也发生生物的氧化、硝化、反硝化等作用。快速渗滤系统在处理期间通常处于水淹、干化交替进行的过程中，干化期的目的是恢复土壤的好氧环境，这也可加强水往下渗透的效果。快速渗滤系统的优点如下。首先，由于渗滤速度快，停留时间短，其相对占地面积小，单位面积负荷高。其次，该渗滤系统对氨氮、有机物及悬浮物都具有较高的去除效率，且整套系统投资省，管理简单，运行受季节性影响较小。快速渗滤系统也存在一些缺点，其对场地土壤条件及水文条件较其他工艺要求较高，总氮的去除率较低，同时也容易造成地下水的污染。

（3）地表漫流系统。地表漫流系统是将污水控制于地表，使其在缓慢流动的过程中得到净化的污水土地处理系统。与其他污水土地处理系统相比，该系统需要在具有缓坡和低渗透性土壤的场地内运行，场地内常以种植牧草为主，由于水力停留时间短且土壤的渗透率低，污水由于蒸发和渗漏而损失的部分较少，大部分污水经过处理后汇入排水沟中。该种处理系统对土壤的渗透性要求较低，处理过程简单且对预处理要求较低，适用于多种污水。经过其处理的污水可以达到二级排放标准，处理后的污水也适用于回用。但其容易受到气候和水量的影响，且对坡面设计的要求较高。

（4）地下渗滤系统。地下渗滤系统是指利用预先的埋置将污水投配至一定深度的土层中，污水经过缓慢的渗滤作用得到净化。地下渗滤系统的特点在于其土层需要具有一定的构造和良好的渗透性，通常需要对场地进行人工改造。通过布水管的污水缓慢渗入周围的碎石和砂土层中，在土层中由于毛细管作用进行扩散，同时土壤中的过滤、吸附以及一些生物作用对污水起到净化作用。

地下渗滤系统的作用与慢速渗滤系统类似，同样具有水力停留时间长、处理效果好的特点，运行简单稳定，氮磷去除率高，且由于采用地下布水的设计，不会影响地面的景观，可与原本的绿化和生态景观相结合，具有更强的适用性。它的缺点在于工程建设较复杂，较其他几种系统需要更多的前期投资，且对前处理要求较高，负荷较小，否则容易造成土壤堵塞。

各种工艺对废水处理程度、工艺参数等方面存在着一定的差异，具体见表 3-29。

表 3-29　污水土地处理系统的工艺类型比较

项目	湿地处理	慢速渗滤	快速渗滤	地表漫流	地下渗滤
废水投配方式	地面布水	喷灌、地面投配	地面投配	喷灌、地面投配	地下布水
水力负荷（$m \cdot a^{-1}$）	3～30	0.5～6	6～125	3～20	0.4～3

续表

项目	湿地处理	慢速渗滤	快速渗滤	地表漫流	地下渗滤
预计处理最低程度	格栅、筛滤	一级处理	一级处理	格栅、筛滤	化粪池、一级处理
废水去向	径流、下渗、蒸发	蒸发、渗滤	渗滤	蒸发、渗流	下渗、蒸发
土壤渗透率（cm·h^{-1}）	≤0.5（慢）	≥0.15（中）	≥5（快）	≤0.5（慢）	0.15～5（中）
BOD$_5$ 负荷率（kg BOD$_5$·m^{-3}·d^{-1}）	18～140	50～500	150～1000	40～120	
是否种植植物	芦苇等	谷物、牧草、林木	均可	牧草	草皮、花卉
占地性质	经济作物	农、林、牧业	征地	牧业	绿化
对地下水质的影响	一般	有一定影响	会有影响	轻微影响	一般
气候的影响	终年运行	冬季污水需储存	终年运行	冬季部分污水需储存	终年运行

3. 污水土地处理系统的优缺点

污水土地处理系统的优势在于：用于基本建设的资金较少，运行与后期简便，操作起来也较为方便，对于因为污水带来的冲击力有很好的适应性，也能够实现水肥资源与农业生产的有机结合，提高土壤的肥力，增加农作物的产量。

污水土地处理系统存在的缺陷：建设这一污水处理系统所需要的土地面积较大，在处理污水的过程中，污水停留的时间比较长；对于污水的处理成效受气候、季节等原因影响较大，不是很稳定；仅适用于处理一些污染程度较低的废水，不适用于处理污染程度较高的废水，若将其用于处理污染程度较高的废水，将产生恶臭，并容易促使蚊虫大规模繁殖。

4. 污水土地处理系统的国内外发展现状

污水土地处理技术在欧美等发达国家起步较早，已有较为成熟的理论基础和工程实践。欧美国家自20世纪70年代起就开始了大量的基础理论研究，包括污染物迁移特性、土壤—作物—水系统行为等方面的研究，奠定了该技术的理论基础。德国、美国等国家在渗滤灌溉、人工湿地等污水土地处理工艺的研究与应用上处于领先水平。这些国家不断优化工艺参数，提高系统效率和可靠性。发达国家在将污水土地处理系统与农业灌溉、园林绿化等相结合方面做了大量工作，实现了污染物的有效降解和水资源的循环利用，取得了良好的社会经济和环境效益。同时，这些国家具有完善的标准体系和监管机制，出台了相关的法律法规，为污水土地处理技术的发展提供了制度保障。

与发达国家相比，我国污水土地处理技术的研究和应用还相对滞后，但近年来发展势头较为迅猛。近年来，我国在人工湿地、渗滤灌溉等工艺方面进行了大量的试验研究和工程实践，一些地区已经将污水土地处理技术应用于农灌、园林绿化等领域，取得了不错的效果。例如，张金炳（2004）以人工土壤作为过滤介质，研究了人工快渗系统，将污水有效地、控制地投放于人工构筑的渗滤介质表面，使其在下渗过程中经历不同的物理化学和生物作用，最终达到污水净化的目的。它保留了传统土地处理系统的优点，同时对其进行了改进，可根据实际情况对渗滤介质进行调整，使其不受场地的限制，而且明显增大了其水力负荷。但它还存在水力负荷低，处理能力小等缺点，整体应用规模还比较有限。我国相关的法规标准正在逐步健全，为该技术的推广应用创造了有利条件，但仍需进一步完善。总的来说，未来我国需要在基础研究、工艺技术创新、示范工程建设、政策法规健全等方面加大投入和力度，促进污水土地处理技术在国内的快速发展和广泛应用。

3.3 离网式水处理技术

3.3.1 离网式水处理的概念

目前，我国村镇污水处理设施的排水出口的设置地点及受纳水体，基本是村镇附近的沟渠、河道、池塘或湖泊，近海地区则直接排放入海洋，对于村镇污水的再生及资源化利用考虑较少。在村镇由于人口密度低，建设成本高，所以采用离网式污水处理技术更为适宜。离网式污水处理是指尽可能主动地在源头实现就地处理，尽可能在最小单元进行处理的污水处理方式，如在单体农户、农家乐、民宿、厕所等产生的生活污水的源头就地处理，达标后进行排放或回用。

离网式技术处理只需要知道有多少户在处理范围内，入户测点后选好位置，即可实施安装一体化污水处理设备，如图3-48所示。一体化污水处理技术具有灵活性强、工期短、占地少等特点。该技术可处理单户或联户居民的生活污水，并与化粪池相连接，把经过化粪池处理后的污水逐级处理。

离网式污水处理区别传统拉网式污水处理最大的特点就是无须进行大面积管网建设，直接在污水产生源头对其进行处理，避免了管网建设导致的征地协调难、实地勘探难、管道建设周期过长、后期运维成本高等引起的"晒太阳工程"较多的问题。离网式污水处理聚焦于提升城乡人居环境的需求，以缩短水体作为污染物运输载体的距离为目标，有效提升了水生态治理效果及监控管理能力，成功实现源头处理、达标排放。

图 3-48 一体化污水处理设备

离网式污水处理解决方案目前已经在广东、广西、湖南、内蒙古等 12 个省份实现成功运行和智能化管理，从理论探索再到具体落地实践，通过离网式污水处理有效解决改善人居环境的"最后一公里"问题，助力乡村振兴。与此同时，通过整装设备出口古巴等国，离网式污水处理也为共建"一带一路"国家的人民居住环境提升提供了一种新的解决方案。

3.3.2 离网式水处理的技术路线

离网式技术应遵循污水就地分类、就地处理与资源化的指导原则。我国大部分农村及欠发达村镇居住相对比较分散，且配套污水管网差，若集中建设污水处理设施管网投资费用高。因此，针对分布相对分散的村庄，宜采用离网式技术，离网式污水处理设备与大型污水处理厂工作原理相同，通过微生物降解的方式，将设备分为不同的生物处理单元，对污水进行逐级处理，高效处理污水和实现泥水分离，最后将达标水进行排放。但其也存在不足之处，其进水、出水的量和流速极其不稳定，可能会对生物系统形成冲击。例如，福瑞莱环保科技有限公司自主研发了 Panda-Box、Bee-Box 生物反应器，安装时可以选择地上或地下两种模式，采用泥膜共生氨氧化生物处理技术工艺，基于微生物智能群体调控技术，以标准化、模块化、智能化为目标，依靠规模化、自动化的手段，实现生活污水的去中心化建设和运维。生活污水首先通过格栅去除较大悬浮物后自流到调节池，由调节池中的自流或提升泵泵入 Bee-Box 反应器，然后依次流经缺氧池、厌氧池、好氧池进行生化处理，硝化液由好氧区气体回流至缺氧区进行反硝化脱氮，再次在中间沉淀池泥水分离，污泥回流至厌氧池补充生物量、上清液进入多级氨氧化池，在硅碳微颗粒生物载体和微环境调整下发生深度氨氧化和磷固定，最后经紫外/臭氧消毒杀菌后达标排放或回用。

村镇生活污水主要分为灰水、黑水。灰水主要指厨房用水、沐浴用水和清洗水等；黑水指尿、粪未经分离的冲厕水。其中，灰水虽然所占污水体积很大，但养分含量很低。黑水中所含养分以氮、磷、钾为主，其中80%以上的养分均存在于尿液中。粪、尿对污水中污染物浓度的贡献最大，氮约1%，磷约0.5%，因此，若能在产生污水的源头实现就地处理，尽可能在最小单元进行处理的污水处理方式，不但可以减轻后续处理污水的难度，而且还可以直接获得优质的"肥源"。

灰水中含氮低，不需要硝化和反硝化。但由于洗涤剂的使用，灰水含磷量相对较多，对此，可以通过鼓励居民使用无磷洗涤剂来降低灰水中磷的含量。也可通过排放至建造在房屋附近的小型污水处理装置，将污水进行就地处理后，用于花草木的浇灌，富余部分可作为道路泼洒或其他回用。

通过非水冲或"节水型"卫生厕所、化粪池、沼气池等设施，将每户产生的黑水进行收集储存，当达到储存上限时，再用吸粪车将其运输到集中处理处置地，进行堆肥及无害化处理后，可以肥料的形式还田或施于林地，从而实现黑水的资源化利用。或者村民生活污水先进入化粪池，经过化粪池沉淀消解后再进入一体化污水处理设备。在污水处理生化单元内通过生物填料上面附着的厌氧、缺氧、好氧微生物等多种微生物的生化反应，去除有机污染物和氮磷物质，通过生化处理后的水进入澄清沉淀池进行固液分离，上清液达标排放或绿化回用。

单户或联户的离网式技术路线如图3-49所示。离网式技术路线适合我国大部分农村及欠发达村镇地区，规模一般在1.0~200m³/d范围，出水标准达GB 18918—2002一级A或一级B标准。

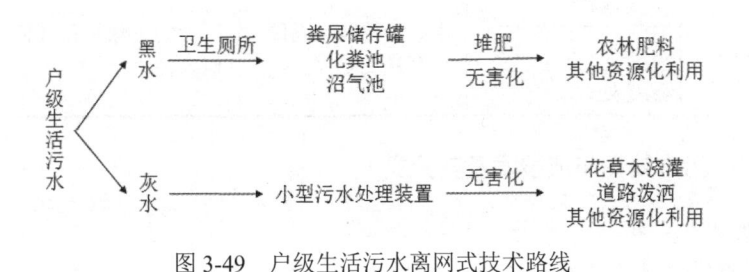

图3-49 户级生活污水离网式技术路线

3.4 污水处理集成技术及设备

农村分散式生活污水可采用自然净化技术进行处理，如人工湿地污水处理、污水土地处理、稳定塘处理等技术，其特点为利用自然水体或土壤中植物、微生物的自净作用实现对污染物的吸收与降解，但其具有受环境条件限制、出水水质不稳定等缺点。集成处理技术是指对传统污水处理工艺各功能模块进行优化设计、组合，减少工艺复杂度，满足不同规模、成本、进水水质等要求的污水处理工艺，其优势包括方便运输、现场安装简单及占地面积较小等，集成处理技术为现阶段农村生活污水处理技术研究的热点。生活污水处理技术按照原理分为三类：生物、生态、物化处理技术，集成化处理技术主要将这三类技术一体化，是适合处理水量小的村镇污水处理技术。

农村污水处理可采用单独的处理工艺技术，但更多情况下通常采用组合工艺技术，用于去除各种不同污染物实现出水水质达标，其优缺点比较见表 3-30。

表 3-30 农村生活污水常见工艺优缺点

方法	工艺技术	优点	不足
预处理	化粪池	简单易操作	只能作为预处理，处理效果差
	沼气池		
	沉淀池		
活性污泥法	A^2/O	污泥负荷大，处理能力高出水水质好，标准高	工艺过于复杂，运营维护要求高需要合理控制曝气、污泥龄以及内外回流，产生剩余污泥
	氧化沟		
	SBR		
生物膜法	厌氧滤池	运营维护要求低，可以做到无人管理	单独的生物膜法不能除磷，比活性污泥法去除负荷略低
	生物接触氧化		
	生物转盘		
生态处理法	人工湿地	生态可持续，固碳，具有景观效果	污染物去除负荷较低，占地面积大
	稳定塘		
	土地处理		

3.4.1 污水处理集成技术及其分类

1. 好氧生化法

以好氧生化法为处理技术集成化设备，设备将初沉池、生化池、二沉池和消毒池等工艺集成于一体，处理中小水量生活污水和低浓度有机物。出水水质可达《污水综合排放标准》（GB 8978—1996）一级排放标准，能够达到中水回用水质标准。目前此集成设备设计处理量范围在 0.5～50m³/h 并联使用增加处理能力，如图 3-50 所示。

生活污水 → 格栅 → 调节池 → 初沉池 → 生化池 → 二沉池 → 消毒池
初沉池、二沉池 → 污泥池

图 3-50 好氧生化集成处理工艺流程图

2. 无动力厌氧生物膜技术

无动力地埋式生活污水处理设备运用了无动力厌氧生物膜技术，能耗低、占地少，掩埋于地下，抗冲击能力强，处理效率高，无须专人管理，处理效果能够达到 GB 8978—1996 二级标准。目前该技术主要应用于浙江、山东等省，进行处理农村生活污水。

3. 厌氧生物接触膜法与人工湿地

厌氧生物接触膜法与人工湿地方法首先通过沉淀消化池对因重力作用沉淀池底的污泥进行前期的消化，厌氧生物接触膜法有专用生物接触反应装置，其具有比表面积大，孔隙率大的特性，固着厌氧、兼氧菌群活性生物膜，而推流式人工湿地利用土壤截留、植物和微生物的吸收作用，可以去除有机污染物和 N、P。在湿地中栽芦苇等高效脱氮除磷水生型植物。此技术在江苏省苏南、苏北、苏中三个典型农村进行了示范，出水达到 GB 8978—1996 一级标准，设施投资很少，每年仅抽吸两次剩余污泥的费用。该工艺流程图如图 3-51 所示。

生活污水 → 沉淀消化池 → 生物接触反应池 → 人工湿地

图 3-51 厌氧生物接触膜法与人工湿地处理污水工艺流程图

4. 蚯蚓生物滤池处理技术

蚯蚓生物滤池处理技术利用蚯蚓和微生物的协同作用，其系统由布水器、滤料床和沉淀池构成。因蚯蚓具有提高土壤通气透水性能和促进有机物的分解，该技术解决了传统生态滤池充氧、反硝化碳源、土壤板结等技术难题，同时降低了污泥量。蚯蚓生物生态滤池技术工艺流程图如图 3-52 所示。

生活污水 → 化粪池 → 强化沟 → 沉淀池 → 生态滤池 → 农田

图 3-52 蚯蚓生物生态滤池技术工艺流程图

5. 改进型 SBR 潜流湿地处理技术

改进型 SBR 潜流湿地处理技术是 SBR 和潜流湿地技术的结合，SBR 法属于间歇式活性污泥法，处理效率较低。该技术通过改进 SBR 工艺使生活污水得到初步的处理，通过潜流人工湿地再次进行处理，使其污水当中的污染物进一步被去除，实现达标回收排放。改进型 SBR 潜流湿地处理技术工艺流程图如图 3-53 所示。

生活污水 → 改进型SBR污水净化系统 → 潜流湿地 → 达标排放

图 3-53　改进型 SBR 潜流湿地处理技术工艺流程图

6. 生活污水净化沼气池

生活污水净化沼气池是一种分散处理生活污水集成设备，该技术均采用二级厌氧消化加后续处理措施（兼氧滤池）的处理模式。建议冬季水温能够保持在 5℃ 以上农村地区应用其技术，如果农村生活污水水温比较低，在污水处理建设中通过增温保温措施（如采取建日光室、加炕道等）使水温保持在 5℃ 以上，使其处理效果运行稳定。生活污水净化沼气池工艺流程图如图 3-54 所示。

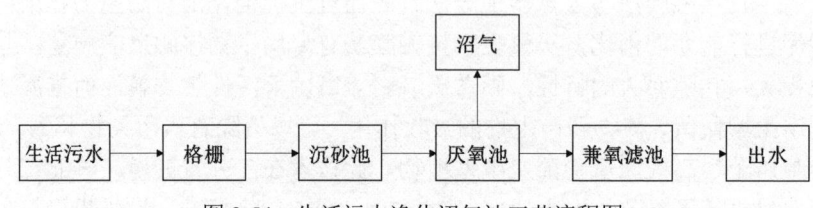

生活污水 → 格栅 → 沉砂池 → 厌氧池 → 兼氧滤池 → 出水
（厌氧池上方：沼气）

图 3-54　生活污水净化沼气池工艺流程图

7. 太阳能动力型集成式污水处理工艺

太阳能动力型集成式污水处理工艺是基于太阳能动力—生物处理方法的集成式处理工艺。生活污水前期经过厌氧水解池，再通过好氧活性污泥对剩余的有机物进行生物降解，被沸石填料床截留过滤集成化处理技术，出水水质达到 GB 8978—1996 一级排放标准。该工艺利用太阳能技术解决工艺曝气动力，有良好的环境、社会和经济效益。

8. 生物生态集成技术

天津市蓟州区刘相营村以三格式沉砂拦污池、固定化微生物滤池、太阳能增氧池和人工湿地 4 个功能单元组成生物生态集成技术，其流程图见图 3-55。在蓟州区刘相营村运用了生活污水生物生态微动力处理技术，对 TN、COD 的去除率达到 90.08%～98.68%、84.53%～96.74%，出水水质指标均达到地表水Ⅳ类标准，截污减排效果明显。该技术具有投资与运行费用低、处理效果好、TN 及 COD_{Cr} 去除能力强、景观效果好、运行稳定、管理维护简单等优点。

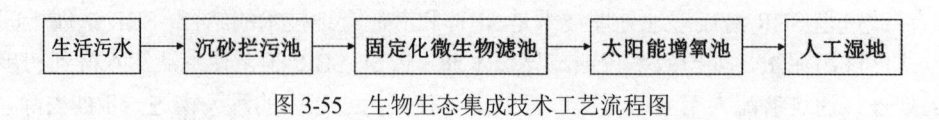

生活污水 → 沉砂拦污池 → 固定化微生物滤池 → 太阳能增氧池 → 人工湿地

图 3-55　生物生态集成技术工艺流程图

9. 微动力生物生态集成技术

微动力生物生态集成技术采用"三格式化粪池+固定化生物滤池+人工湿地"组合的微动力生物生态集成工艺。三格式化粪池对生活污水进行储存、沉淀发酵，实现杀灭虫卵及细菌作用。固定化生物技术装有填料的好氧生物反应器替代传统的污泥回流技术，污染物均被微生物吸附、氧化分解得以去除。人工湿地采用波浪式流潜流湿地技术，由人工基质、水生植物和微生物三部分组成生态系统。以波浪式经填料表层和底层时，反复经过好氧、厌氧以及硝化和反硝化对有机污染物和氮磷去除过程。

3.4.2 污水处理集成设备

国际水协会将服务人口少于2000人或流量200m³/d以下的污水处理厂定义为小型污水处理厂。适用于小型污水处理厂的处理方式主要有两种：一种是技术成熟、应用广泛的生态处理系统，另一种是利用工程技术手段使水处理过程集中在一个小型装置中完成的模式，即集成式污水处理装置。与前者相比，后者的服务人口更少，可以是单一家庭，占地面积更小，出水水质的稳定性更高。

集成式处理装置是指集合了污水处理工艺各部分功能，一般包括预处理、生物处理或生化处理、沉淀等为一体的生活污水处理装置。这种装置主要适用于处理水量小，市政管网不易收集的生活污水或者易于生化处理的工业废水，它是对市政污水处理系统的有益补充。

3.4.2.1 国外污水处理集成设备

1. 挪威的微型处理设备

在挪威，大约有25%的人口居住在没有任何集中污水收集系统的乡村地区，这些地方的污水采用就地处理方式。当所处地区不能采用土地渗滤法处理时，常常使用预制的微型处理设备。这些微型处理设备的处理工艺与集中处理相同，即物理法、化学法、生物法或这些方法的联合。由于挪威注重磷的排放，因此，化学法在挪威应用十分广泛，多数情况下化学法与生物法联合使用。

1994年挪威对其国内常用微型处理设备进行了评估，根据调查结果，这些微型污水处理设备的共同优势在于这些设备都安装在用户的地下室，出水 BOD 和 TP 可以达到中国 GB 18918—2002 一级 B 标准，出水直排入受纳水体或土壤渗滤系统。但是该设备需要配备复杂的操作控制系统或污泥干燥器，曝气机用电和化学絮凝剂的用量较大，而且需要较为频繁的日常维护。

2. 日本的净化槽技术

在日本，没有排水系统的边远乡村通常使用净化槽来处理家庭排水。流程图如图 3-56 所示。它的净化槽的工艺结构分为厌氧过滤—接触氧化法和反硝化型厌氧过滤—接触氧化法，二者不同之处在于接触氧化池的出水是否回流到厌氧滤池，这直接关系到净化槽对污水中氮的去除效果。

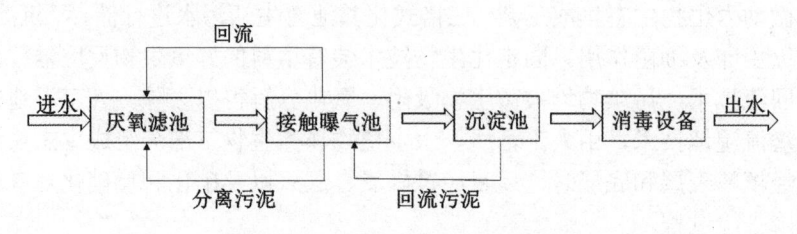

图 3-56　净化槽技术的工艺流程图

近年来，日本改进了反硝化型厌氧过滤—接触氧化工艺，设计出三种不同形式的净化槽，它们的前处理都为厌氧滤池，后处理分别是接触氧化、生物滤池和移动床。同时，为了进一步提高净化槽的处理能力和抗冲击负荷能力，日本研制出用于 BOD 和 TN 的深度处理的新型膜分离净化槽，设计了净化槽的水量均衡装置，提出了采用吸附剂来去除并回收磷的新技术。

3.4.2.2　国内污水处理集成设备

目前，国内的集成式微型污水处理装置，多以去除有机物和悬浮固体为主，脱氮效果也在不断完善中，根据现有的处理装置的特点，可将其分为三种类型。

（1）第一类型装置。以曝气机为动力推动水流在装置内的升流式运动，使处理污水在反应器内实现好氧区—缺氧区间的反复循环流动，形成的垂直内循环可达到脱氮目的，节省了污泥回流的动力消耗，但也增加了曝气能耗。

（2）第二类型装置。污水以自流的方式依次完成工艺流程，这样的流动方式几乎没有动力消耗。如果要达到较好的脱氮效果，这类装置需要增加内循环部分，进而需要提供一定的动力用来维持污水污泥的内循环。

（3）第三类型装置。将膜分离单元与生物处理单元相结合，在原有的生物处理基础上，使污水在泵的抽吸作用下经模块过滤出水，这样的装置出水水质好，抗冲击负荷能力高，受气温影响小，但是膜组件不仅价格昂贵，维护费用也较高。

3.4.3　污水集成处理的发展前景

近年来，国外在集成式微型污水处理装置的设计、生产、建设、运行以及后续服务等方面已积累了相当丰富的经验。而国内在这方面上的研究多是对国外工艺装置的借鉴或是对原有装置的改进，然而这些借鉴或改进的处理装置经过实践也暴露了一些问题，因此完善现有污水处理装置，使其能够符合中国国情，将是今后发展的方向之一。

对集成式污水处理技术而言，污水在各工艺段之间的水流方式和停留时间、各工艺段采用的处理技术、整体装配上的匹配等问题，将直接影响到处理效果。不仅如此，在集成装置方面还需要具备一定的灵活性，可根据各地对出水水质要求的不同作出相应的改变，实现处理成本的最优化。

目前，水处理技术也正在从单一化走向多元化。因此，集成式污水处理技术也需要向深度处理方向发展，融合物理、化学、生物技术，进一步强化集成式装置的氮磷去除功能，使出水能够用于绿化、补充景观水，实现污水的就地回收和再利用。

第4章 污泥处置及资源化

剩余污泥是指污水处理厂水处理结束后经浓缩、脱水后排出的泥块或泥饼，是由有机残片、细菌菌体、无机颗粒、胶体等组成的极其复杂的非均质体。它含有大量的水分、丰富的有机物以及氮、磷、钾等营养元素，还含有重金属及病原菌等有毒物质，其颗粒较细，比重较小，呈胶状液态。污泥中通常含有65%的有机物和35%的无机物，如果不经过处置就任意排放，不仅会对环境造成污染，也会造成严重的资源浪费。

城市污水厂的污泥集中、产量大，可以集中综合处理；但是村镇污泥较为分散，点多面广，每天产量较少，适合就地资源化。

4.1 村镇污泥特性

对于来源不同的污泥，其污泥特性也不尽相同。

1. 城镇污泥

纳入城镇、乡镇污水管网收集处理后产生的污泥一般属于集中式农村生活污水处理厂，处理污水量大，剩余污泥产量大，每处理1万吨污水约产生10吨的污泥。城镇污水厂收水不同，污泥成分也有所不同。城镇污水处理厂收水较为复杂，其产生的污泥与一般城镇污水处理厂污水特性相似，具有含水率高，有机物含量高，容易腐化发臭，颗粒较细，比重较小，呈胶状液态，富含有机质、氮、磷、钾和植物生长所必需的各种微量营养元素，以及含有重金属（如 Mn、Ca、Fe、Al、K、Hg、Zn）等金属元素、持久性有机污染物、病原菌、盐类等。因此，需要对污泥进行资源化利用，尤其土地利用时要充分论证，避免对土地造成二次污染。

2. 村庄集中处理后产生的污泥

村庄集中处理后产生的污泥产生于农户相对集中的重点村、特色村，采取独立运行处理，一般集中处理的村庄污水日处理量在几百立方米左右，每天污泥产生量较少，约几十至几百公斤，污泥除富含有机质、氮、磷、钾和植物生长所必需的各种微量营养元素外，基本不含有重金属，可生化性强。

3. 单户联户分散处理的污泥

单户联户分散处理的污泥主要是对农户相对较少的自然村通过化粪池、氧化沟等分散式处理产生的污泥，与村庄集中处理污水产生的污泥相比，污泥产生量基本可以忽略，污泥成分与村庄集中处理产生的污泥相似。由于目前经济水平有限，全省单户或联户处理污水较少，此类污泥可采用堆肥后土地利用进行资源化利用。

我国现阶段的村镇基础设施发展水平较低，只有极少数村镇建立了污水处理设施，面源污染控制也未受到足够重视。污染物向环境的释放和扩散对农村环境造成了严重污染，影响了饮水安全和水环境质量。由于村镇人口较少，废水量小，水质波动较大，村镇经济承受能力较弱等特点，我国不宜延续城市污水集中收集和工业化处理的老路，需要积极探索建设投资更省、运行费用更低、运行管理更方便的新型技术模式，以适应我国村镇的实际情况。不同区域的剩余污泥泥质、经济社会发展水平不同，因此在处理方式、处置路线上也面临着不同选择。

针对这些问题，研究开发具有实用价值与易操作的污泥处理技术刻不容缓。在污泥处理的方向上，未来能够得到长足发展的处理技术，就是将污泥堆肥化后，进行农田再利用。研发快速高效的污泥堆肥方法，将污泥变废为宝，不仅可以大量生产，还可以降低堆肥化的成本。村镇的污泥堆肥化须向无害化、资源化等方面不断地进行研发创新。

4.2 污泥处理原则

污泥处理总体原则有如下几点。

（1）技术先进、稳妥可靠。在前人不断探索的基础上，加以科学总结，在稳妥可靠的前提下，积极采用先进的工艺技术。

（2）在坚持"安全、环保"的原则下，尽量减少对周围环境的影响，实现污泥的综合利用，回收和利用污泥的能源和物质。

（3）积极慎重地采用经实践证明行之有效的新技术、新工艺、新材料和新设备。

（4）节省投资。国家和地方财力有限，要充分发挥投资效益，在满足污泥处理要求的情况下，尽可能选择最为经济的工艺技术方案。

（5）管理方便、运行费用低。必须考虑当地的管理水平和投产后的常年运行费用，选择管理方便、运行费用低的工艺方案。

（6）选用污泥处理工艺要考虑近、远期污泥处置方式。

（7）处理后的污泥泥质应满足国家和地方现行的有关标准、法规。

4.3 传统污泥处理方法

目前污泥主要处置方式有卫生填埋法、焚烧法、投海法、土地利用等，下面对其分别进行简单介绍。

4.3.1 卫生填埋法

目前使用最为广泛的污泥处理方法就是卫生填埋。污泥的卫生填埋是指将污泥运送到指定地点，进行消毒处理后与垃圾混合或倾倒于填埋场后，在上面覆盖土壤并进行压实。这种方法目前是较为完整体系的污泥处理处置技术，通过科学选址，基于传统的填埋方式，采取一系列必须执行的区域防护措施，配备完善的处理系统以及严格的管理制度。该方法可以分为两大类：一是在专门处理污水污泥的填埋场进行填埋处置；二是在城市固体废弃物填埋场中与生活垃圾一起填埋处置。污泥的土地填埋是从传统的堆放和填地处置发展起来的。卫生填埋法方式简易，可快速处理大量的污泥。该方法资本投入少、管理方便，应用较为广泛。

但是卫生填埋污泥需要浪费大量土地资源，在雨雪天气的作用下，渗入污泥的雨水会把污泥中的有毒、有害物质带入地下水层，由此可能渗入饮用水水源。这些危害的产生主要是因为渗滤液的存在。为了从根本上避免渗滤液的危害，在进行填埋的地方需要安装收集装置，将滤液收集起来，统一处理。另外针对一些强腐蚀性的液体一般的收集装置可能会受到腐蚀，可以有针对性地采用抗腐蚀性材料，作为滤液收集装置的制作材料。

在填埋场当中，由于污泥填埋在密闭环境中，而厌氧状态下易产生甲烷气体，甲烷不仅会对大气造成危害，也会存在安全隐患，因此要采取相关防范措施，以此防止污染环境以及减少火灾或爆炸发生的可能性。在环境污染的避免上，卫生填埋并不理想，它只是在污染产生时间上起延后作用，且随着国内污泥产量逐年递增，卫生填埋场的选址十分困难，已经成为填埋场的地方也面临着填埋面积超量的危机。有些脱水污泥不符合垃圾填埋场的剪切强度要求，勉强填埋会影响填埋场的透水透气性能及覆土，从而缩短填埋场的使用寿命。污泥具有一定的肥效和热值，若采用卫生填埋法，污泥中的资源化价值将无法得到有效利用，导致资源的浪费。

由此可以发现，填埋法存在一定局限性。同时，对于村镇污泥来说，将污泥进行填埋，管理较复杂，占地较大，且存在卫生和安全隐患。

4.3.2 焚烧法

焚烧技术是目前世界各国公认的最具实用价值的污泥处理技术之一，该技术在欧洲地区，以及美国、日本等发达国家日益成熟，成为除土地填埋之外的重要的处理手段。我国对垃圾焚烧的研究起步较晚，尤其是对城市污泥焚烧厂的基础研究较少。根据污泥脱水后是否干化，可以将污泥焚烧法分为污泥脱水直接焚烧和污泥脱水（直接混合焚烧）、干化后焚烧这两类方法。

（1）直接混合焚烧。直接混合焚烧是指将污水处理厂脱水后含水率80%左右的湿污泥用高压泵送的方式直接投加到现有热电厂、垃圾焚烧厂等锅炉炉膛内焚烧，燃料中污泥比例一般不能大于20%。这种方式目前在国内有应用，如宁波明耀环保热电厂、南京协鑫热电厂等。

通过对应用这种方法焚烧污泥的企业实地考察研究，发现直接混合焚烧存在明显的缺点：锅炉效率明显下降，煤耗量大大增加。直接混合焚烧污泥导致锅炉系统所排放的烟气中的水蒸气含量急剧增加，加速了对锅炉及后续烟气处理设备的腐蚀。排出的烟气含大量高温蒸气，增加了烟气后处理的负荷，影响除尘设备的运行效果。

（2）干化后焚烧。干化后焚烧适用于污泥所含水分性质复杂，有自由水分、间隙水分、表面水分、结合水分等存在形式的情况。污泥干化常用的方法是将浓缩脱水后的污泥送至专门的热力干燥设备直接或间接干燥，使污泥的含水率降到30%以下。此时大量的水分在低温时被蒸发，不进入燃烧炉，既减少了能源的消耗，又避免了大量的水进入锅炉后对设备产生影响。含水率为30%左右的污泥热值为2000～2500kcal/kg，能够形成自燃，保持燃烧，减少燃烧炉耗煤量，节约能源。这种焚烧方式又可分为两类：一是污泥干化后单独焚烧，二是污泥干化后进入现有的煤锅炉或垃圾焚烧炉掺烧。目前应用较多的是第二类方法，它相对第一类方法来说能耗低，更经济。

污泥焚烧法的优点在于能快速地实现污泥减量化，消除有害病原菌，破坏有毒有害物质并回收热能，还可以从废气中获得剩余能量，用来发电。但是焚烧容易造成二次污染，特别是当燃烧温度低于1100℃时，剧毒的二噁英化合物不易热解，对环境的危害极大，而且投资和运行管理费用也较高。

污泥焚烧可使污泥量显著减少，灭菌彻底，污泥稳定，但村镇污泥与污水一样较为分散，且无机质含量较高，因此，从污泥规模和污泥性质等多方面考虑，村镇污泥不适合进行焚烧处置。

4.3.3 投海法

投海法主要被沿海地区的国家或者在入海口附近的地区所利用，该方法主要利用海洋的环境容量，把原生污泥、消化污泥、脱水泥饼或焚烧灰渣投入深海或填海造地。

海洋投弃最适用于消化污泥的投弃，在海域边界入口等区域进行投弃，投弃的污泥还包括生污泥、脱水后的污泥、干化后的污泥等。投海方式有两种：管道输送和船运。为了使海洋投弃区域中的海水可以起到稀释作用与自净作用，在投海前必须确保投弃位置在符合条件的区域内。这种处理方式的污泥不需要进行严苛的无害化无毒的前处理，可直接把污泥投入规定范围内的海区，为大部分大型的污水处理厂在海岸边建厂，就近处理处置污泥，提供了一种方便经济实用的污泥处置方法。但是这种方式对海洋来说会产生一定程度的污染，对于海洋生态系统及食物链等构成威胁，这是一个不可避免的问题，也是目前需要抓紧解决的重要问题。

为了确保海水的稀释与自净作用实现，实施污泥投海工程前，必须选择离海岸 10km 以外，水深 25m 左右的投海区。但是污泥投海法将陆地污泥投入海洋，会造成严重的海洋污染，甚至破坏海洋生态系统。因此，许多国家已经严禁使用该方法处置污泥。

4.3.4 土地利用

污泥土地利用主要包括农田利用、林地利用、园林绿化利用等，它是一种积极、有效且安全的污泥处置方式，不需要填埋容积，污泥中的资源化物质也能得到有效利用。污泥中含有丰富的 N、P、K 等营养元素，还有一些有机物，为了充分利用这些养分，可以将处理过的污泥直接用于农田，优化土壤结构，增加土壤肥力，还能使板结的土壤得到改善，达到促进植物生长的目的。污泥的土地利用不仅可以实现污泥的回收利用，还可以改善土壤环境，是污泥处理中最经济实用的方法。但是也要关注污泥中可能存在的病原菌、寄生虫、Cu、Cr、Hg 等重金属，以及多氯联苯、二噁英、放射性核素等难降解的有毒有害物质，所以污泥的无害化处理是进行土地利用的前提，从而避免污泥中的这些有毒有害物质对大气、水体和土壤造成二次污染。

污泥的土地利用主要有以下几种方式：

（1）污泥制肥。制肥是将污泥中的有机物进行生物化学降解，使其转化为稳定的腐殖质，从而可以作为有机肥使用。进行污泥制肥最大的问题是产品消纳渠道的建立。如果堆肥产品得不到稳定消纳，污泥项目的可持续性就得不到保障。

（2）土壤改良剂。将经过稳定、杀菌、一定程度干化处理后的污泥作为土壤改良剂施用，参考相关国外施用标准，这种污泥消纳方式的容量很可观。但这种处置方法的前提是取得林业局和林业开发公司的支持，并且对施用地域、方式、数量进行整体规划布局，针对存在的环境风险制定预案。

（3）场平填方用。污泥经过干化或者石灰（水泥）稳定后，不仅含水率大大降低、病菌杀灭，物理性能也能得到较大改善，可作为部分建设场区的填方土源。这种污泥消纳方式的容量也是很可观的，但稳定性较差，受气候、工程工期影响较大，且消纳区域要取得环保部门的认可。

4.4 污泥资源化利用

4.4.1 污泥堆肥后农用

污泥堆肥化主要是依靠自然界广泛分布的细菌、放线菌和真菌等微生物的分解作用来处理污泥的技术，这一微生物过程可人为地促进可生物降解的有机物向稳定的腐殖质转化，从而实现污泥的无害化、稳定化和资源化。堆肥可改善土壤的物理、化学和生物性质，提高土壤中化肥的肥效使土壤环境保持适于农作物生长的最佳状态。污泥堆肥后所含有的有机质和 N、P、K 等营养元素以及肥力明显高于家禽粪等农家肥，将污泥堆肥后用于农业，既能改善土壤的理化性质，又能增加有机肥源，减少化肥污染，从而使农产品的产量和质量大大提高，更大程度地实现了农业的资源化利用。污泥堆肥化能降低运行成本和投资费用，并产生高效益，具有很大的发展潜力，是国内外污水处理厂常用的污泥处理方法，也是我国城市污泥重点考虑的处置方式。

堆肥分为好氧堆肥和厌氧堆肥，其实质是一个生物化学反应过程，微生物在一定条件下将垃圾中的有机物质分解成肥料、CO_2、H_2O 及 NH_3 等，并释放能量。

（1）好氧堆肥。好氧堆肥是指在有氧条件下，好氧微生物通过自身的生命活动进行的氧化分解和生物合成过程。好氧堆肥从垃圾堆积到腐熟，微生物的生活过程比较复杂，根据温度的变化，微生物群落的演替呈现相应的三个阶段：中温阶段、高温阶段、腐熟阶段。

1）中温阶段：堆肥初期，堆层基本呈中温，嗜温性微生物利用堆肥中可溶性有机物质旺盛繁殖，不断产生热能，堆体温度不断升高。堆肥温度升到45℃以上时，即进入高温阶段。

2）高温阶段：在此阶段，嗜热性微生物逐渐代替了嗜温性微生物的活动，堆肥中残留和新形成的可溶性有机物质继续分解转化，复杂的有机化合物如半纤维素、纤维素和蛋白质等开始被强烈分解。

3）腐熟阶段：此阶段嗜温性微生物又开始占优势，对残余的难分解有机物做进一步分解，腐殖质不断增加且稳定化。当温度下降并稳定在40℃左右时，堆肥基本达到稳定。

现代化的好氧堆肥工艺，通常由前处理、主发酵（一次发酵）、后发酵（二次发酵）、后处理、脱臭和储存等单元组成。

1）前处理：目的是为堆肥处理提供养分、水分、物理结构等尽可能均匀一致的发酵原料，以满足发酵微生物生长的需要。

2）主发酵（一次发酵）：主发酵可在露天或发酵反应器内进行，通过翻堆或强制通风向堆积层或发酵反应器内供给氧气。

3）后发酵（二次发酵）：在主发酵工序，可分解的有机物并非都能被完全分解并达到稳定化状态，因此，经过主发酵的半成品还需进行后发酵，即二次发酵，以使有机物进一步分解，变成比较稳定的物质，最终得到完全腐熟的堆肥成品。

4）后处理：去除前处理工序中没有完全去除的杂物。

5）脱臭：在整个堆肥过程中，微生物分解会产生有味的气体，需要对产生的臭气进行脱臭处理。

6）储存：要求干燥且透气，密闭或受潮会影响堆肥产品的质量。

（2）厌氧堆肥。厌氧堆肥是在人工控制厌氧条件下，利用厌氧微生物将废物中可降解有机质分解转化成甲烷、二氧化碳和其他稳定物质的生物化学处理过程。

有机物厌氧发酵依次分为水解和发酵（液化），产氢、产乙酸（酸化），产甲烷（气化）三个阶段，每一阶段各有其独特的微生物类群起作用。厌氧消化过程见图4-1。

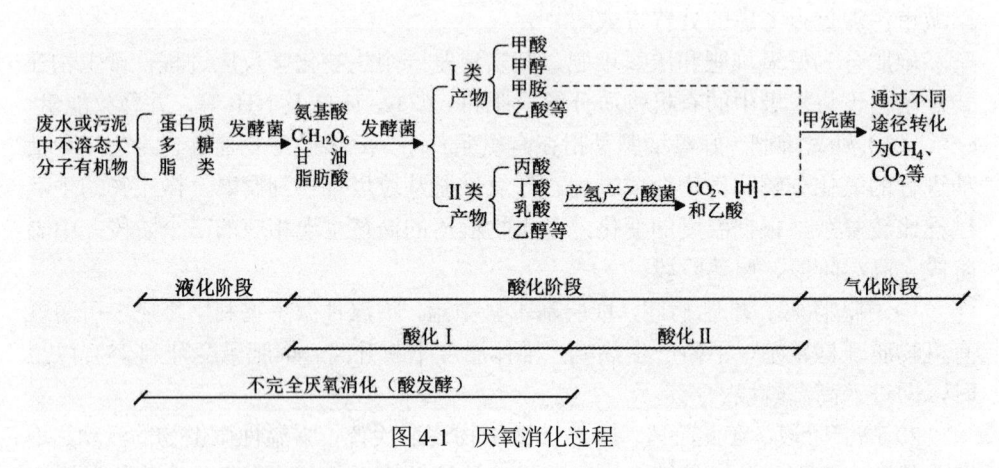

图4-1 厌氧消化过程

第一阶段，水解和发酵阶段（液化阶段）。在这一阶段中，复杂有机物在微生物的作用下进行水解和发酵。多糖先水解为单糖，再通过酵解途径进一步发酵成乙醇和脂肪酸等。蛋白质先水解为氨基酸，再经脱氨基作用产生脂肪酸和氨。脂类则转化为脂肪酸和甘油，再转化为脂肪酸和醇类。

第二阶段，产氢、产乙酸阶段（酸化阶段）。在产氢产乙酸菌的作用下，该阶段把除甲酸、乙酸、甲胺、甲醇以外的第一阶段产生的中间产物，如脂肪酸（丙酸、丁酸）和醇类（乙醇）等水溶性小分子转化为乙酸、H_2 和 CO_2。

第三阶段，产甲烷阶段（气化阶段）。甲烷菌把甲酸、乙酸、甲胺、甲醇和 H_2、CO_2 等基质通过不同的路径转化为甲烷，其中最主要的基质为乙酸和 H_2、CO_2。厌氧消化过程约有 70%的甲烷来自乙酸的分解，少量来源于 H_2 和 CO_2 的合成。

从发酵原料的物性变化来看，水解的结果使悬浮的固态有机物溶解，称为"液化"。发酵菌和产氢产乙酸菌依次将水解产物转化为有机酸，使溶液显酸性，称为"酸化"。甲烷菌将乙酸等转化为甲烷和二氧化碳等气体，称为"气化"。

水解和发酵阶段起作用的细菌称为发酵菌，包括纤维素分解菌、脂肪分解菌、蛋白质水解菌。产酸阶段起作用的细菌是醋酸分解菌。这两个阶段起作用的细菌统称为不产甲烷菌。产甲烷阶段起作用的细菌是甲烷菌。

对于以可溶性有机物为主的有机废水来说，由于产甲烷菌的生长速率低，对环境和底物要求苛刻，因此产甲烷阶段是整个厌氧消化过程的控制步骤。对于以不溶性高分子有机物为主的污泥、垃圾等废物来说，水解阶段是整个过程的控制步骤。

堆肥化是一个复杂的过程，其堆肥化后的效果也受多种因素的影响与制约，其中最主要的因素有温度、C/N 比、含水率、pH 值、有机质等。在堆肥时除要严格注意这些影响因素外，还应控制好堆肥工艺中通风方式、添加剂与调理剂等的选择。这些影响因素的控制好坏，都将对堆肥化后的成品产生不可改变的影响。

影响堆肥的因素有以下几点：

（1）温度。堆肥过程中堆体的温度会对堆体中的微生物种群数量及质量产生直接的影响。一般在堆肥初始阶段，环境温度对堆体温度影响很大，堆体温度应与环境温度一样。过高或过低的温度均不利于堆肥化，堆体温度过高会使堆体内的微生物不能很好地生长繁殖，温度过低又会使堆肥化时间增加。此外，供氧量也对堆体的温度变化有直接影响。适量的通风量，可以让好氧微生物更好地在堆体内合成分解并产生热能，从而保证堆体温度。在堆肥化的过程中要严格控制环境温度及供氧量的影响因素，提升堆肥的质量，加快堆肥的速度。

（2）C/N 比。堆体中的微生物为了更好地生存下去，必须生存在一个适宜的 C/N 比的环境条件下，这样才能保证微生物不断地生长繁殖，反应产能，保证堆肥化的顺利进行。在堆肥过程中微生物将有机质合成分解，一般有机物分解过程可简化为 30 份碳需 1 份氮参与分解。对于堆肥来讲，初始 C/N 比定为 30:1 是比较理想的。有研究发现堆肥结束时的堆体产物的 C/N 比为 15:1 左右。最佳的堆肥化中，C/N 比为 20:1～30:1，其比值不可过高，当其高于 35:1，堆肥中的微生物生长繁殖减速，有机物降解速率变低，堆肥的时间延长；相反，C/N 比也不可过低，当其低于 25:1，堆体中会产生过量的氨，这些氨进入大气中会造成污染，且由于氨是由氮转化的，对于肥料中的氮来说也是一种损失。

（3）含水率。在堆肥化工程中污泥含水率也是堆肥的影响因素之一。在堆肥过程中，微生物在适宜条件下才会将有机质合成分解并产生能量，因此必须合理调节堆体的含水率，资料数据显示，堆肥的最佳含水率在 40%~50%之间。污水厂脱水污泥含水率一般为 70%左右，在堆肥初期应将污泥含水率进行调节，通过添加有机质含量高的物料，降低含水率的同时也可以提高 C/N 比。

我国村镇污水处理厂的剩余污泥经堆肥处理后，降低了污泥中可降解有机物含量，杀灭病原微生物，可以成为肥料。堆肥后达到《农用污泥中污染物控制标准》（GB 4284—2018）的标准，则可以用作农业肥料，在提高农作物产量的同时改良土壤。因此，在我国急需改善土质的土地贫瘠地区，堆肥产品作为一种廉价肥料将得到广泛使用。村镇污水处理厂生产堆肥产品，可使村镇污水处理行业从消耗型变成部分营利型，使村镇农田及大棚菜地有卫生、稳定的肥料来源。因此，剩余污泥的堆肥处理，具有很大的环境效益、社会效益和经济效益。

（4）pH 值。在堆肥化过程中，污泥的 pH 值过高或过低都会对堆肥产生不利的影响，其中最适宜的环境 pH 值为中性和弱碱性之间。在堆肥过程中，pH 值在堆体的不同阶段，其数值是不断变化的。经过大量的研究分析，可以发现在好氧堆肥初期，pH 值主要呈现变化的方式为先下降后上升。pH 值的下降是因为产生了有机酸。堆体温度升高，pH 值出现开始上升，之后又下降，这是因为氧气量出现不足，造成 pH 值的持续下降。当 pH 值为中性时，堆体会产生氨气，并释放到大气当中，不仅危害环境，也对堆体的肥力产生降低的效果。一般情况下无须过多地对 pH 值进行调节，因为其自身就具备了充足的缓冲作用，可以保证堆肥时的需要。

（5）通风方式。在堆肥过程中，通风量是影响其堆肥化效果的因素之一。通风量的多少可以决定堆体中供氧量的多少，堆肥时通风供氧量不仅要适量还要适时。因为，供氧量会影响堆体内微生物的生长繁殖活动，也会影响堆体内有机质的合成分解速度。一般通风方式可以分为自然通风、被动通风和强制通风（间歇式、连续式）等。通风条件的选择对于堆肥成品影响重大，因此如何控制通风特别重要。有试验发现，两种通风方式（自然通风与强制通风）相结合，可以使堆肥更快、更好地进行，消耗的能量更少。

（6）污泥的有机质含量和营养物。我国在不同地区有不同的排水方式，因此，不同地区的污水处理厂污泥中有机质的含量差别很大。在堆肥过程中，需要调整适宜的堆肥营养物质的比例。在堆体中，微生物对氮、磷、钾等元素有大量的需求，还需要少量的钙、铜、镁等元素，维持微生物不可或缺的养料。

（7）添加剂与调理剂。堆肥中添加使用的多数为秸秆、稻壳、锯末等C/N比高的物质，添加剂也可作为调理剂使用。这些物质的含水率低，有机质的含量高，体积形态不尽相同，但是都会对堆肥化产生有益影响。例如，当体积略大的秸秆与污泥混合堆肥时，可以增加污泥堆肥化过程中的污泥间的空隙间距，从而增加氧气的通入量。再如，锯末等颗粒细致的物质含水率极低，碳源的含量高，当与污泥混合利用时，不仅可以调节堆体的总体含水率，还可以为堆体中的微生物提供足够的碳源与氮源。添加剂与调理剂作用的原理总体上一样，都是为了增加堆体中的孔隙率，从而降低通风装置的使用功率。合理地添加调理剂，在一定程度上可以促进堆肥反应的进程。

4.4.2 制备新型材料

利用村镇污泥制备新型材料也是污泥的资源化利用方式。在高温条件下，可以将污泥改性后制备吸附剂，用来吸附水中的重金属离子和有机污染物。研究表明，利用氯化锌作为城市污泥活化剂制备的吸附剂对水中铜离子的吸附效果较好，将污泥与杨木屑共热解焦制活性炭可以很好地吸附水中的苯酚。利用城市污泥为原材料制备可降解塑料，该塑料在土壤微生物及酶的共同作用下可以被降解，具有较好的发展前景。

污泥也可以作为建材。污泥建材利用是指将污泥作为制作建筑材料的部分原料的处置方式，应用于制砖、水泥、陶粒、活性炭、熔融轻质材料以及生化纤维板的制作。现将部分利用方式进行介绍。

（1）污泥制沥青。向沥青中添加细集料，可以提高沥青混合物的黏度、耐久性和稳定性。研究表明，将污泥灰作为细集料组成的沥青混合物，其各方面性能与传统的材料制成的混合物相同。

（2）污泥制砖。污泥除可直接用于干化污泥制砖外，还可用于污泥焚烧灰制砖。用干化污泥直接制砖时，应对污泥的成分进行适当调整，使其成分与制砖黏土的化学成分相当。当污泥与黏土按质量比为1:10配料时，污泥砖可达到普通红砖的强度。利用污泥焚烧灰渣制砖时，灰渣的化学成分与制砖黏土较接近。

（3）污泥制陶粒。目前，污泥制陶粒的工艺主要有两种，一种是直接以脱水污泥为原料制陶粒，另一种是利用原生污泥或厌氧发酵污泥的焚烧灰制陶粒后烧结。

（4）污泥制生态水泥。污泥制生态水泥是指利用城市污水处理厂产生的脱水污泥为原料制造水泥的技术。

（5）污泥制混凝土。污泥焚烧灰也可以作为混凝土的细填料，代替部分水泥和细砂。研究表明，污泥灰可替代混凝土中高达30%的细填料，具有较高的商业价值。作为混凝土填料用的污泥焚烧灰，应进行筛分和粉磨预处理，以达到一定的粒径配比，同时也要对焚烧灰的有机质残留量进行必要的控制，以保证混凝土结构的质量。

（6）污泥制吸附剂。污泥制吸附剂是指利用污泥中含碳的有机物对污泥进行热解制成含碳吸附剂。不同的污泥所制取的吸附剂有不同的用途，影响吸附剂性质的主要因素有活化剂种类、热解温度、浓度、活化温度、热解时间等。

4.4.3 村庄及联户污泥资源化利用

1. 污泥统一资源化利用模式

污泥统一资源化利用模式以新密市为典型，新密市构建覆盖城乡的"1+5"污水治理体系，"1"即建设市级管控运营中心，利用网格数据传输技术，对全市各级污水处理厂、站、点进行实时远程监控和运行维护管理；"5"即建设城区、镇区、新型社区、行政村、居民点五级污水处理厂、站、点。由于农村地区污水处理量较小，产生污泥量低，各自然村污水站工程实施时可不再设置污泥处理系统，污泥处理采用污泥干化池脱水后或经重力浓缩后定期外运至城镇污水处理厂处理。干化脱水主要有两种，一种是污泥浓缩、无害化干化场自然干化工艺，另一种是机械脱水工艺，由离心机脱水，随着离心机的不断高速旋转，污泥中的不同物质会被甩到离心机的不同区域，离心机中设置了不同排出口，可以分别排出污泥以及污水。除此之外，还有车载污泥脱水设备，一般县域内需设置10辆左右移动污泥脱水车，6辆左右市政吸粪车，10辆左右污泥运输车，每天循环脱水后，将污泥集中运输至县域污泥处置中心进行资源化利用。

2. 其他村户污泥资源化利用

其他村户污泥由于处理污水规模很小，污泥产生量非常少，且因其成分主要来源于生活污水，污泥中以有机质含量高，且以富含氮、磷、钾等营养元素为主要特征，可采用堆肥技术进行土地利用实现污泥的资源化利用，将农村污泥、生活垃圾、人粪便和秸秆混合，进行堆肥处理实现资源化利用。对于单户或联户型污泥可采用一般堆肥发酵，对于村庄集中处理型污泥可采用高温堆肥技术。其他村户污泥资源化利用的方式有以下几种。一是高温分解菌接种技术。堆肥化成功的关键是使微生物正常繁衍，使用适当的微生物接种剂可以加速农业废弃物的堆肥进程。二是功能性微生物接种技术。功能性有机肥利用传统的堆肥原理，添加一些功能性菌株（如固氮、解磷、解钾菌或抑制作物病原菌），使这些微生物能够在堆肥中繁殖生长，增加堆肥的肥效，调节作物生长，增强作物的抗病能力。三是微生物除臭技术。农业废弃物堆肥发酵过程中会产生恶臭气体，不仅会影响堆肥品质，还会污染环境。农业废弃物中恶臭主要来源是 NH_3、H_2S 和一些有机小分子化合物，这些物质是通过一些微生物代谢活动产生的。在堆肥过程中抑制这些微生物生长，可以有效地抑制臭气产生。

4.4.4 村镇污泥与垃圾协同资源化利用

污泥和垃圾一样，都是"放错了地方的资源"，如果不能合理地处理，势必会对环境造成严重的二次污染。由此，可以将村镇污泥、生活黑水、畜禽粪便、村镇有机垃圾和秸秆杂草等"废物"通过分散收集，进行集中预处理，之后进行协同厌氧消化，并产生沼气，产生的沼气可用于农户、加气站或并网发电；产生的沼渣经好氧堆肥脱水后，可加工成生物质燃料，或经无害化处理作肥料使用；产生的沼液可经无害化处理作肥料使用。

干式厌氧发酵技术与传统的湿式发酵具有以下区别：前者进料的含水率较低，所需加热能耗的投入少，工程占地小，沼液的排放量较少。通过干式厌氧发酵技术将村镇污泥、生活黑水、畜禽粪便、村镇有机垃圾和秸秆杂草等"废物"进行有效协调处理，构建集约化、规模化的村镇有机废物协同处置循环经济模式，这种模式可实现"废物"的生态循环，具有显著的环境效益和经济效益。

党的十九大报告中明确提出，我国社会主要矛盾已经转化为人民日益增长的美好生活需要和不平衡不充分的发展之间的矛盾。生态文明建设与人民的美好生活息息相关。建设美丽乡村，保护绿水青山，改善人居环境直接关系到人民生活幸福感。而污水治理是农村人居环境改善的重点任务，也是流域及区域水环境改善的关键。从乡村振兴战略实施以来，农村生活污水治理作为乡村振兴中农村人居环境整治的重要基础性工作，不仅直接决定农村改厕、垃圾治理、村容村貌提升等方面的进度和成效，还关系到农民幸福感、获得感，全面建成小康社会的质量。随着全国农村污水治理工作的快速推进，农村污水治理设施将逐步完善，农村污水治理率将大幅度提升。与农村污水治理相伴生的污泥的治理与利用问题也将与城镇污泥的处理与利用问题一样，需要寻求适宜的工艺进行处理，整治人居环境。

村镇污泥既是一种污染物又是一种资源，污泥的处理、处置与资源化利用相结合才是其最好的出路。在污泥资源化技术选择上，需根据各地实际情况选择合适的方案，将经无害化处理的污泥作为一种有价值的资源，不仅可以堆肥后农用，还可以制备建材原料和新型材料，从社会效益、环境效益和经济效益考虑，具有很好的发展前景。

第 5 章　我国村镇生活污水处理的管理模式探索

我国农村污水处理管理模式需因地制宜，政府应扮演引导和支持的角色，鼓励多元化的参与主体，建立健全管理机制，提高农村环境治理水平，并结合技术创新和多元化融资，以提高生活污水处理管理运行的可持续性。

5.1　现状分析

5.1.1　我国村镇生活污水处理的一般管理模式

1. 专业公司运行管理

建立以专业污水处理营运公司为主体的污水运营管理模式，在县级区域内，划分几个污水运营责任区块，以区域管理为主体进行统一公开招投标，而不是分散式单一工程进行。这样不仅可以提高整体的管理水平，不会出现由于管理者的不同而出现污水处理效果完全不同的状况，而且还可以形成一定的竞争机制，每年进行综合评比，好的运行管理公司在相同招投标条件下拥有优先权，若连续三年考评不达标，则进行重新招投标确定运行管理单位。

面对数量巨大的农村生活污水处理系统，若由地方政府全部负责污水处理系统及收集管网的日常维护、清理、检查等工作，则一方面成本较大，地方财政难以承受；另一方面将大大增加镇相关职能部门的工作压力。为此可采用专业公司运行管理模式。例如，浙江省义乌市义亭镇在运行管理上进行改革，义亭镇将农村生活污水治理设施的运行管理在年初通过部门财政预算，以向社会公开招投标的方式，引进有专业资质的营运公司。在投标后，签订运行管理合同，规定由中标公司按照考核标准和维护质量标准，负责该镇域内所有已经完成生活污水治理村的污水设施的运行管理和维护，镇街政府将定期或不定期地对运行管理质量进行抽查和考核。合同期满后，镇政府根据合同有关条款和日常考核情况，下拨运行管理维护费用。

专业公司运行管理模式若按招标内容，又可细分为单一专业公司运行管理和综合专业公司运行管理。单一专业公司运行管理，即镇街只将农村生活污水治理设施的运行管理作为一个单独的招标内容，来引进专业运行管理公司。综合专业公司运行管理，即个别镇街由于所辖区域内农村较少，相对运行管理的对象和内容也较少，招标的标的不足以吸引专业的、质量有保证的公司前来投标。为此，镇街通常将农村生活污水治理设施的运行管理连同村内绿化、路面保洁、路灯维护等内容统一捆绑成一个标的，进行招投标，以此引进综合性的专业公司，由其负责辖区内的农村生活污水治理设施的运行管理。例如，义乌市北苑街道就采用了综合专业公司运行管理模式，北苑街道共有5个村实施农村生活污水治理，并已全部完成。为发挥长效管理机制，其将农村生活污水治理设施、绿化、垃圾清运、保洁、路灯维护等内容全部制作成一个标的，进行招投标引进运行管理公司。

2. 部分主体工程由专业公司维护管理

污水处理工程是一个系统工程，池体数量也比较多，有些池体虽然管理方便，也没有什么危险性，日常只要进行适当清扫即可，如全部交给专业公司管理，容易造成管理资金的浪费。例如，厌氧净化池进水窨井处的格栅垃圾，只需打开窨井盖，将垃圾清除就行。该维护本身不具备危险性，只需每1～2周清掏一次，避免垃圾堵塞。而有些池体具有一定的专业性与危险性，如厌氧池、过滤池等，内部会产生如CH_4等易燃易爆气体，没有专业人员维护管理，很容易产生安全生产事故。所以，将这些池体交给专业公司进行定期的养护与管理是有必要的。按污水处理效果也就是进出水水质状况，确定是否需要进行抽排渣工作，由出水SS确定是否需要进行滤料清洗或更换，按招投标确定价格和服务内容，收取费用，做到明码标价。

3. 专业人员持证上岗服务

经过系统培训，由取得上岗证的专业技术人员进行运行管理。这种模式一般都是由工程所在地人员（多为工程所在村村民）承接，具有方便、及时管理的好处。一方面，由于工程在当地，管理人员可以随时根据污水处理工程运行情况，有针对性地进行管理与维护，可及时发现问题与解决问题，也可以促进农民的就业，增加农民的收入。另一方面，由于工程由当地或本村人管理，当污水运行过程中出现纠纷时，解决也比较及时方便，更有利于工作的开展。

该模式适合村庄人口比较少、污水治理设施维护工作量小的村。这种模式在实际操作过程中，首先，由实施村选定一名或若干名责任心强、接受新知识较快的人员，由这些人员负责村内污水治理设施的运行管理和日常维护；其次，镇街组织农村污水治理方面的专家对其授课，进行业务知识培训和技术指导，确保一线设施管理维护人员懂得污水治理设施的基本常识和自身安全保护意识；最后，人员培训合格后上岗，开始日常运行管理，由村委负责对其日常考核和检查。费用一般根据村的大小或人数（户数）情况，给予每月或每年的定额工资，涉及运行管理中的材料费用一般由村委支付或镇街承担。例如，在义乌市城西街道上杨村，该村指定一名工作素质好、在村内人缘较好的村民，让其负责村内污水管网、窨井和厌氧净化池前进水窨井的垃圾清掏等工作。经街道培训合格后，村委与该村民签订协议书，规定工作任务，如每周清掏厌氧池进水窨井垃圾 1 次，每月开盖检查窨井和清掏管道残渣 2 次，每季度冲洗污水管网 1 次等，每次作业由村委负责检查和质量监督。由于该村较大，费用基本为村每日支付 100 元作业费，但会对运行管理质量差的给予相应的罚扣。

4. 镇街成立专业运行管理队伍模式

镇街自身成立专业的运行管理队伍，在污水处理设施日常运行过程中，如某村发现污水处理设施存在某方面问题，及时上报镇街主管部门，镇街主管部门则派遣这支队伍前去维修管理。该模式存在发现问题滞后的缺点，即等发现了问题才去处理，而不能提前预防、及时发现和及时处理问题。为解决这个问题，镇街主管部门一般每月安排管理队伍 1~2 次不定期地对辖区内的污水治理设施进行管理和维护，每季度安排 1 次污水管网冲洗或清渣等。维护经费主要由实际维护过程中所产生的费用和人员工资两部分组成。

农村生活污水处理工程建设是一次性投入工程，困难与矛盾相对容易处理与解决。但污水处理工程的运行维护，是一个长期的工作，而农村缺少专业的技术人员参与运行与管理，这就给运行管理带来很多现实的问题。污水处理工程没有一个好的管理，就失去正常运行的基础，也就发挥不了应有的功效。所以，运行管理工作比建设更重要，即所谓的"三分建七分管"。

受地理条件、生活方式、经济发展程度等多方面因素的影响，农村污水治理一直是环境保护中的一道难题。近年来，我国农村污水治理工程随着农业农村现代化进程的逐步推进，已经进入关键发展阶段。提高农村污水处理项目的处理效果和运营管理成为当前工作的首要任务，但从目前发展现状来看，这方面仍然存在着诸多问题，主要表现为重建设、轻管理、管理维护水平较低等。因此，因地制宜地选择符合农村地区生活污水处理特点的运营管理模式，对于强化农村污水治理成效，保障污水设施的稳定运行极为重要。

5.1.2　农村生活污水处理管理过程中面临的问题

农村生活污水处理设施的建立与运行，是现阶段农村生活污水处理的主要举措，对改善农村生活环境有极其重要的影响，但在管理、运行农村生活污水处理设施的过程中，它不可避免地存在以下几个方面的问题，为整个农村生活污水处理工作带来一定的阻碍，从而使整个农村生活污水处理工作效率不高。农村生活污水处理管理中面临的主要问题包括基础设施不足、运营维护困难、管理机制不健全、公众参与不足、技术适用性差、财政投入不足等。要解决这些问题，需要政府加大投入力度，建立健全管理体制，提高公众环保意识，研发适用农村的污水处理技术，充分发挥各方主体的作用，推动农村生活污水治理工作的可持续发展。这也需要政府、企业和公众的共同努力。只有通过多方共同参与，才能有效改善农村环境，提高农民生活质量。村镇污水处理管理过程存在的主要问题如下。

1. 工作考核与激励制度未形成

在解决农村生活污水问题的过程中，一般会安排专门的管理人员，对所在区域的农村生活污水处理设施进行相应管理，与城市生活污水管理人员相比，农村生活污水管理人员职业素养、专业能力等方面都较弱，使农村生活污水处理设施的管理过程中出现设施管理使用不当等方面的问题。另外，在农村生活污水处理的过程中，尚未形成对参与人员的工作考核、激励制度。上级部门对农村生活污水处理设施布置、管理等工作的开展，往往偏向于考核生活污水处理设施的目标完成率，并未使用环境监测分析相关数据考察农村环境改善状况，造成生活污水处理设施的建立与管理追求数量方面的增长，忽略该设施给农村生活环境带来的改变。

2. 农村生活污水处理设施运行覆盖面窄

我国只有为数不多的农村实施了农村生活污水处理工作，大多数农村并未开展该项工程，农村生活污水处理设施运行覆盖面窄是农村生活污水处理设施管理过程中的另一大主要突出问题。在国家政府推出生态农村建设的政策时，农村生活污水处理设施覆盖面逐渐扩宽，但主要集中于东部沿海及平原农村地带，大多数农村仍旧未开展生活污水处理设施建立等相关工作。同时，近几年农村生活污水处理工作的开展主要集中于污水处理工作，污水收集与排放管道的铺设依旧较为滞后，使农村生活污水处理工作的开展未达到村庄全面覆盖的效果。

3. 污水处理运维成本高

与污水处理厂建设的多渠道相比，运营的成本几乎全部由地方政府承担。并且，城镇地区污水处理费用相对于大中城市标准更低，收缴率也相差甚远。在大中城市，污水处理费一般在 0.6 元/吨以上，部分实行市场化的地区在 1 元/吨左右，基本上与运营成本持平。但是目前污水处理费用的收取尚未从城市普遍扩展到城镇；即使部分城镇收取污水处理费用，绝大部分也在 0.4 元/吨以下。污水处理厂开工的天数越多，地方政府的财政负担就越大，地方政府也丧失了维持污水处理厂运营的积极性。

4. 污水处理设施专业性强

污水处理设施在运营的过程中，涉及污水处理水质的量测、用药的选择、用药量的计量，这些都需要专业的人员进行管理，农村污水处理需要专业能力强的管理人才和高素质的管理队伍。目前，国家虽然已经对农村地区在教育方面提供了很多的优惠政策，但是，我国绝大部分农民的教育水平相对偏低，污水处理专业知识相当欠缺，缺乏必要的污水处理设施维护和管理技能。

5. 治污费用收取困难

虽然我国总体已实现小康生活水平，但是由于农村地区经济发展水平的制约，农民人均可支配收入相对于经济发展比较迅速的城市地区还很低。治污费用收取困难，导致农村污水处理设施在运营管理的过程中，污水处理设施收入不能满足污水处理设施运营费用，甚至无法弥补建设成本。治污费用收取困难，导致运营资金链非常脆弱。农村污水处理设施在运用过程中一个普遍问题是"有钱建设，无钱运营"，很多污水处理厂，建起后就被闲置，造成了人员、资源的浪费。

5.2 管理模式探究

5.2.1 国内外污水管理模式

无论是在国外，还是在国内，农村生活污水处理设施的长效管理都至关重要。即便在发达国家，长效管理机制也直接影响农村生活污水分散处理系统的技术有效性和成本有效性。在美国和丹麦、德国等国家，分散处理系统一度被抛弃，就是因为没有可靠的管理维护机制，导致低成本的分散处理系统出现了大量的失效现象。美国国家环境保护局（U.S. Environmental Protection Agency，USEPA）随后指出，只要解决长效管理机制问题，分散处理设施完全能够达到保障公众健康和环境保护的要求。同时，根据不同农村地区的情况，USEPA还推荐了五类管理模式，分别是家庭自主模式、管理合同模式、操作许可模式、责任管理主体负责运营和维护，以及责任管理主体所有模式。长效管理的责任主体被明确到业主、专业人员或服务机构，如果没有达到管护要求将会受到高额罚款。

整体而言，为了提高长效管理环节的有效性，发达国家主要采取两种路径：一是从分散管理向集中管理转变，推动管理服务的市场化；二是高度重视社区的参与和居民的积极性。例如，管理模式的选择以及实施，都要求社区、居民和企业之间进行广泛的沟通。但是，发达国家的经验都是在产权体系和财政体系相对完善、城市化基本完成、农村社会经济发展水平已经较高的大背景下提出的。对我国这样一个仍处于社会经济快速发展阶段的发展中国家而言，其适用性仍然有待检验。

相对而言，国内对于农村生活污水处理的研究主要集中在工程和技术环节，而对长效管理维护方面的关注较少。近几年，随着已建设施数量的快速增加，各种管理运营的问题日趋严重。越来越多的地方政府和学者开始意识到长效管理机制的重要性。许多学者重点介绍了发达国家的经验和做法，为我国提供有益的借鉴。一些学者总结了管理失效的原因。一般认为，当前农村生活污水处理设施无法正常运营的主要原因是缺乏长效管理维护的资金投入。我国在基础设施建设领域历来存在"重建设、轻管理"的问题，农村生活污水处理设施也是如此。目前管理维护环节的投入全部由区县政府承担，而绝大部分农村地区社会经济发展水平不高、财力有限，很难支撑不断增加的管理维护投入需求。此外，规划设计不合理、建设质量不高，也是导致后期管理维护难的重要原因。目前，农村生活污水处理的长效管理问题逐渐成为研究热点，但是对适合不同地区的长效管理模式，以及不同管理模式的有效性边界等核心问题还缺乏深入研究。

5.2.2 农民责利共担的长效管护模式探讨

1. 建立农民责利共担的长效管护模式

农村污水处理面临两个现状，一是处理率偏低，不到40%；二是污水处理设施"晒太阳"现象严重。究其原因，是基建和处理费用偏高，政府积极性不高，导致普及率偏低；工艺选择不尽合理，操作管理烦琐，需要专业人士现场指导或操作，而农村缺乏专人人员，导致劳动力富裕的农民插不上手，专业人员要么不愿意来，要么来了增加处理成本。为了解决以上两个问题，可以从以下几方面入手。

（1）从技术角度入手，开发易操作的农村污水处理工艺，如C-CBR一体化生物反应工艺通过调控泵流量而实现对工艺运行中硝化液回流比和溶解氧浓度的控制，生物过滤器工艺由液位控制水泵的启停，无搅拌无回流缺氧好氧反应器工艺通过PLC控制鼓风机的启停，无动力潮汐运行人工湿地技术完全根据流量自行控制。这些技术均不需要专业人士现场指导，由当地农民即可操作，大幅降低人工成本。

（2）让利于乡镇农民，同时现场的简单管护也由其负责。如排泥、人工湿地收割的水生蔬菜（空心菜、水芹菜等），以及剩余污泥，由看管的农民无偿返田。现场操作也是利用农民的闲暇时间进行，不影响农民的正常农活，责利共担。长江大学的高绣纺老师在广西做了很好的尝试，采用的人工湿地种植水芹菜，将原本需3万元/村的政府运营转为农民自主维护，收获的水芹菜由维护农民出售，收益由农民享受，每村可增收1~2万元。一反一正，不但减轻了财政压力，还提高了农民的积极性，也印证了2021年中央一号文件要求的建立农村充分参与的长效管护模式是可行的。

2. 建立健全管理体制，明确政府、村委会、专业公司等各方的责任分工和权利义务

政府应承担投资建设、监管指导等职责，村委会负责日常运营管理，专业公

司提供技术服务，明确各方责任有利于提高管理效率。制定科学合理的运营维护制度和操作流程，配备专业的管理和技术人员，建立定期巡查、设备维修、水质检测等制度。确保足够的运营资金投入，保证设施的正常运转。针对农村实际情况，选用简单实用、低成本、易维护的污水处理技术，避免过于复杂的高端技术，不断优化改进，提高技术适应性。调动村民积极性，让他们参与到管理中。进行环保宣教，提高村民环保意识；鼓励村民自愿参与日常巡查和设备维护；建立激励机制，让村民从中获益。政府应建立健全的监管机制，定期组织专业检查，及时发现并纠正问题。同时完善奖惩措施，对违规行为进行严厉惩处，切实提高管理和运营的规范性。总之，农村生活污水处理的运营维护管理模式要注重政府引导、村民参与、技术适用、资金保障和监管等多方面因素，建立科学有效、可持续的管理机制，确保设施长期稳定运行，持续改善农村环境。

3. 建立管网联村管护机制

一是建议由水务主管部门或各区水务主管部门根据实际出台"农村排水管网运维定额"，规范农村排水管网的运维经费的标准。

二是创新管护模式。乡镇政府出资组织建立专业化联村管线维护队伍，负责对辖区内村庄的污水管线进行日常维护和清掏；或由污水处理设施运营单位管理，并运营村庄范围内的污水管线，其运行费用与农村污水处理设施费用经协商后统一拨付；或将村庄污水收集处理管线与污水处理设施的建设运行，通过合理合法的招投标或特许经营方式，指定给专业公司统一负责建设维护，建设运行及养护费用按照协商的合同或特许经营协议拨付。

4. 优化运维经费核拨方式

（1）按每吨水的成本（以下简称"吨水成本"）核拨污水处理费。根据委托协议中双方约定的吨水成本，按处理水量核拨处理费。对于处理能力在100吨/日以下的污水处理设施，由于水量较小，流量计无法检测，建议按照设计处理水量核拨运维经费。对于处理能力100～500吨/日的污水处理设施，建议安装水表计量水量。对于处理能力500吨/日以上的污水处理设施，建议安装流量计计量水量。

（2）按电费和运行技术费核拨污水处理费。建议电费由区水务局按照装机容量或实际费用将电费拨付给运营公司或当地水务站，统一交付电费。对于人工费、维护费等，建议由专业化运营公司在年初预算，统一拨付。

（3）建立运行情况报告制度。

1）常规运行报告制度：常规运行报告包括月报和年度运行报告。其内容包括污水处理量、进出水水质（包括COD、氨氮、总磷、SS、pH值和溶解氧等）、设施运行天数等。运营单位要在每月5日前上报给当地水行政主管部门。

2）异常情况报告制度：当污水处理设施发生运行事故、进水水质严重超标、暂停运转、维修、拆除、限制或者更新改造时，必须按照程序报告水行政主管部门及有关部门。

（4）建立突发事件处置制度。污水处理设施发生突发事件，按照"属地管理"的原则，由运营单位和产权所有单位及时处理处置。设施产权或管理单位不明的污水处理设施，由设施所在地的运营单位予以处置。处置过程和处置结果应及时报告区水行政主管部门，重大事件需报送市水行政主管部门。

5.2.3 监督管理模式探讨

1. 完善监管机构、提高监管水平

完善市、区两级的排水和再生水监管机构，加快建立各区排水管理事务中心的进程，完善各区的监管机构队伍。将农村污水处理设施安全监管纳入各区网格化管理，由各区网格化管理员负责监管设施不被破坏。城乡结合部地区污水处理工程相对比较分散的，要保证安全运行，长期发挥效益，必须加强监管。对乡镇污水处理设施，由区县环保部门和水务部门联合监管，根据污水处理设施的运行情况、出水水质和水量等情况进行定期和不定期的检查，作为财政奖励的依据。对村级污水处理设施，由乡镇环保部门和水务部门联合监管，对运行效率低、处理效果差的，要酌情扣减财政补助资金。委托第三方机构通过定期与不定期相结合的方式，对农村污水处理设施的设施运行情况、处理水量、处理水质以及设施周边环境等方面开展第三方监管，每两月至少检查一次，每季度至少进行一次水质取样与检测，并且每季度向北京市水行政主管部门及与设施运营单位签订合同的水行政主管部门上报第三方监测报告，并将相关情况通知设施运营单位。

2. 创新监管方式、实现精细化管理

一是每年在政府与相关部门以及各区政府签订的污水处理和再生水利用目标责任书，将农村污水处理设施作为污水处理率目标考核的一项内容，纳入市政府对区政府的考核。对于水质达到相关标准的水量计入污水处理量，不达标的水量不计入，使各区政府都重视该区农村污水处理设施的建设、运行和养护。

二是继续细化完善水环境区域补偿工作，记录出水水质达标的农村污水处理使用的实际情况，适时调整区域补偿单方水价格，保证补偿费用要高于污水处理费用的要求。

3. 出台监管考核办法、实现设施监管法治化

明确适用范围内设施规划、建设、运营、监管相关程序。办法应涵盖市、区两级管理部门职责、农村污水处理设施运营单位准入标准、设施运营材料上报要求、监管考核方式及频率、监管考核内容以及奖励补贴方式等内容。

4. 完善法律建设、加大执法巡查力度

加强专业执法队伍建设，可与环境保护主管部门、城市综合管理部门组成联合执法队，对于运行出现水质不达标、偷排污水的污水处理设施运行单位根据《中华人民共和国环境保护法》《中华人民共和国水污染防治法》等法律标准进行行政处罚。同时水行政主管部门、环境保护主管部门要严厉查处未使用污水处理设施，未经批准随意改造、闲置或拆除污水处理设施等环境违法行为。将农村污水处理设施、重点工业企业、垃圾处理设施、粪便消纳设施纳入重点排污户监管内容。严查城乡结合部、重要河道两岸以排污口、地表径流等方式的违法、违规排污行为。尽快对现状排污口进行普查，并针对每个排污口建立档案，随着农村污水处理设施的制定整改措施并限期治理完成。

5. 发挥"一事一议"政策作用，调动村民治污积极性

农村地区采用村委会自治的形式，可采取农村地区特有的"一事一议"机制解决农村污水处理设施建设问题。"一事一议"机制是民主议事机制和农村基层民主政治建设的重要体现形式。"一事一议"机制可充分调动村民治污的积极性，从"要我治"变成"我要治"，转变农民的思想观念，加快美丽乡村的建设步伐，最终形成"坚持政府奖补引导、村民自愿筹资筹劳、村级集体经济投入、社会力量捐资赞助相结合"的村级公益事业建设多元化投入机制。

5.3 新型管理模式的构建

5.3.1 以市场为主导的 PPP 管理模式

1. PPP 管理模式的基本内涵

PPP（Public Private Partnership，公私合作伙伴关系）管理模式是指政府、营利性企业和非营利性组织基于某个项目而形成的相互合作关系的形式。通过这种合作形式，合作各方可以达到比预期单独行动更有利的结果。合作各方参与某个项目时，政府并不是把项目的责任全部转移给私营部门，而是由参与合作的各方共同承担责任和融资风险。PPP 管理模式的基本内涵可以概括为以下几个方面：PPP 管理模式是一种政府和社会资本（如企业、投资机构等）建立合作关系，共同参与公共基础设施或公共服务的投资、建设和运营管理的模式。政府和社会资本资源共享、风险共担，实现优势互补。在 PPP 管理模式中，政府和社会资本按照约定分担各自的投资、建设、运营、维护等环节的风险和收益。这种风险共担、利益共享的机制有利于提高合作的积极性和稳定性。PPP 管理模式贯穿项目的全生命周期，社会资本参与项目的投资、建设、运营、管理等各阶段，而不仅仅局限于某一环节,体现了全过程的参与和责任。通过政府和社会资本的合作,充分发挥各自的优势,可以为公众提供更加优质、高效的公共产品和服务,提高公众满意度。在 PPP 管理模式下,政府角色由传统的直接提供服务转变为更多的政策制定、监管指导和风险分担等,政府和市场在公共服务供给中的作用得到更好的平衡。总之,PPP 管理模式是一种政府和社会资本在公共领域进行合作,共同投资、建设和运营管理公共基础设施或公共服务,实现风险共担、利益共享,提高公共服务质量和效率的新型合作模式。

2. PPP 管理模式的主要特点

(1)以项目为主体全过程合作。PPP 管理模式以某具体项目为主体,在项目的全过程中合作,并不是在项目的某个阶段进行合作。从项目的设立开始到项目的结束,整个过程都是由公共部门与私人部门共同完成的。

(2)利益共享、风险共担强调风险最优分配的原则。PPP 管理模式所面对的项目由公共部门和私人部门共同投资完成,应采取利益共享、风险共担的分配原则。在风险分配时,PPP 管理模式强调整个项目风险最小化的原则,即政府公共部门和民营部门各自承担自己最有能力承担的那部分风险。

(3)构造现金流。PPP 管理模式所面对的项目是生产公共产品或服务的一些项目,其本身的现金流量非常小或者根本就没有现金流,如果仅仅靠项目自身的现金流,那么是不可能维持项目运营的需要构造现金流以使项目正常运营。

(4)使效率与公平达到有机结合。一个项目采用 PPP 管理模式有两个明确的目的:一是可以引进民营部门的资金;二是可以利用民营部门的效率。民营部门的参与可以使项目运营的效率大大提高,政府部门的参与又可以使项目为社会公平地提供公共产品或服务。在这里,公平与效率可以达到完美的结合,但是公平与效率的有机结合还需要有完备的激励合约作为基础。

3. 采用 PPP 管理模式的原因与建议

为了更好地实现农村污水处理厂的正常运行,有必要在污水处理的建设及经营管理中积极探索和采用 PPP 管理模式。相比于传统的政府独立投资和运营的模式,PPP 管理模式具有以下优势:一是缓解政府财政压力。农村地区经济发展相对滞后,政府财政资金投入有限,而 PPP 管理模式能够吸引社会资本参与,分摊投资压力,有利于政府聚焦有限的财力投向其他民生领域。二是提升运营管理水平。社会资本通常具有丰富的专业管理经验和先进的技术手段,参与污水处理设施的运营管理,能够提高整体管理效率,确保设施长期稳定运转。三是实现风险共担。在 PPP 管理模式中,政府和社会资本按照约定分担各自的投资、建设、运营、维护等环节的风险和收益,建立了利益共享、风险共担的机制,有利于提高各方的积极性和责任意识。四是提升公共服务质量。政府和社会资本的优势互补,有利于为居民提供更加优质高效的公共服务，进而提高公众的满意度。基于上述优势，在探讨农村生活污水处理的长效管理模式时，采用 PPP 管理模式具有积极意义。

为了争取 PPP 管理模式在我国污水处理厂建设中成功实施，可以提出如下政策建议：

（1）将污水的排放者与污水处理者分开，建立相互约束机制。目前我国许多农村地区，污水的排放者（居民）和处理者（政府或运营商）之间缺乏直接的联系和约束关系。居民缺乏对污水处理设施建设和运营的参与意识和责任感，而政府或运营商也难以有效监管污水的排放情况。因此，应当在污水排放者和处理者之间建立相互约束的机制，提高各方的责任意识。具体来说，可以采取以下措施：一是建立健全污水排放收费制度，居民根据实际排放量缴纳一定的污水处理费用，既可以增加运营资金，也可以激发居民节约用水、减少污染的积极性。二是完善污水处理设施的运营管理，如建立投诉反馈渠道，及时响应居民诉求，提高公众满意度。三是加大对违法排放行为的执法力度，形成有效的约束机制。这些措施有助于增强居民的参与意识，促进污水排放者和处理者的良性互动。

（2）充分发挥财政资金的杠杆作用。财政资金的投入对于 PPP 项目的启动和实施至关重要。但由于农村地区经济相对落后，财政资金投入往往存在不足，因此，应当充分发挥财政资金的引导和放大作用，最大限度地吸引社会资本参与。一方面，政府可以采取提供贷款贴息、提供初期建设补助等方式，降低社会资本的投资风险，增强其参与的积极性。另一方面，可以建立健全的 PPP 项目库，有针对性地选择适合 PPP 管理模式的项目，为社会资本提供优质的投资机会。同时，完善 PPP 项目评估和绩效考核机制，确保财政资金的使用效率。这些措施既能缓解地方政府的财政压力，又能吸引更多社会资本参与到农村污水处理事业中来。

（3）采取多种形式的 PPP 合作模式。PPP 管理模式并非一种固定的合作形式，而是一种灵活多样的合作方式。除了常见的 BOT（建设—运营—移交）模式外，还可以采取 BOO（建设—拥有—运营）、TOT（移交—运营—移交）、FC（融资租赁）等多种形式。政府在选择 PPP 合作模式时，应因地制宜，综合考虑项目特点、社会资本实力、地方财政状况等因素，采取最适合的合作形式。例如，在初期建设资金缺乏的地区，可以优先选择 FC 模式，由社会资本承担初期融资，缓解政府财政压力；在运营管理能力较弱的地区，则可以采取 BOT 模式，充分发挥社会资本的专业优势。通过灵活多样的合作方式，能够最大限度地发挥 PPP 模式的优势，推动农村污水处理事业的良性发展。

（4）为非国有资本进入污水处理领域提供政策支持。长期以来，我国污水处理领域主要由国有企业和地方政府主导，非国有资本的参与度较低。要充分发挥

PPP 管理模式的优势，就需要为非国有资本进入这一领域提供更加开放和友好的政策环境。一方面，制定鼓励非国有资本参与污水处理 PPP 项目的相关政策，如在土地使用、税收优惠、融资贷款等方面给予支持；另一方面，完善公平竞争的市场环境，为非国有资本创造公平的市场准入条件和竞争环境，消除隐性壁垒，维护其合法权益。同时，加强对非国有资本进入该领域的监管，防范潜在的经营风险，确保公共利益不受损害。这些措施有助于吸引更多非国有资本参与农村污水治理事业，提升整体运营水平。

（5）加强监督，确保"谁污染谁治理、谁投资谁收益"。PPP 管理模式的成功实施离不开政府、社会资本和公众的共同参与和监督。尤其是要建立健全"谁污染谁治理、谁投资谁收益"的监管机制，确保各方权益得到切实保障。健全政府监管体系，完善环境执法力度，加大对非法排放行为的处罚力度，切实维护公众利益。建立公众参与和信息公开机制，畅通居民投诉举报渠道，接受社会各界的监督。完善第三方机构的监理和绩效评价，确保 PPP 项目各方合同义务的履行。构建利益相关方的利益分配机制，确保投资者得到合理回报，居民享有优质的污水处理服务。这些措施有助于增强各方的责任意识，确保"谁污染谁治理、谁投资谁收益"的机制得到落实。

4. 无人值守管理模式的提出

当前我国污水处理厂运行管理实行厂内人员 24h 值守模式。生产调度依靠技术人员主观判断，异常诊断与调度决策缺少支持依据，运行经验难以积累与共享；控制系统主要采用简单 PID 控制（比例积分微分控制），运行过程多为操作人员手动控制，过程控制缺乏先进的智能控制算法支撑；数据管理基于纸质表单和人工统计，数据信息分散且缺少有效利用，没有建立有效的数据监管机制，信息处理及查询不方便；业务操作基于纸质工单，缺乏标准化作业流程管理，巡检过程缺少有效监管，设备养护不及时，事后维修占主导。上述问题的主要原因是管理理念陈旧，管理方式与方法落后。粗放型管控模式制约了污水处理厂运行质量和效率的提升，造成生产资源的浪费和生产成本的虚高。

无人值守管理模式以信息化和智能化为基本要求，采用现场自动化运行、远程统一调度、现场定期巡查的管理模式，具有自动化水平高、生产技术人员少、运营管理成本低等优点。无人值守管理模式的实现需要先进技术手段的支持，将物联网技术与污水处理厂管理过程深度结合，以精细化管理为指导，以流程化管理为核心，以标准化管理为依据，探索智能化的污水厂物联网系统应用体系与无人值守管理模式，探究多样化的污水厂管理方法。

5. 污水处理厂物联网系统功能设计

污水处理厂物联网系统的建设目标在于为污水处理厂智能化与信息化管理

提供支持，为建立"无人值守"式污水处理厂管理模式提供支撑。该系统面向五类用户：污水厂操作人员、污水厂调度人员、企业用户、政府监管部门与公众。系统设计开发遵循实用性、可靠性、先进性、经济性、可扩展性与可集成性原则。完善的软硬件基础设施平台是无人值守管理模式实施的前提条件，应构建完善的污水处理厂中央控制系统，实现整个工艺过程自动化运行。物联网系统以污水处理厂中央系统为基础，全面获取生产信息并通过集成优化控制算法实施智能控制。

污水处理厂物联网系统运用各种专业传感器全面获取污水处理厂的运行管理信息，通过互联与共享，统一进行数据的分析、处理与应用，并在此基础上借助系统集成技术，将数据挖掘、专家诊断、模型模拟等多种先进手段应用于污水处理厂运营管理过程，实现污水处理厂的智能控制、标准化管理与科学决策。污水处理厂物联网系统包括6个重点功能单元，见图5-1。

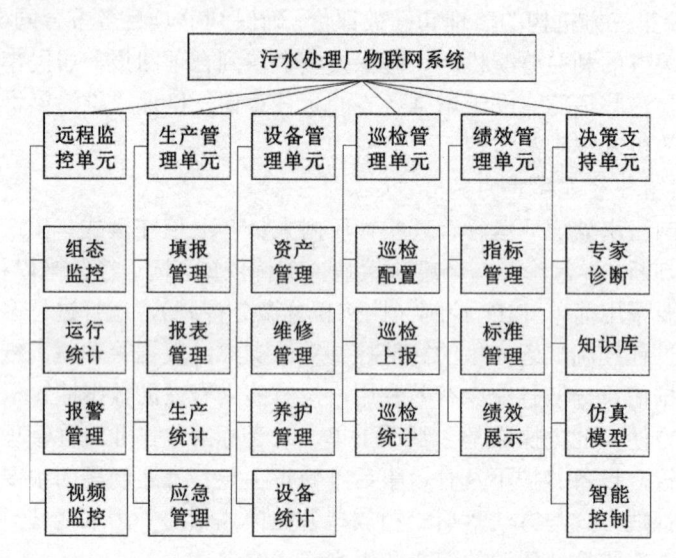

图 5-1 污水处理厂物联网系统重点功能单元

（1）远程监控单元。远程监控单元实现对污水处理厂运行过程的远程动态同步监控，实时监测关键环节运行工况，识别风险及故障，及时发布预警和报警信息。

（2）生产管理单元。生产管理单元实现对生产数据的标准化管理与统计分析，支持多级填报、审批流程，自动生成统计报表与趋势图表。

（3）设备管理单元。设备管理单元建立设备资产的电子台账，实现设备养护和维修等业务流程的工单化管理，并支持通过移动终端处理工单信息。

（4）巡检管理单元。巡检管理单元采用"现场立卡—管理端配置—移动端应用"的闭环式精细化巡检管理模式，通过管理端制定和统计巡检任务，移动终端刷卡并上报巡检信息。

（5）绩效管理单元。绩效管理单元应用绩效评价指标体系，统计计算污水处理厂运行绩效得分，评估污水处理厂运营状况。

（6）决策支持单元。决策支持单元提供运行工况诊断分析和工艺控制策略优化模拟，为污水处理厂运行调度提供辅助和依据。

6. 基于物联网管理模式的构建

基于污水处理厂物联网系统提出"无人值守"型污水处理厂管理模式。按照"集中控制、统一调度、巡回管理"的原则，尤其针对区域式多厂的运营管理，通过构建"中心—厂端"辐射型两级管理体系，由运营监管中心统筹调度生产决策，综合协调系统资源，实现中心对多厂的集团化管理。

（1）现场自动化运行。通过厂内自控系统实现全工艺流程生产设备的自动化运行，控制程序依据在线仪表的检测数据自动调节设备运行参数，无须人工干预和操作。核心设备及网络采用冗余设计，故障状态下能够自动切换至备用部件。在物联网系统智能控制模式下，系统自主驱动污水处理设备实现控制目标，并持续优化调整控制策略，以获得稳定与精准的控制效果，适应不断变化的运行工况。

（2）中心远程监控。运营中心管理人员通过物联网系统远程实时监视各污水处理厂运行，监控画面在线显示厂内仪表监测数据和设备运转信号。一旦系统检测发现运行异常，立即发布预警和报警信息，并以短信或微信的形式发送至相关人员。通过调取相应监测点视频影像，启动专家系统进行故障诊断与风险预测，形成监控、报警、诊断的一体化联动机制。

（3）应急调度指挥。对于各类突发事件和生产事故，通过物联网系统应急调度指挥平台实施跟踪处理与处置。应急管理的基本流程是事故报警—预案启动—处理反馈—备案更新。通过系统建立应急预案库，预先制定各类应急事件启动条件及处理措施。当应急事件发生时，由运营中心统一指挥，依据预案快速派单至相关责任人，使其赴现场进行应急处理，并及时上报处理结果，任务完成后形成电子档案，同时更新系统预案库以持续提高应急管理的能力和水平。

（4）精细化巡检。科学巡检能有效预防生产事故的发生，并为污水处理设施与设备的养护和维修提供依据。对于"无人值守"型污水处理厂，可以通过物联网系统建立全过程、精细化的巡检管理模式。在巡检作业过程中借助触控手机等智能移动终端，以"刷卡—巡检—记录—上报—统计"的电子化作业方式，替代传统的填写纸质记录表单的巡检模式。依据巡检路线和管理需要，在构筑物及重要设备处依次设立智能巡检卡。通过巡检移动终端以数字、文字、图片、语音、视频等多种方式记录巡检信息，并通过无线网络发送至云数据服务中心，形成电子化巡检台账，为污水处理厂安全管理提供支持和依据。

（5）设备运维管理。建立设备集中运维调度管理模式，尤其对于区域式多厂设备的维修与养护管理业务，可以通过统一协调作业团队，实现人力、物力资源共享，使设备运维管理体系得到优化整合。设备运维调度过程采用电子工单管理方式，通过制定计划、派发工单、填报工单、审批工单、工单归档五个基本步骤完成单次设备维护。将设备维修业务划分为故障维修和预防性维修两大类；将设备养护业务划分为润滑、清洁、紧固等类别。运营中心的设备运维人员依据工单要求至污水处理厂现场实施运维作业。此外，还可以通过系统设定任务提醒，为养护任务及时执行提供保障。对实施进度状态进行可视化追踪，强化过程监管力度。对设备维护历史记录进行电子化存档，为日后制定和改进设备管理方案提供依据。

（6）绩效统计分析。建立污水处理厂运行绩效评估机制，从运行质量、运行效率、可持续性、财务经济等多个方面定期对污水处理厂的运行管理状况进行综合性评定。通过物联网系统，应用绩效评估指标体系，对污水处理厂业务管理数据进行统计计算与评估分析。以多维度统计图表的方式展现绩效结果，识别污水处理厂运行管理薄弱环节，为污水处理厂运行管理优化提供决策支持。

"无人值守"立足于先进的管理手段和完善的管理制度，以优化管理流程、规范管理行为为目标，是对污水处理厂管理模式的一种探索和尝试。物联网系统的融合与应用，能够为污水处理厂管理提供信息感知、过程控制与分析决策的智能化技术手段，为"无人值守"管理模式的践行提供实施通道和支撑平台，是一种有效的辅助工具。基于物联网的污水处理厂"无人值守"管理模式的建立，有助于推动污水处理行业管理水平的整体进步与发展，具有一定的现实意义。

5.3.2 基于 Geodatabase 技术的农村生活污水智慧管理新模式

目前，在我国大中型城市，基于 Geodatabase 技术的智慧城市排水系统已初步形成，但其在农村生活污水处理处置领域仍少见。Geodatabase 是一种采用标准关系数据库技术来表现地理信息的数据模型，基于 Geodatabase 技术建立的农村生活污水智慧管理系统见图 5-2。

基于 Geodatabase 技术的农村生活污水智慧管理新模式具备以下几个功能：

（1）通过地理信息系统强大的地理空间定位和查询分析等功能，更好地组建空间数据和地物表达，在农村生活污水处理处置领域，可利用 Geodatabase 技术进行山地、农田、河流以及农村污水排放相关监测点的分布以及管道布置等。

（2）通过大数据积累和网络平台云计算，实现对农村生活污水信息的收集，得出实时相关特征，提供有效的管理策略。

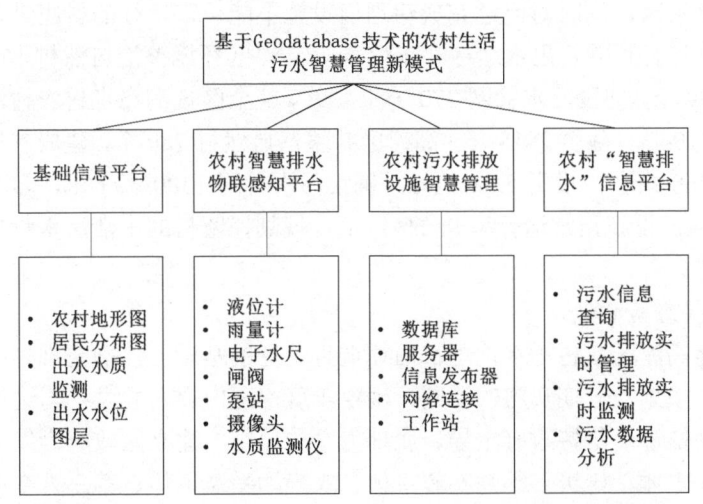

图 5-2　基于 Geodatabase 技术的农村生活污水智慧管理新模式

（3）在基于 Geodatabase 技术的农村污水智慧管理系统中加入适应当地需求的组合处理工艺，例如，利用"厌氧池—短程好氧生物滤池"组合工艺的农村生活污水处理工艺将"农村污水单纯处理"转变为"氮磷资源化利用"，在处理工艺的进、出水口以及处理过程中的相关节点设置监测点，实时监测污水处理过程，将处理后符合农业灌溉标准的水进行农业灌溉。这样，既解决了农村污水处理排放难题，又实现了污水中氮磷资源化利用，体现智慧化。

在管理模式上，新型农村生活污水管理模式与云计算、大数据和地理信息系统空间管理技术接轨，具有高时效性、可视化和智能化等特点，实现智慧化管理。

5.3.3　村镇污水处理运营管理模式实例

国内江浙一带的农村污水治理走在我国农村污水治理的前列，积累了丰富的技术和运行管理经验，以下简单列举三个实例，从中可以了解目前国内农村污水处理运营管理的发展现状和先进经验。

5.3.3.1　江苏省南京市高淳区实施"五位一体"的农村生活污水治理运维体系

1. 总体情况和成效

高淳区有 6 个镇和 2 个街道，共计行政村 134 个，1044 个自然村，规划保留点 579 个，其中规划发展村庄 277 个。近年来，高淳区通过治理太湖流域水环境和农村环境连片整治等，统筹推进农村生活污水治理。

2015年，高淳区完成治理的规划布点村庄为355个。除少量采用地埋式A/O工艺，其余大多为"生物滤池+人工湿地"。2016年，高淳区对109个村庄进行村庄生活污水治理，同时对已经完成治理但设施不能正常运行的村庄进行整修，确保处理设施运行正常，出水达标。2017年，高淳区环境整治自然村162个，含规划布点村99个，铺设污水管网270公里，到年底全区规划布点村农村污水处理设施覆盖率达94%。截至2018年，高淳区共整治自然村789个，建成农村生活污水处理设施760余套，投资5.98亿元，铺设污水管网1300多千米，日处理能力达到1.18万吨，设施正常运行率98.6%以上，规划保留村的生活污水收集处理基本实现全覆盖。

2. 主要经验和做法

南京市高淳区农村污水治理在前期调查论证的基础上，确定规划总体方案，并按照一次规划、分期实施的原则，确定年度治理内容，并做好与远期衔接，确保治理有序推进；坚持政府主导、属地为主的原则，建立区政府为统筹主体、镇政府为责任主体、村级组织为实施主体、农户为受益主体、第三方专业服务机构为服务主体的"五位一体"运维管理体系，强化水务部门的行业管理职责等。

（1）加强领导、创新监管机制。区委、区政府明确部署全区年度农村环境综合整治任务，对全区农村生活污水处理设施进行资源整合，成立领导小组，下设办公室，办公室地点为区水务局。明确区环保局牵头组织各镇街实施以农村生活污水处理为主的环境综合整治，区水务局负责监督考核工作。

以政府主导、属地为主为原则，建立区政府为统筹主体、镇政府为责任主体、村级组织为实施主体、农户为受益主体、第三方专业服务机构为服务主体的"五位一体"运维管理体系，并强化水务部门的行业管理职责。积极选择引进资质高、实力强、信誉好的建设和管理单位参与村庄污水处理设施的建设管理，对拟建项目采用"EPC+委托运营"的模式实施，由第三方机构组织实施，水务局履行好行业监管职能；对已建成的处理设施委托第三方机构进行管理运营。同时，以村庄生活污水处理系统"建得起、用得好"为导向，强化物联网和无线通信远程技术作为长效管理工作的基础，构建具有项目建设单位交流、项目建设资料管理、污水处理运行数据查询、设备故障报警的监控监管平台，实现互联网一站式集中监管与运行，逐步实现农村生活污水处理设施运行维护管理的正常化、规范化。

（2）统筹规划、分期实施。在前期调查论证的基础上，结合村庄布点规划和"多规合一"，进一步完善《高淳区村庄污水处理设施建设规划》，尽快确定最终方案。在规划总体方案确定的前提下，按照一次规划、分期实施的原则，确定年度整治内容，并做好与远期衔接，确保整治有序推进。综合考虑村庄自然地理因素、布局形态规模、基础设施条件、环境改善需求等，充分考虑村民的生活习惯和需求，因地制宜确定生活污水治理模式，结合美丽乡村建设、村庄环境综合整治和绿化景观布置等共同实施，对相邻的村庄能够合建共用的尽量合并建设，同时使用成熟稳定、实用低耗的处理技术，确保取得实效。

（3）分类整改，统筹组织实施。在进一步梳理分析村庄污水处理现状的基础上，通过分类施策进行针对性地改进和完善。对目前设施正常运行的村庄，进一步落实管护责任，确保常态化运行；对因发生故障导致无法运行的，加紧进行维修，确保正常运行；对管网不齐全的处理设施，根据实际情况，选择合理线路尽快铺设到位；对确因前期选址不当或其他原因造成无法运行的设施，有针对性地进行改造或重新选址建设；对于已经确定建设项目的村庄，抓紧按照正常建设程序组织实施。

（4）示范引路，规范指导。每年区政府牵头在各镇街选择一个有代表性的村庄作为年度治理工程施工建设示范点，在各镇街召开现场推进会，要求镇街各村负责人、施工队伍负责人和技术人员参加，采取施工技术规范理论讲解和现场施工观摩相结合的方式，着重介绍技术规范、安全警示、矛盾协调等方面，并要求每个生活污水治理的村严格按规范施工。一是广泛宣传，施工前要求在村庄道路醒目处粘贴宣传公示，向村民宣传污水整治的目的、意义，使广大村民从知晓到理解，并积极参与治理；二是测量定位，选取设施的建设位置，基本在村庄地势最低处，距离农户住宅30米以上，根据设施位置，初步确定±0（基准标高），以设施位置为起点，用红油漆标识出主管网走向、管线的管径及窨井位置、规格，并测量出管线开挖的标高。一般是先建污水设施，后开挖路面铺设污水管网；三是规范施工，在埋设污水管网前道路进出口设安全警示标志，切割路面后挖机进场，按照施工规范，开始开挖污水管槽，埋设污水管网。

（5）长效监管，强化考核。由区政府牵头成立高淳区农村生活污水处理设施建设与管理工作领导小组，出台《高淳区农村污水处理设施长效运行管理暂行办法》《高淳区农村分散式生活污水处理设施运行维护工作考核评分标准》《高淳区农村小型污水处理设施日常维护和管理规定》等考核管理办法。区领导多次带领区环保局、区水务局对8个镇街的农村生活污水处理设施建设和管理进行督查。水务局与区财政对接，选取中介机构并编制招标文件，在网上进行公开招标村级生活污水处理设施的运行管理考核单位，于2019年开展农村污水处理设施考核工作。抓好长效监管机制，对第三方考核中存在的问题将及时通报各相关单位并要求整改到位，在下一次考核中将重点考核上一次考核不合格设施的运行情况。

（6）逐步整改，实施第三方运维。高淳区农村污水设施由属地镇街自行负责运维，但由于缺乏专业技术人员，运行管理水平较低，2017年平均合格率为86.9%，优秀率为16.8%；2018年平均合格率80.1%，优秀率为23.9%。同时，部分设施建设年数较长，老化严重，新增加的设施未及时验收，导致合格率不高。根据区委区政府要求，实施第三方运维。第三方运维企业前期对6个镇街设施进行了全面摸排，制定整改方案，由属地镇街组织整改，6个镇街已移交运维工作，基本完成6个镇街农村生活污水设施委托第三方运维。

5.3.3.2 江苏省昆山市积极转换农村生活污水治理监管机制

1. 总体情况和成效

昆山市共有680个自然村（43100户），其中重点村、特色村为220个。昆山市对照高质量发展要求，大胆创新、积极转换建管机制，按照"统一规划、统一监管、统一建设管理、统一运行"的建管模式，大力推进农村生活污水治理，农村生活污水处理率达86%以上，有效改善了农村人居水环境。

2015年年底，昆山市累计完成290多个自然村的生活污水治理，受益农户达2.9万多户。2016年投入2.12亿元，完成15个重点村、特色村和51个一般村的治理工作，完成19个村的已建设施完善改造和2个撤并乡镇12公里的污水管道建设。2017年投入3.5亿元，完成17个村已建设施的完善改造和3个撤并乡镇5公里的污水管网建设。

2016—2018年，昆山市累计完成429个自然村生活污水治理，实现重点村、特色村全覆盖，圆满完成省、市下达的目标任务。

2. 主要经验和做法

昆山市组建"农水办"，强化责任考核，将农村污水治理列入市政府年度实事工程，并与相关责任单位签订责任书，构建市、镇、村、建设单位和运行维护单位责任体系；学习先进经验，结合昆山实际，因地制宜选择合理的治理模式和工艺技术；结合全市污水信息框架，建立农村生活污水治理设施管理信息平台，通过"互联网+智能遥感"、云计算等信息技术、数字化监理服务网络和监控平台，构建"三层架构"的农村污水监控展示体系等。

（1）加强领导，落实责任。组建"农水办"，从规划、环保、水务、农办、水务集团抽调骨干组成专班集中办公。强化责任考核，农村污水治理列入市政府年度实事工程，并与相关责任单位签订责任书，构建市、镇、村、建设单位和运行维护单位责任体系。

将农村生活污水治理列入市政府每年度实事工程，与区镇、水务集团（建设单位）签订年度农村生活污水治理目标责任书，层层明确责任与目标，构建市、镇、村、建设单位以及专业运维单位的五方责任体系，并将农村生活污水治理工作纳入全市经济社会年度目标千分考核，构建全市上下一心、齐抓共管的工作格局。

（2）强化监管，长效管理。制订《昆山市农村生活污水治理设施运行管理考核办法》，建立"五位一体"管理体系，即明确市、镇、村、运管单位及第三方运行单位五方责任主体，对农村污水处理设施情况、运行状况、进出水水质进行考核，向市委、市政府定期通报考核情况，并将考核结果与以奖代补资金拨付挂钩（每月先拨付 70%，其余 30%根据考核结果，按质付费），确保处理设施持续长效发挥作用。

设立市级农污运管中心，明确农污设施和管网运维养护全部由市水务集团统一负责，为全市建成运行的 323 个农村污水处理独立设施建立"一站一档"健康档案，真正做到有档可查、有的放矢。制订《昆山市农村生活污水治理设施运行管理考核办法》，建立苏州市、昆山市、水务集团、镇、村"五位一体"考核体系，构建"监管、运管、责任、协管、服务"的监管框架，各级主体职责明确，责任到位，实现农村生活污水治理工作的闭环化管理。

（3）统筹规划，分类实施。制订《2015—2017 年昆山市农村生活污水治理规划》，赴浙江及省内常熟、无锡等地实地考察，学习先进经验，结合昆山实际，因地制宜选择合理的治理模式和工艺技术：对能接管的优先接管；对农户相对集中的重点村、特色村采取建设独立设施运行处理；对一般村采取"生化法—人工湿地"组合工艺处理；对农户相对较少的自然村通过化粪池、氧化沟进行分散式处理。

（4）建设平台，在线监控。昆山市建设四个区域运行维护中心、一个市级总监控平台的水质在线监测。结合全市污水信息框架，建立农村生活污水治理设施管理信息平台，通过"互联网+智能遥感"、云计算机等信息技术、数字化服务网络和监控平台，构建"三层架构"的农村污水监控展示体系（第一层：运行监控总平台；第二层：运维分中心平台；第三层：独立设施站点控制系统），实现全市农村污水设施站点信息实时上传和水质在线监测，切实有效地为农村生活污水治理提供信息保障，更好地实现管理和应用高效化。

（5）加大投入，落实资金。市财政除了承担全市农村污水治理建设资金外，每年安排 3000 万元专项用于全市农村污水设施的运行维护，安排 2000 万元专项用于全市农村污水设施的完善改造工程，安排 40 万元考核经费专项用于聘请第三方专业机构，配合主管部门监督考核。区镇作为属地责任主体，安排专项维修资金，专门用于其他村庄建设过程中的管网维修保护。

（6）规范程序，严格质量控制。严格执行基本建设程序，农村生活污水处理设施隐蔽性大，项目施工注重质量管控，一方面，将所有项目纳入质量安全监督管理，对建设进行全过程、全方位的管控；另一方面，严格执行原材料质量控制，不符合标准的一律禁用,从源头保障工程质量。

5.3.3.3 浙江省宁波市奉化区健全农村生活污水运维体系

1. 总体情况和成效

"五水共治"行动开展以来,奉化区加大了污水治理设施建设力度,并不断总结经验,取得了良好的社会效益,得到了各级领导和广大群众的认可。截至2019年,奉化区已经完成了207个行政村的生活污水治理设施建设,其中43个行政村采取纳管处理,164个行政村集中处理,有210个治理设施。

自奉化区农村生活污水治理工程实施以来,2016年,奉化区对137个村的农村生活污水治理工程进行竣工验收,奉化区农村生活污水治理采用了A/O、"厌氧—好氧"、"厌氧—土地渗滤"、"厌氧—人工湿地"、"滴滤—人工湿地"和生物转盘等工艺。2017年,奉化区累计完成256个村的污水治理设施建设,建成污水处理终端设施199个,纳入市政管网处理村83个,日处理污水约2.2万吨,累计受益户数约7.6万户,达到了省定农村生活污水治理行政村覆盖率90%以上的目标。

2. 主要经验和做法

奉化区建立健全农村污水治理"三大体系":一是建立健全运行维护管理体系,二是建立健全远程信息化体系,三是建立健全运行维护制度体系。同时,奉化区根据制定的相关制度严格把关,保证污水治理设施顺利移交;统一设计,采用模块化技术,将污水治理设施分类,在每个模块内选择适用技术;针对农村生活污水治理设施运行维护工作量大、技术性强的情况,奉化区采用了委托第三方运行维护的管理模式,并从考核、监管、资金、宣传和培训五个方面实现长效管理。

(1)完善机制,健全体系。一是建立健全运行维护管理体系。奉化区成立了以卓厚佳副书记为组长,陈红伟副市长、方国波副市长为副组长,各相关部门以及镇街道负责人为成员的农村生活污水治理设施运行维护领导小组;建立了以市住建局为管理主体,乡镇政府(街道办事处)、村级组织为落实主体,农户为受益主体以及第三方服务机构为服务主体的市域农村生活污水治理设施运行维护管理体系;确定了管理机构,由市住建局排水处全权负责运行维护管理工作,及时向省厅和宁波住建委报送相关工作信息和材料;明确了各相关单位的职责,按季度召开协调会议,听取相关单位情况介绍,及时解决工作中出现的问题。各镇街道明确了分管领导、联络员、投诉电话及村协管员,都编制了运行维护管理办法。各移交村先后落实了农村协管员,由村干部、保洁员、水电工兼任,工资在农村环境卫生专项保洁经费中列支。同时,奉化区加强了对行政村的指导,把治理设施运行维护管理纳入村规民约。

二是建立健全远程信息化体系。奉化区综合运用互联网、物联网等技术,建立了数字化服务网络系统和平台,录入农村生活污水治理设施的相关情况和数据,重点对设计日处理能力30吨以上、受益农户100户以上和位于水环境功能要求较高区域的农村生活污水治理设施，规范安装或改装处理水量计量和运行状况的远程信息化系统，远程控制水泵、风机等设备的运行。截至2019年，奉化区有85个行政村的生活污水治理设施移交给住建局，其中对符合条件的53个村庄安装了远程信息化系统。

三是建立健全运行维护制度体系。奉化区先后制订印发了《奉化区农村生活污水治理设施运行维护资金管理办法（试行）》《奉化市人民政府办公室关于加强农村生活污水治理设施运行维护管理的实施意见》《奉化区农村生活污水治理设施运行维护管理办法（试行）》《农村生活污水处理建设和运行维护工作考核细则》《农村生活污水处理设施运行维护考核表》（宁波于2016年撤销县级奉化区，设立奉化区）等相关文件，从制度上加以完善约束。

（2）规范程序，统一管理。奉化区推行"五个统一"的管理模式。一是统一设计规范。奉化区对管径、管道坡度、和管道材质等一系列问题进行统一，对处理工艺、排放标准参照相关标准进行规范，对开挖回填等各个环节的操作要求进行细化，使监理、施工单位在操作中有章可循。二是统一监理标准。在按照监理规范进行监理的基础上，奉化区建立隐蔽工程现场监理员旁站制度，记录隐蔽工程施工全过程。建立标高复核、闭水试验等工程质量关键控制点监理员全程参与制度，杜绝工程返工现象。三是统一施工要求。奉化区在每个村开工初期由施工单位做一段样板，请监理、施工和业主代表参照设计标准对工程质量进行评定，提出施工过程中存在的问题，由施工单位按照确定的要求进行施工。四是统一工程招标。奉化区建立农村生活污水治理工程承包商名录库，对名录库内的承包商实行优胜劣汰的动态管理，对名录库内的承包商统一发布招标公告，统一摇号，统一发中标通知书，提高工作效率。五是统一材料采购。奉化区实行管道和检查井等主要材料统一供应制度，既节约成本，又有利于工程材料质量的把控。

（3）模块化设计，分类治理。制定农村生活污水治理规划，根据市政管网建设布局情况和村庄所在地理位置，将全区污水治理方式分为纳入市政管网统一处理和自建污水治理设施处理两大类，明确每一个村的治理方式和实施时间。采用模块化技术，将污水治理设施分为收集系统、一级处理、二级处理和三级处理四个模块。收集系统是收集和输送污水的系统，主要包括管道、检查井和清扫口；一级处理是用物理方法处理的单元，包括格栅井、隔油池、沉淀池等；二级处理是用生化方式处理的单元，一般采用技术成熟、效果好、运行维护简便的A/O技术、生物滤池等工艺；三级处理是二级处理以后的处理单元，一般指人工湿地、土地渗滤等工艺。在设计时根据村庄地形、人口、水量等因素，在每个模块内选择最适用的技术，达到各个模块的有机组合。

（4）建管并举，专业维护。奉化区把项目建设和运维管理作为污水治理过程的两个阶段，坚持建设和管理互相促进，共同提高。一是在前期项目建设时充分考虑后期运维管理的因素。在设计阶段，奉化区严格按照最低二十年使用年限的要求进行设计，所采用的材料、永久性设施都必须按照这一要求制定技术参数。在工艺选择上，奉化区普遍采用维护成本低、处理效果好，操作简便的滴滤、A/O等成熟工艺。二是后期运行管理中发现的问题在前期项目建设中不断改进。针对早期建成的几个终端周围被村民乱堆乱占，杂草丛生，影响环境。奉化区提出了建设景观化设施、打造公园式终端的理念，做到污水治理设施与村庄建筑物的外观风格协调统一，努力把农村生活污水治理工程变成美丽工程。

在设施建成后的运行维护管理中，奉化区严格执行区、镇（街道）、村、运维公司、协管员"五位一体"的管理制度，区综合行政执法局监督管理，并安排落实农村生活污水治理设施运行维护管理专项资金。由宁波滕头环保有限公司进行运维，形成以中心城区、溪口分区、大堰分区、莼湖分区的"一中心、三分区"的运维格局，实现运维区域全覆盖、平台信息全共享。奉化区制订出台《农村生活污水治理设施运行维护考核办法》，细化镇（街道）、村的工作职责和要求，同时将农村生活污水治理设施运维工作纳入各镇（街道）年度考核；并要求各镇（街道）加强对各村的考核，定期通报农村生活污水治理设施运维情况。奉化区注重对村干部和协管员基本运行维护知识培训，注重对村民污水设施使用和安全知识的宣传，注重在雷雨、洪水和冰冷等特殊气候条件下的快速响应；注重根据工艺、村庄规模和区域位置分类分级管理；注重节假日和边远运维的巡查堵住时间和空间上的盲点。

（5）落实措施，长效管理。奉化区从五方面入手实现长效管理。一是加强考核力度。奉化区委市政府把农村生活污水处理建设和运行维护工作纳入镇（街道）、市级机关目标管理考核办法之中，住建局会同市委农办制订了《奉化区农村生活污水处理建设和运行维护工作考核细则》，对各镇（街道）考核农村生活污水处理建设和运行维护工作。同时要求各镇（街道）.对各村进行考核，形成层层考核机制，定期通报农村生活污水治理设施运行维护情况。对第三方专业服务机构采取定期考核和不定期考核两种考核方式，定期考核由各镇（街道）在每季度末对第三方专业服务机构的运行维护情况进行考核；不定期考核由市住建局在每季度不定期通过抽查的方式对第三方专业服务机构的运行维护情况进行考核。季度考核成绩由市住建局根据定期考核成绩和不定期考核成绩进行综合确定，以此作为向第三方专业服务机构拨付服务费的依据。

二是加强监管力度。奉化区专门安排人员经常对已移交的农村生活污水治理设施进行检查，对发现的问题开具整改通知单，对经常出现的问题，通过发函的形式要求第三方专业服务机构整改。各镇街道落实运行维护联络员按季度对已移交的农村生活污水治理设施进行巡查，记录巡查过程中发现的问题，并通知第三方专业服务机构整改。督促第三方专业服务机构对进水水量和进水水质进行检测，第三方专业服务机构还根据要求检测出水水质，对日处理能力 30 吨以上的每 2 个月检测一次，对日处理能力 10~30 吨的每季度检测一次，对日处理能力在 10 吨以下的按 30%比例每年检测一次。市环保局开展了对进出水水质自检数据的审核评价工作，通过招标的方式确定宁波中一检测有限公司为水质复测单位。

三是加强资金保障。把运行维护资金分为基本服务费和其他费。基本服务费指第三方专业服务公司为确保农村生活污水治理设施正常运行进行简单维护而产生的费用，包括管线疏通、粪池清淤、除虫杀毒、设施检修、水质自检、远程信息化管理、终端绿化养护等；其他费指第三方专业服务公司非服务不力产生的费用，包括设备更新、路面修复、井盖更换等。农村协管员工资在农村环境卫生专项保洁经费中列支。为规范运行维护资金的使用，市住建局制定了《奉化区农村生活污水治理设施运行维护资金管理办法》，根据季度考核成绩向第三方专业服务机构拨付基本服务费。

四是加大宣传力度。奉化区充分运用报刊、广播、电视、网络等媒体，大力宣传农村生活污水治理设施运行维护的重要性，增强广大村民的环保意识，形成全社会积极支持和配合农村生活污水治理设施运行维护管理的自觉性。

五是加强业务培训。为加强农村生活污水治理设施的验收、移交、运行维护工作，住建局专门组织人员到常熟、德清、长兴等地取经学习。

（6）广泛参与，合力攻坚。奉化区坚持政府主导，将农村生活污水治理列入政府民生实事工程。区政协将《加强农村生活污水治理设施建设》提案作为重点提案，区政协全体班子成员参与督办。全面实施农村生活污水治理工作，奉化区安排充足资金用于农村生活污水治理设施建设和运维，在区镇两级已经形成了一批懂技术的污水治理工程管理干部队伍。坚持公众参与，村民是污水治理的受益主体，每个项目村都落实一名村民监督员参与到项目建设与运维中，协调矛盾，监督工程质量。人大代表和政协委员作为特邀嘉宾，参与污水治理工程的验收。在奉化区备案的区政类施工企业直接进入农村生活污水治理工程承包商名录库，参与农村生活污水治理工程建设。坚持项目整合，将污水治理工程与村庄整治工作相结合；与农房两改工作相结合；与农村改水改路等基础设施建设相结合。"三结合"整合了工程建设资源，提高了污水治理工程的实施效果，也增强了村干部参与项目管理的能力和意识。

经过对江浙一带农村污水建设及运营管理模式的认真分析，分类、长效监管和专业维护起到了积极作用，建立农村污水处理运行的长效机制方能保证运营管理体系的持续稳定运行。

5.4 河南省农村污水资源化利用技术路线选择

针对不同地区、不同规模、不同水质、不同用途等村镇污水处理的影响因素，可以提出因地制宜、优先考虑资源化利用、高效低耗和易于管理等为基本指导原则，并以 SMART 为村镇污水处理设计理念，基于厌氧、生物膜法、生态处理等处理技术，分别对户级、村级、镇级等三种集中程度不同的污水处理及资源化系统技术路线进行设计。下面以河南省郑州市周边村镇污水资源化利用调研的结果为例，展开阐述。

5.4.1 村镇污水处理出水资源化利用影响因素与工艺设计原则

5.4.1.1 村镇污水处理出水资源化利用影响因素分析

河南省村镇的地域性差异较大，主要体现在各地气温、地形地势、水资源量、经济发展水平以及人口密度等的不同。结合实地考察调研，分别就不同地区、不同规模、不同水质和不同用途等因素进行分析，可以为进一步确定工艺技术路线提供设计依据。

1. 不同地区

把气温作为分区的主要依据，可以将河南省分为豫北和豫南 2 个地区。在村镇污水处理系统设计过程中，对于豫北地区必须考虑采取保温措施，包括污水处理管网及终端处理设备设施的保暖。

2. 不同规模

结合河南省村镇及村镇污水的特点，将河南省村镇污水处理的规模分为户级、村级和镇级 3 个规模。其中，户级（包括单户和联户）一般在 $10m^3/d$ 以下，村级（包括单村一站、单村多站或联村）一般为 $10\sim500m^3/d$，镇级（可带村）一般为 $500m^3/d$ 以上，但一般不超过 $10000m^3/d$。

3. 不同水质

村镇污水受生活习惯、工业废水、污水收集方式及管网质量等因素的影响，其水质差异性较大。乡镇污水含有工业废水的情况较为普遍，对污水的处理净化影响较大。除去工业废水的影响，村镇污水常规污染物的设计浓度一般可参考表 5-1 中的数值。

表 5-1 村镇污水水质参考浓度　　　　　　　　　　　　　　单位：mg/L

主要指标	COD	BOD_5	SS	TN	TP	NH_3-N
建议范围	100~300	60~150	100~200	40~100	2.0~7.0	20~80

4. 不同用途

不同的村镇污水处理排放标准会影响其资源化去向，资源化优先考虑就地利用。当污水处理尾水用于就地绿化或灌溉使用时，污水中的氮和磷等污染物可作为营养物质直接用于植物的生长。对于拟排入水体的村镇污水的处理排放标准，应从严要求，一般需执行 DB41/T 1820—2019 一级 A 标准。

5.4.1.2 村镇污水资源化处理工艺设计原则

（1）因地制宜。资源化技术路线的选择需统筹考虑村镇的地域性差异，针对不同地区、不同地形地势、不同地理气候条件以及经济发展水平，做出对应的设计调整。

（2）高效低耗。工艺设计既要满足国家和地方对村镇污水处理排放标准的要求，有利于改善周边环境，又要做到较低的能耗和物耗投入。

（3）易于管理。村镇污水资源化处理设施要尽量简单，方便管理及运行维护，并能长久有效发挥其作用。

5.4.1.3 SMART 村镇污水资源化利用设计理念

在上述村镇污水资源化处理工艺设计基本原则的基础上，提出村镇污水处理 SMART 设计理念。

SMART 在英文中具有"小巧、灵活、智能"的意思，对 SMART 中每一个字母的具体含义诠释如下：

- S：Small，小型的，规模小、占地少。
- M：Multiple/Modular，多功能的、模块化的。
- A：Automatic，自动化的，运行管理方便。
- R：Rapid，快速的，建设周期短。
- T：Technology，工艺技术。

综合而言，SMART 是针对村镇污水处理特点提出的一种小型、多功能、模块化、自动化、快速的设计理念。

5.4.2 村级污水处理与资源化技术路线选择

经实地调研和分析，对于村级污水处理技术路线，首先考虑实现每户排水中的黑水和灰水在源头得到先行分离，然后将每户排出的灰水（或黑水+灰水）优先考虑通过分流制管网来收集，不具备条件的暂时采用合流制管网收集，对于初期雨水也应当考虑收集处理，同时还应结合村镇规划把现存的合流制管网逐步改为分流制；污水通过管网收集至处理站进行净化处理，经过净化的污水根据处理出水标准用于林木花草灌溉、景观水体回用和河道补水等。村级污水资源化利用技术路线如图 5-3 所示。

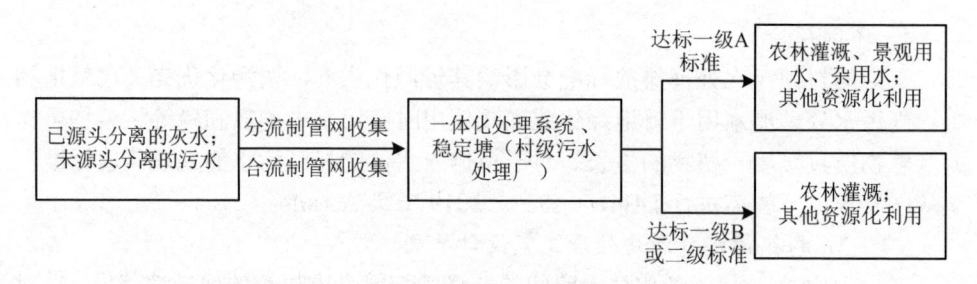

```
已源头分离的灰水;        分流制管网收集     一体化处理系统、    达标一级A    农林灌溉、景观用
未源头分离的污水    →   合流制管网收集  →  稳定塘（村级污水  →  标准      →  水、杂用水;
                                        处理厂）                       其他资源化利用

                                                         达标一级B    农林灌溉;
                                                         或二级标准  →  其他资源化利用
```

图 5-3　村级污水资源化利用技术路线

5.4.3　镇级污水处理与资源化技术路线选择

镇级污水处理的技术路线设计与村级相比，污水原水水源、管网收集和资源化利用方向基本一致，主要区别在于因污水处理规模不同，镇级污水处理厂应采用设备化、标准化、模块化的系统，这样有利于缩短施工周期，并方便扩建增容。

镇级污水资源化利用技术路线如图 5-4 所示。

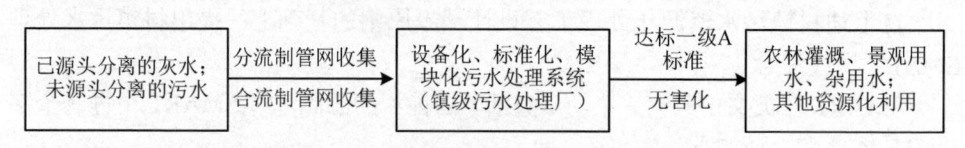

```
已源头分离的灰水;        分流制管网收集     设备化、标准化、模    达标一级A    农林灌溉、景观用
未源头分离的污水    →   合流制管网收集  →  块化污水处理系统   →  标准      →  水、杂用水;
                                        （镇级污水处理厂）     无害化       其他资源化利用
```

图 5-4　镇级污水资源化利用技术路线

5.4.4　户级污水处理与资源化技术路线选择

1. 源头分离及其必要性

村镇污水的主要来源是每家每户日常生产生活产生的排水，在这些排水中，粪、尿对污水中污染物浓度的贡献最大，粪液中氮约 1%、磷约 0.5%；尿液中氮约 0.5%、磷约 0.13%。因此，若能在产生污水的源头将粪尿排水（黑水）与其他排水（灰水）进行分离，不但可以减轻后续处理污水的难度，还可以直接获得优质的"肥源"，同时，污水收集管网的投资将得到全面节省。为改善村镇人居环境，河南省正在掀起一场"厕所革命"，将传统的旱厕改为水冲厕，粪尿源头分离的必要性已越来越凸显。

2. 源头控制技术及选择

源头控制技术路线应遵循污水就地分类、就地处理与资源化的指导原则。对于黑水，通过非水冲或"节水型"卫生厕所、化粪池、沼气池等设施，将每户产生的黑水进行收集储存，当达到储存上限时，再用吸粪车将其运输到集中处理处置地，进行堆肥及无害化处理后，可以肥料的形式还田或施于林地，从而实现黑水的资源化利用。

对于灰水,将洗衣、洗菜和沐浴等废水,通过管网收集至小型污水处理装置或小型人工湿地,将污水进行就地处理后,可用于花草树木的浇灌,富余部分可作为道路泼洒或其他回用。单户或联户的源头控制技术路线如图 5-5 所示。

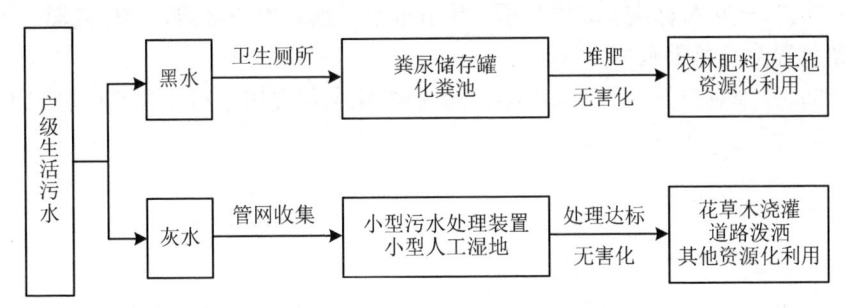

图 5-5　户级污水资源化利用技术路线

综上所述,可以得出村镇污水资源化利用方面的六个基本结论。

(1) 农村污水治理主要基于三种方式,一是通过延伸管网覆盖乡镇周边村庄,纳入城镇、乡镇污水管网收集处理;二是在村庄建设污水处理站(场)和配套管网,实现村庄集中处理;三是单户联户分散处理。相应的农村污水处理出水资源化可分为镇级、村级以及户级,且以镇级、村级为主。

(2) 通过实地调查采样分析,农村生活污水存在 COD 高、氨氮高、总氮总磷高,冬季水温低的特点,COD、氨氮、总氮、总磷是城镇污水处理厂进水指标的 1.5~2.0 倍。但是污水中基本上不含重金属和其他有毒有害物质,可生化性较好。

(3) 系统分析了常用农村污水资源化技术 A^2/O 法、氧化沟法、SBR 法、生物接触氧化法、生物滤池法、MBR 法、人工湿地法、一体化污水处理装置、净化槽、化粪池等,指出其适用范围,并根据 DB41/T 1820—2019 一级 A、一级 B 标准,可选择工艺组合。

(4) 对比农村污水处理出水水质与资源化利用水质标准得出,污水处理厂一级 A 出水标准基本适用于河道类观赏性景观用水标准、农田灌溉水标准、绿化灌溉水标准、杂用水标准,可用于河道类观赏性景观用水、农田灌溉用水、绿化灌溉水标准以及杂用水等多种途径;而一级 B 标准适用于农田灌溉用水,但在用于绿化灌溉、杂用、景观时要分别核查如下内容:用于绿化灌溉用水时要核查氨氮、粪大肠菌群指标;用于杂用水要核查生化需氧量、阴离子表面活性剂、氨氮等指标;用于景观用水时要核查生化需氧量、石油类、阴离子表面活性剂、总氮、氨氮等指标;二级标准时适用于农田灌溉;当用于其他用途时,超标因素较多,需提高出水标准。

（5）结合地方污染攻坚战、流域排放标准以及居民对于水环境质量改善需求分析，农村污水处理场（站）处理出水水质标准以 DB41/T 1820—2019 一级 A 为主，少数达到 DB41/T 1820—2019 一级 B、二级标准。通过对典型乡镇（执行 DB41/T 1820—2019 一级 A 标准）取样分析，其出水水质满足农田灌溉、绿化灌溉、杂用、河道类观赏性景观用水等要求。

（6）分别对户级、村级和镇级污水资源化利用提出了可供参考的技术路线。

第6章 工程案例

6.1 小型村庄生活污水处理

6.1.1 工程概况

工程位于河南省平舆县，用水来自居民自用的生活污水。韩庄村现有住户30余户，人口约100人。该村地势平坦，村内主要道路为混凝土路面，供应有自来水，但村容村貌一般，东南角水坑及村内西侧南北向渠道垃圾漂浮、污染严重。村内无污水管道，无污水处理设施。

污水管网沿韩庄村主要街道、胡同铺设，管道采用DN 200HDPE管道，全村污水管道总长561m，直径700mm检查井30个。污水管道负责收集韩庄村每户村民的生活污水，输送至污水处理站。韩庄村管网布置图如图6-1所示。

图6-1 韩庄村管网布置图

6.1.2 污水处理站

污水处理站工艺流程如图 6-2 所示。

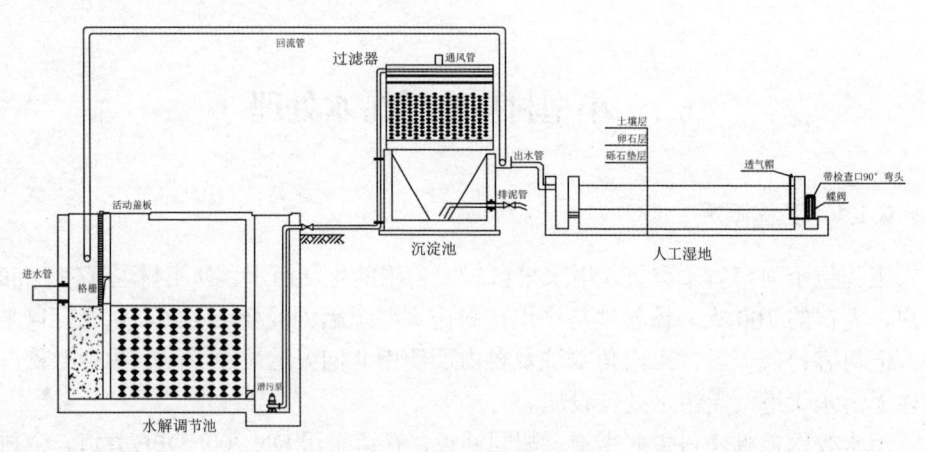

图 6-2 污水处理站流程图

该村污水处理站核心工艺为具有脱氮功效的 A/O 法，设计进水流量为 10 吨/天，回流比 300%。从管网收集的农村生活污水首先进入前端的水解调节池做调节处理，后经过提升泵将污水提升到生物过滤器中进行生物处理，出水经沉淀池沉淀后流入出水槽，一部分出水排至人工湿地做深度处理，另一部分出水回流至水解调节池。

1. 格栅与水解调节池

格栅宽 700mm，人工定时清污。与水解调节池合建，如图 6-3 所示。栅条间隙 20mm，格栅规格尺寸为 700mm×700mm，格栅井净尺寸为 2000mm×800mm。

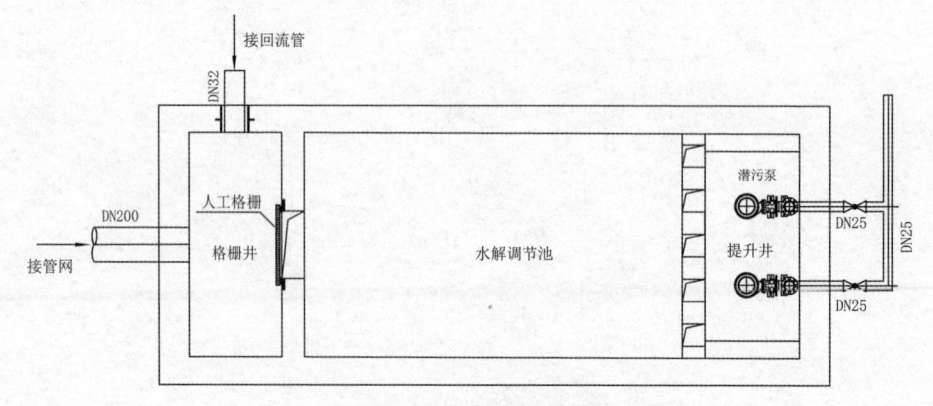

图 6-3 水解调节池平面图

水解调节池的最小有效容积应能够容纳水质水量变化一个周期所排放的全部废水量，调节设计停留时间为36h（回流比为300%），水解调节池内置填料，如图6-4所示。

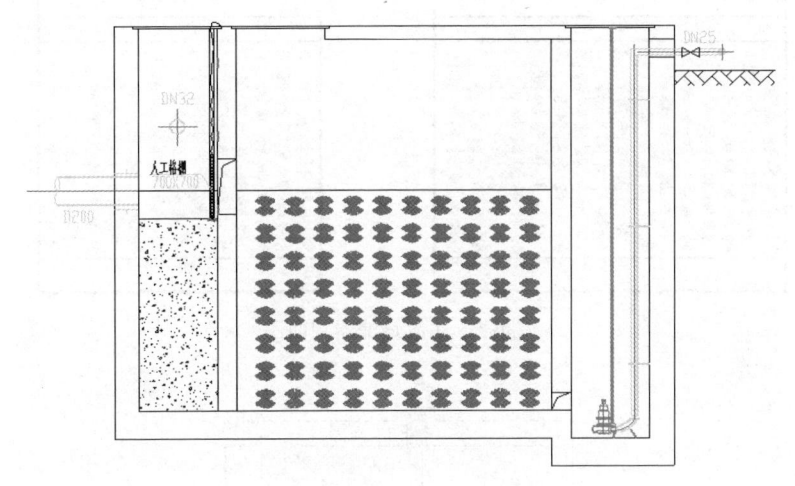

图6-4 水解调节池剖面图

水解调节池内安装污水提升泵，污水泵采用PLC控制，采用液位及时间联动方式来控制水泵的正常运行。

水解调节池采用钢筋混凝土结构，设计参数如下：

- 有效容积：15.36m³，停留时间：9.2h，平面尺寸：5.7m×2.5m，有效水深：2.4m。
- 潜水泵：2台（一用一备），流量：Q=1.8m³/h，扬程：H=8m，功率：N=0.2kW。
- 弹性填料，规格：直径150mm，体积：15.4m³。

2. 生物过滤器

生物过滤器是污水处理站的核心处理单元，是普通生物滤池的改进形式。大量活性污泥附着在填料表面，污染物质通过物理、吸附及生物同化异化作用，予以去除，达到水质净化目的。

如图6-5所示，生物过滤器内置球形填料5.75m³，滤速2m/d，滤料厚度为1.15m。

3. 二沉池

二沉池采用竖流式沉淀池，6mm碳钢焊制，排污方式为重力排泥，如图6-6所示。

设计参数如下：

表面负荷：1.16m³/(m²·h)，沉淀时间：1.84h，池体直径：0.8m。

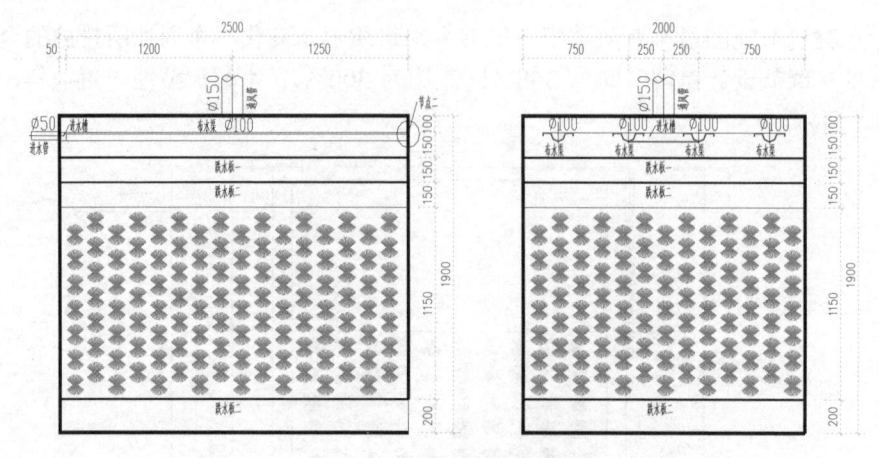

图 6-5 生物过滤器剖面图

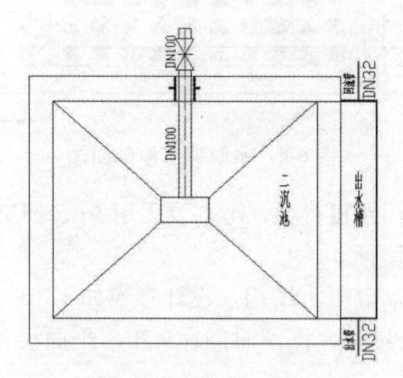

图 6-6 二沉池平面图

污水处理站现场图如图 6-7 所示。

图 6-7 污水处理站现场图

6.1.3 示范工程监测及效果

1. 监测方案

试验装置运行期间按工艺流程采集水样，每天共采集多个水样，包括进水、水解调节池出水、生物过滤器取水口出水及出水槽出水。每 2 天采一次水样，确保每次采集水样时间一致。

2. 运行效果

示范工程进出水水质指标见表 6-1。

表 6-1 进出水水质指标

指标	COD	NH_4^+-N	TN
进水平均浓度/（mg/L）	450	27.6	33.63
出水平均浓度/（mg/L）	79.6	5.1	12.4
去除率/%	82.24	81.52	63.07

出水的 COD 可满足河南省《农村生活污水处理设施水污染物排放标准》（DB41/T 1820—2019）二级标准；出水的 NH_4^+-N 和 TN 满足河南省《农村生活污水处理设施水污染物排放标准》（DB41/T 1820—2019）一级标准。

6.1.4 示范项目经济指标

1. 建设成本

本次试验装置的投资建设费用主要分为三个部分：一是水解调节池等池体土建费用，二是生物过滤器等设备加工费用，三是填料等材料费用，各部分价格见表 6-2。

表 6-2 试验装置投资预算

序号	名称	单位	数量	单价/万元	总价/万元
1	水解调节池	座	1	6.65	6.65
2	生物过滤器	座	1	1.50	1.50
3	二沉池	座	1	1.53	1.53
4	干化场	座	1	1.06	1.06
5	球形填料	m³	6	0.035	0.21
6	组合填料	m	250	—	0.02
7	单相潜水泵	台	2	0.03	0.06
8	管材及配件	—	—	—	0.05
共计					11.08

由表 6-2 可知，本次试验装置基建费用较低，约为 11.1 万元。
2. 运行费用

水解调节池末端共有两台潜水泵，一用一备，试验装置运行期间仅有一台水泵耗能，功率 260W，每天连续运行 24h，平均每天实际处理水量 9.6 吨，平舆县韩庄村电费以 0.51 元/度计，则吨水处理费用为

$$吨水处理费 = \frac{0.26 \times 24 \times 0.51}{9.6} \approx 0.34（元）$$

经计算，后期运行费用低廉，吨水处理费用仅为 0.34 元/吨。

6.2 中型村庄生活污水处理

6.2.1 工程概况

河南新密市农村生活污水治理工程的建设项目包括苟堂镇、白寨镇等 9 个乡镇的农村污水处理终端设施，根据人口规模或村庄距离，建设规模 200～1000t/d 污水处理站。生活污水主要来自农家的厕所冲洗水、厨房洗涤水、洗衣机排水、洗漱排水及其他排水等。污水水质随污水来源、有无水冲厕所、时段特征等变化幅度较大。因此，在结合当地居民的排水现状基础上确定生活污水水质见表 6-3。

表 6-3 综合生活污水水质指标　　　　　　　　　　　单位：mg/L

指标	COD_{Cr}	BOD_5	SS	NH_3-N	TN	TP
数值	450	200	200	50	80	6

6.2.2 污水处理站

本项目通过铺设污水收集管网将居民生活污水有效收集并沿地势通过重力进入污水处理站。出水水质应达到 GB 18918—2002 一级 A 标准，见表 6-4。

表 6-4 污水站排水水质指标　　　　　　　　　　　　单位：mg/L

指标	COD_{Cr}	BOD_5	SS	NH_3-N	TN	TP
一级 A 标准	≤50	≤10	≤10	≤5（8）	≤15	≤0.5

本工程主要工艺流程如下：

生活污水→格栅→调节池→厌氧池→缺氧池→好氧池→二沉池→絮凝沉淀单元→达标排放。

污水由排水管（渠）收集后经排水总管送至污水处理站进行处理。由于排放

污水中含有大量粒径较大的颗粒物，为确保污水提升泵及后续处理工段的正常运行，在污水进入处理设施前设置格栅，栅渣外运。经格栅处理后的污水自流进入调节池以调节水量并均匀水质，而后污水由提升泵进入 A/O 生化处理系统。

首先，污水与回流污泥先进入曝气池（DO，2~4mg/L）完全混合，经一定时间（1~2h）的停留，去除部分 BOD，同时，水中的 NH_3-N 进行硝化反应生成硝酸根，以利于缺氧池反硝化作用。

其次，污水流入缺氧池（DO≤0.5mg/L），池中的反硝化细菌以污水中未分解的含碳有机物为碳源，将好氧池内通过内循环回流进来的硝酸根还原为 N_2 而被释放。接下来污水流入好氧池（DO，2~4mg/L），水中的 NH_3-N 再一次进行硝化反应生成硝酸根，同时水中的有机物氧化分解。

最后，污水经沉淀池进入絮凝反应阶段，以去除残余 SS 以及 P，二沉池剩余污泥和絮凝沉淀池污泥进入污泥池，通过吸粪车外运，絮凝沉淀池出水达标排放，污水处理站流程图见图 6-8。

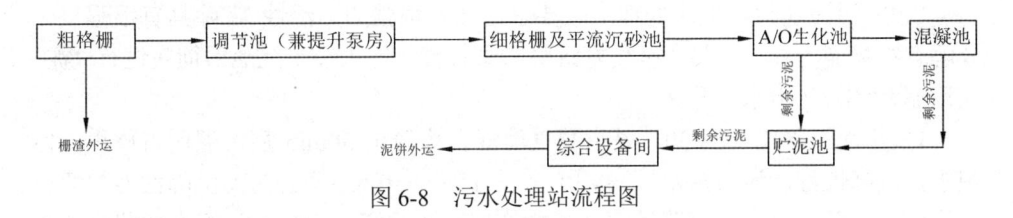

图 6-8 污水处理站流程图

设备控制逻辑：

（1）格栅：格栅采用人工格栅，定期清理栅渣。

（2）提升泵：调节池设有浮球液位开关，作为系统控制启点和闭点，浮球液位开关通过对调节池液位的检测，控制提升泵的启闭。

（3）鼓风机：鼓风机启闭与原水提升泵启闭联动，同时通过 PLC 参数设置，实现对泵延时启闭联动（延时参数可调），同时根据系统温控系统参数设置调控系统鼓风机充氧量大小。

（4）回流系统：系统回流装置与鼓风机的启闭联动。

（5）污泥排放：污泥排放通过阀门控制，定期进行排泥。

（6）曝气：通过手动球阀控制各 A/O 区曝气强度，可根据实际情况改变各区供氧状态。

6.2.3 日常维护和管理

（1）巡视。每班人员必须定时到处理装置规定位置进行观察、检测，以保证运行效果。

（2）二沉池观察污泥状态主要观察二沉池泥面高低、上清液透明程度，有无漂泥，漂泥粒大小等。上清液清澈透明——运行正常，污泥状态良好；上清液混浊——负荷高，污泥对有机物氧化、分解不彻底；泥面上升——污泥膨胀，污泥沉降性差；污泥成层上浮——污泥中毒；大块污泥上浮——沉淀池局部厌氧，导致污泥腐败；细小污泥漂浮——水温过高、C/N 不适、营养不足等原因导致污泥解絮。

（3）曝气池观察。曝气池全面积内应为均匀细气泡翻腾，污泥负荷适当。运行正常时，泡沫量少，泡沫外呈新鲜乳白色泡沫。曝气池中有成团气泡上升，表明液面下有曝气管或气孔堵塞；液面翻腾不均匀，说明有死角；污泥负荷高，水质差，泡沫多；泡沫呈白色，且数量多，说明水中洗涤剂多；泡沫呈茶色、灰色，说明泥龄长或污泥被打破吸附在泡沫上，应增加排泥；泡沫呈其他颜色，说明水中有染料类物质或发色物污染；负荷过高，有机物分解不完全，气泡较黏，不易破碎。

（4）污泥观察。生化处理中除要求污泥有很强的"活性"，除具有很强氧化分解有机物能力外，还要求有良好沉降凝聚性能，使水经二沉池后彻底进行"泥"（污泥）"水"（出水）分离。

1）污泥沉降比（SV30）是指曝气池混合液静止 30min 后污泥所占体积，体积小，沉降性好，城市污水厂 SV30 常在 15%～30%之间。污泥沉降性能与絮粒直径大小有关，直径大沉降性好，反之亦然。污泥沉降性还与污泥中丝状菌数量有关，数量多沉降性差，数量少沉降性好。

2）污泥沉降性能还与其他几个指标有关，包括污泥体积指数（SVI）、混合液悬浮物浓度（MLSS）、混合液挥发悬浮浓度（MLVSS）、出水悬浮物（SS）等。

3）测定水质指标来指导运行：BOD/COD 值是衡量生化性重要指标，BOD/COD≥0.25 表示可生化性好，BOD/COD≤0.1 表示生化性差。进出水 BOD/COD 变化不大，BOD 也高，表示系统运行不正常；反之，出水的 BOD/COD 比进水 BOD/COD 下降快，说明运行正常。SS 高，SS≥30mg/L 时表示污泥沉降性不好，应找原因纠正；SS≤30mg/L 则表示污泥沉降性能良好。

（5）曝气池控制主要因素：

1）维持曝气池合适的溶解氧，一般控制 2～4mg/L，正常状态下监测曝气池出水端 DO 为 2mg/L 为宜。

2）保持水中合适的营养比，C:N:P=100:5:1。

3）维持系统中污泥的合适数量，控制污泥回流比，依据不同运行方式，回流比在 0～100%之间，一般不小于 30%～50%。

6.3 生物生态组合工艺（一）

6.3.1 工程概况

广东省南雄市某村 40 多户，地形属于丘陵地带，地势多起伏，便于水的收集，项目采用维护方便、运营费用低的生态污水处理工艺即厌氧池组合人工湿地，生活污水经过格栅后，进入厌氧生物池，利用厌氧水解酸化去除有机物，生物池出水进入人工湿地系统，进一步去除氮、磷等营养物。厌氧池组合人工湿地实拍如图 6-9 所示。

图 6-9 厌氧池+人工湿地实拍图

6.3.2 污水处理站

污水处理站流程包括以下 4 个处理单元。

1. 生活污水流入三级化粪池

该处理单元主要利用沉淀和厌氧发酵的原理，去除生活污水悬浮性有机物。

2. 格栅池

格栅池的作用原理主要是物理拦截，拦截污水中的大块污染物、悬浮物和漂浮物。

该处理单元用来去除可能堵塞水泵机组及管道阀门的较粗大悬浮物，并保证后续处理设施能正常运行。人工清除格栅渣、防止孔隙堵塞，同时检查格栅池内的沉砂情况，及时清砂并找出积砂原因；检查周期为 1～3 月。

3. 厌氧生物池

厌氧生物池利用其中发生的厌氧水解酸化反应去除污水中呈胶体和溶解状态

的有机污染物质。在反应区悬挂填料,填料须有利于微生物生长、易挂膜且不易堵塞,从而提高对 BOD_5 和悬浮物的去除效果。一般采用软性填料或半软性填料(雪花片),为厌氧微生物附着生长提供固体表面,使其在填料表面形成生物膜。厌氧池平面图如图 6-10 所示。

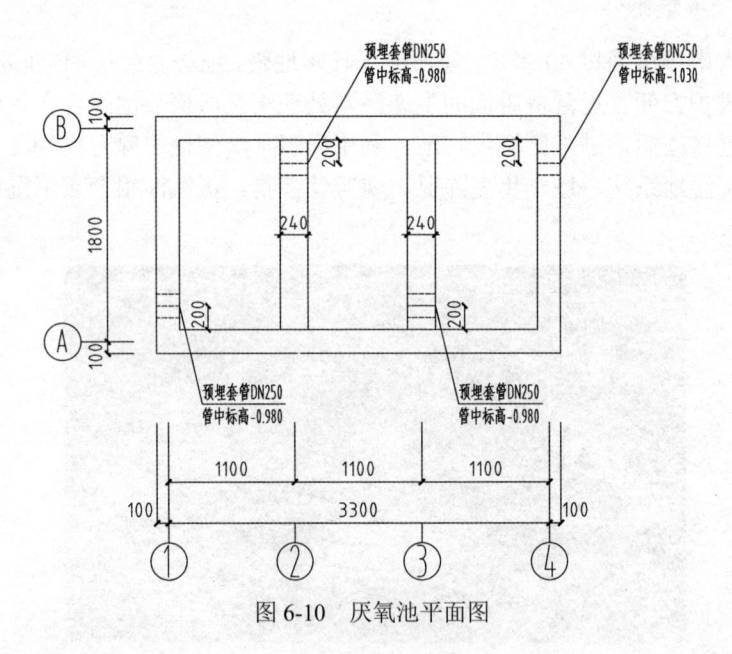

图 6-10 厌氧池平面图

4. 人工湿地

人工湿地平面图如图 6-11 所示。人工湿地利用自然生态处理系统中的物理、化学、生物三重协同作用,进一步去除前阶段未能降解的有机物和氮、磷等可导致水体富营养化的物质,降低水体氮、磷含量。

由于人工湿地中的植物根系要长期浸泡在水中和接触浓度较高且变化较大的污染物,因此所选用的水生植物除耐污能力要强外,对当地的气候条件、土壤条件和周围的动植物环境都要有很好的适应能力。根据南雄市的地理位置及气候特点,人工湿地选择的植物为美人蕉、黄菖蒲、风车草;植物种植时,应保持介质湿润,介质表面不得有流水,植物生长初期,应保持池内一定水深,逐渐增大污水负荷使其驯化。同时应注意:

(1)人工湿地一般分为清水调试和污水联动调试,采用负荷逐步提高法,也可采用污水直接调试,但需注意控制污水的浓度及进水流量。

(2)植物系统建立后,应保证连续提供污水,保证水生植物的密度及良性生长;应根据植物的生长情况,进行缺苗补种、杂草清除、适时收割以及控制病虫害等管理，不宜使用除草剂、杀虫剂等；定期对植物进行收割，并就近焚烧或捣碎反应成沼气。

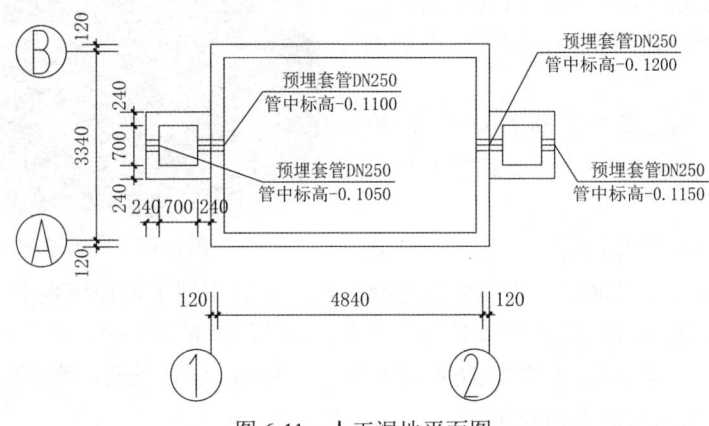

图 6-11 人工湿地平面图

（3）在调试期各阶段须对进出水质进行检测，污水接纳量趋于正常，植物根系深入下层基质，出水水质达标，则人工湿地系统开始正常运行。

（4）启动阶段期间监测的水质指标包括化学需氧量、悬浮物、生化需氧量、总氮、总磷等，对于进出水水质指标反映的问题，应及时对前段处理工艺或湿地基质提出调整及改进方案。

6.3.3 施工流程及注意事项

施工流程：施工前准备→基坑开挖→基础处理→垫层浇筑→钢筋捆扎→模板安装→底板浇筑→砖墙砌筑→防水砂浆上墙→结构试水→湿地填料、布管→水生植物种植→净化排放→基坑回填。

1. 厌氧池混凝土浇筑

（1）要求振捣充分，无蜂窝、麻面。

（2）浇筑过程中随压随抹，使表面光滑、无抹痕、色泽均匀一致。

（3）养护充分、到位，拆模后保持混凝土面潮湿，避免混凝土干缩开裂。

（4）厌氧池底板与墙身若分开浇筑，其施工缝须设止水钢板，待主体浇筑完成后再开展后续工序。

2. 钢筋捆扎

（1）严格控制间距，间距合格率需达 90% 以上。

（2）底板筋绑扎必须添加垫片，满足砼浇筑时的保护层要求。

（3）严禁不按图施工，随意置换钢筋等级、大小。

3. 模板安装

模板安装如图 6-12 所示。

(1) 要求拼缝严密，保证不漏浆。

(2) 不得使用腐朽、扭裂、劈裂的材料做支撑。

(3) 模板要具有足够的强度、刚度和稳定性，能可靠地承受浇筑时产生的荷载。

图 6-12　模板安装

4. 砖墙砌筑与批面

(1) 灰缝须饱满，不得有竖向通缝，第一层砖不得干铺在底板上。

(2) 由于个别地区无商品混凝土供应，采用自拌混凝土时，厌氧池要求内外两侧都用 1:2 水泥砂浆（掺 5%防水剂）抹面（20mm 厚）压光，避免因自拌混凝土不达标导致渗水的事故发生。

5. 人工湿地填料、布管与水生植物种植

(1) 禁止在人工湿地填料上盖土。

(2) 集水及布水管道禁止采用安全网等孔隙大的材料包裹。

(3) 水生种植后应立即接管入户，通水提高植物存活率。

6.4　生物生态组合工艺（二）

为应对我国农村地区不同经济状况、人员素质、地理、气候等多方面条件对污水治理的约束，满足不同地区对出水水质的需求，可持续发展的农村污水治理技术已形成包含多种单元技术的可选组合技术系统，形成最适合当地的农村生活污水处理工艺。在大多数的平原地区，中等规模人口的村镇，主体工艺流程为生活污水—格栅—厌氧—缺氧—好氧—经济型人工湿地。全流程工艺管理简单，只需 1 台水泵驱动，不需要污泥回流，不需要鼓风曝气，仅需定期巡检维护，无人值守运行。各单元功能如下：

(1) 厌氧单元有效降低有机负荷，减轻跌水曝气工序的负担，且具备沼气收集的功能。

(2) 在缺氧调节池中，来自厌氧段的消化液与好氧段的回流液混合，充分利用消化液中的有机物，进行反硝化反应，同时去除缺氧出水中的臭味。

(3) 好氧单元以氮磷的无机化和有机物的进一步去除为主要功能，以跌水自然充氧为主，实现能耗的有效降低。好氧出水一部分进入人工湿地，另一部分回流至缺氧单元进行反硝化脱臭。

（4）人工湿地主要以水中氮磷营养盐的去除和利用为目标，力求在实现出水达标排放的同时获得一定的经济收益。

由于工程所用工艺多样，下面以建于宜兴市周铁镇和常州市湟里镇的两组较典型的工艺为例。

例1 宜兴市周铁镇某村分散式生活污水处理工程。该村共计约87户，人口约310人，设计污水处理流量30m³/d，工艺流程为"大深径比厌氧反应器—阶梯式跌水充氧反应器—水生蔬菜过滤床—潜流人工湿地"，主体工艺如图6-13。工程占地面积240m²，其中湿地面积216m²，该项目出水稳定，优于GB 18918—2002的一级B标准。污水处理设施建设投资在8000元/m³左右。设施较传统生活污水处理工艺（以A/A/O工艺为例）节能70%以上，节地20%以上。水生蔬菜型人工湿地每年以空心菜和水芹菜轮种，每年空心菜产量约4000千克/亩，水芹菜约500千克/亩，产生经济效益达18000元/亩以上。同时本设施大深径比厌氧器还具备沼气收集利用的条件。

图6-13 宜兴市周铁镇生活污水处理工艺流程图

例2 常州武进区某村生活污水处理工程。污水来源于村内80户村民，约350人，设计处理规模33m³/d，工艺流程为"折流板厌氧反应器—缺氧反硝化—水车驱动生物转盘—浸润度可控潜流人工湿地"，主体工艺及现场情况如图6-14。工程占地面积100m²，其中湿地面积92m²，湿地面积3.07m²/m³，平均能耗0.2kW·h/m³，直接运行成本0.15元/m³。工程较传统生活污水处理工艺节能60%以上，节地60%以上。该项目出水稳定达到DB41/T 1820—2019一级B标准。潜流人工湿地以空心菜和水芹菜轮种，空心菜产量约2000千克/亩，水芹菜约450千克/亩，产生经济效益约13000元/亩。

图6-14 常州市武进区湟里镇生活污水处理工艺流程图

附 录

附表1 部分省（区、市）村镇生活污水 pH 值/COD/NH₃-N/TN 排放标准对比

省(区、市)	pH值 一级标准 A/B	pH值 二级标准 A/B	pH值 三级标准 A/B	COD/(mg/L) 一级标准 A/B	COD/(mg/L) 二级标准 A/B	COD/(mg/L) 三级标准 A/B	NH₃-N/(mg/L) 一级标准 A/B	NH₃-N/(mg/L) 二级标准 A/B	NH₃-N/(mg/L) 三级标准 A/B	TN/(mg/L) 一级标准 A/B	TN/(mg/L) 二级标准 A/B	TN/(mg/L) 三级标准 A/B
北京	6~9	6~9	6~9	30	50	60	100	1.5 (2.5)	5 (8)	8 (15)	25	15	20	—	—
河北	6~9	6~9	6~9	50	60	100	5 (8)	8 (15)	15 (20)	15	20	30
天津	6~9	6~9	—	50	60	—	5 (8)	8 (15)	—	20		
山西	6~9	6~9	6~9	50	60	80	5 (8)	8 (15)	15 (20)	20	30	
内蒙古	6~9	6~9	6~9	60	100	120	8 (15)	8 (15)	25 (30)	20		
辽宁	6~9	6~9	6~9	60	100	120	8 (15)	25 (30)		20		
吉林	6~9	6~9	6~9	60	100	120	8 (15)	25 (30)		20	35	35
黑龙江	6~9	6~9	6~9	60	100	120	25 (30)	15		20	35	35
河南	6~9	6~9	6~9	60	80	100	8 (15)	15 (20)	20 (25)	20	—	—
湖南	6~9	6~9	6~9	60	100	120	8 (15)	25 (30)		20		
湖北	6~9	6~9	6~9	60	100	120	8 (15)		25 (30)	20	25	
广东	6~9	6~9	6~9	60	70	100	8 (15)	15	20	20		
广西	6~9	6~9	6~9	60	100	120	8 (15)	15	15	20	20	
海南	6~9	6~9	6~9	60	80	120	8	20	25	20		
重庆	6~9	6~9	6~9	60	100	120	8 (15)	20 (15)	25 (15)	20		
四川	6~9	6~9	6~9	60	80	120	8 (15)	15	25	20		
贵州	6~9	6~9	6~9	60	100	120	8 (15)	15	25	20	30	
云南	6~9	6~9	6~9	60	100	120	8 (15)	15 (20)		20		
西藏(征求)	6~9			60	100	200						
浙江(征求)	6~9		—	60	100		8 (15)	25 (15)		20		
江西	6~9	6~9	6~9	60	100	120	8 (15)	25 (30)		20		
山东	6~9	6~9	6~9	60	100		8 (15)	20 (15)		20		
安徽	6~9	6~9	—	50	60	100	—	8 (15)	15 (25)	25 (30)	20	30
上海	6~9		—	50	60		8	15		15	25	
江苏	6~9	6~9	6~9	60	100	120	8 (15)	15	25	20	30	30
福建	6~9	6~9	6~9	60	100	120	8	25 (15)		20		

续表

省(区、市)	pH值 一级标准 A	pH值 一级标准 B	pH值 二级标准 A	pH值 二级标准 B	pH值 三级标准 A	pH值 三级标准 B	COD/(mg/L) 一级标准 A	COD/(mg/L) 一级标准 B	COD/(mg/L) 二级标准 A	COD/(mg/L) 二级标准 B	COD/(mg/L) 三级标准 A	COD/(mg/L) 三级标准 B	NH₃-N/(mg/L) 一级标准 A	NH₃-N/(mg/L) 一级标准 B	NH₃-N/(mg/L) 二级标准 A	NH₃-N/(mg/L) 二级标准 B	NH₃-N/(mg/L) 三级标准 A	NH₃-N/(mg/L) 三级标准 B	TN/(mg/L) 一级标准 A	TN/(mg/L) 一级标准 B	TN/(mg/L) 二级标准 A	TN/(mg/L) 二级标准 B	TN/(mg/L) 三级标准 A	TN/(mg/L) 三级标准 B
新疆	6~9						60		60		100		8(15)				25(30)		20		—			
青海	6~9						60		80		120		8(10)		8(15)		10(15)		20		—			
甘肃	6~9		—				60		100		120		5(8)		8(15)		25(30)		—		20			
宁夏	6~9						60		100		150		5(8)		8(15)		25(30)		—		20			
陕西	6~9		—				60		80		150		15				—		—		—			

注:"—"表示没有明确要求。

附表2 部分省(区、市)村镇生活污水 TP/SS/动植物油浓度排放标准对比

省(区、市)	TP/(mg/L) 一级A	TP/(mg/L) 一级B	TP/(mg/L) 二级A	TP/(mg/L) 二级B	TP/(mg/L) 三级A	TP/(mg/L) 三级B	SS/(mg/L) 一级A	SS/(mg/L) 一级B	SS/(mg/L) 二级A	SS/(mg/L) 二级B	SS/(mg/L) 三级A	SS/(mg/L) 三级B	动植物油浓度/(mg/L) 一级A	动植物油浓度/(mg/L) 一级B	动植物油浓度/(mg/L) 二级A	动植物油浓度/(mg/L) 二级B	动植物油浓度/(mg/L) 三级A	动植物油浓度/(mg/L) 三级B
北京	0.3	0.5	0.5	1	—			15		20		30	0.5		1~3		—	
河北	0.5		1		3			10		20		30	1~3		5		20	
天津	1		2		—			20		20		—	3		5			
山西	1.5		3					20		30		50	3		5		10	
内蒙古	1		3		5			20		30		50	—		—			
辽宁	2		3					20		30		50	2		5		10	
吉林	1		3		5			20		30		50	3		5		20	
黑龙江	1		3		5			20		30		50	3		5		20	
河南	1		2					20		30		50	3		5		5	
湖南	1		3		3			20		30		50	3		5		10	
湖北	1		3		—			20		30		50	3		5		5	
广东	1		—					20		30		50	—					
广西	1.5		3		5			20		30		50	3		5		20	
海南	1		3		—			20		30		60	3		5		20	
重庆	2(1)		3(2)		4(3)			20		30		50	5		10			
四川	1.5		3		4			20		30		40	3		5		10	
贵州	2		3		—			20		30		50	3		5		10	
云南	1		3					20		30		50	3		5		20	
西藏(征求)	2		3					20		30		50	3		5			
浙江(征求)	2(1)		3(2)					20		30		—	3		5			
江西	1		3					20		30		50	3		5			
山东	1.5		—					20		30			5		10		20	
安徽	1	3	—		—		20	30			50		3		5		5	

续表

省（区、市）	TP/（mg/L）					SS/（mg/L）						动植物油浓度/（mg/L）					
	一级标准		二级标准		三级标准	一级标准		二级标准		三级标准		一级标准		二级标准		三级标准	
	A	B	A	B	A/B	A	B	A	B	A	B	A	B	A	B	A	B
上海	1	2	—	—	—	10	20	—	—	—	—	1	—	3	—	—	—
江苏	1	3	3	—	—	20	—	30	—	50	—	1	—	3	—	5	—
福建	1	—	3	—	—	20	—	30	50	—	—	3	—	5	—	5	—
新疆	—	—	—	—	—	20	—	25	—	30	—	3	—	5	—	5	—
青海	1.5	—	3	—	5	15	—	20	—	30	—	3	—	5	—	15	—
甘肃	2	—	3	—	—	20	—	30	—	50~100		3	—	5	—	15	—
宁夏	1	—	2	—	—	20	—	50	—	80~100		—	—	—	—	—	—
陕西	2	—	3	—	—	20	—	30	—	—	—	5	—	5	—	10	—

注："—"表示没有明确要求。

参 考 文 献

[1] 佐志强. 新农村建设中给排水系统存在的问题及对策[J]. 智库时代, 2019（39）：8-9.

[2] 司国良. 村镇污水处理技术及运营管理模式的研究[D]. 青岛：中国海洋大学, 2014.

[3] 韩阳, 董志新, 肖乾颖, 等. 无动力级联生物滤池对山区村镇生活污水的净化效果[J]. 中国环境科学, 2021, 41（5）：2232-2239.

[4] 胡文波, 朱志豪, 胡文学. 村镇排水体系建设与水循环利用模式[J]. 山东水利, 2020（7）：49-50.

[5] 鲁艳萍, 朱逢春. 浅谈村镇排水体系建设与水循环利用发展模式[J]. 水利发展研究, 2020, 20（6）：29-31.

[6] 周杨军, 解铭, 薛江儒, 等. 关于合流制排水系统提质增效方法与措施的思考[J]. 中国给水排水, 2021, 37（16）：1-7.

[7] 周宇坤. 云南省小城镇污水处理存在问题及对策研究[D]. 昆明：昆明理工大学, 2015.

[8] 杨秋侠, 杜娴, 杜珊. 场地平土和雨水管网的综合优化设计[J]. 西安建筑科技大学学报（自然科学版）, 2012, 44（2）：238-243.

[9] 王俊安, 魏维利, 潘华鉴, 等. 村镇污水处理系统设计与工程实践[J]. 给水排水, 2017, 53（11）：33-38.

[10] 马骏. 小型分散式农村生活污水灰黑分离生物生态组合工艺研究[D]. 南京：东南大学, 2017.

[11] 关华滨. 新型化粪池处理生活污水的试验研究[D]. 哈尔滨：哈尔滨工业大学, 2012.

[12] 席北斗. 我国村镇生活污水排放标准制定技术探讨[J]. 给水排水, 2016, 52（7）：1-3.

[13] 白永刚, 周军, 涂勇, 等. 苏南地区农村分散型生活污水处理的适用技术分析[J]. 给水排水, 2011, 47（10）：51-53.

[14] 严煦世, 刘遂庆. 给水排水管网系统[M]. 3版. 北京：中国建筑工业出版社, 2014.

[15] 陈亚萍, 李雪转. 乡镇供排水技术[M]. 郑州: 黄河水利出版社, 2014.

[16] 刘冬, 张慧泽, 徐梦佳. 我国人工湿地污水处理系统的现状探析及展望[J]. 环境保护. 2017, 45 (4): 25-28.

[17] 刘平养, 顾天苧. 农村生活污水处理设施的长效管理模式探讨[J]. 农业经济. 2016 (5): 12-14.

[18] 邱彦昭. 北京市农村污水处理设施现状调研及运营管理措施研究[D]. 北京: 北京化工大学. 2016.

[19] 杨婷婷, 吴艾欢, 吕谋, 等. 层次分析法和模糊综合评判的排水体制的选择[J]. 青岛理工大学学报, 2018, 39 (1): 4.

[20] 孙艳, 王浩昌, 赵冬泉, 等. 基于物联网的污水处理厂无人值守管理模式探讨[J]. 中国给水排水. 2015, 31 (22): 18-21.

[21] 侯立安, 席北斗, 张列宇, 等. 农村生活污水处理与再生利用[M]. 北京: 化学工业出版社, 2019.

[22] 方炳南. 农村生活污水区域集中处理技术与管理[M]. 北京: 中国环境科学出版社, 2012.

[23] 王筱雯, 马伟芳, 林海, 等. 集成式污水处理装置的技术进展[J]. 环境科学与管理, 2011, 36 (7): 63-66.

[24] SINGH R P, KUN W, FU D F. Designing process and operational effect of modified septic tank for the pretreatment of rural domestic sewage[J]. Journal of Environmental Management, 2019, 251(5): 109552.

[25] 张萌. 城市污泥的处置方法和资源化利用[J]. 农村实用技术, 2021 (1): 163-164.

[26] 马立南. 城镇污水处理厂污泥资源化利用技术研究[J]. 清洗世界. 2021, 37 (11): 103-104.

[27] KRZEMINSKI P, LEVERETTE L, MALAMIS S, et al. Membrane bioreactors-A review on recent developments in energy reduction, fouling control, novel configurations, LCA and market prospects[J]. Journal of Membrane Science, 2017, 527: 207-227.

[28] 马瑶, 王宏哲. 村镇剩余活性污泥农用的堆肥技术研究[J]. 中国资源综合利用, 2015, 33 (11): 39-41.

[29] 马瑶. 村镇剩余活性污泥农用的堆肥技术研究[D]. 长春: 吉林建筑大学, 2016.

[30] 刘明祥. 小城镇污水预处理一体化设备研究[D]. 重庆: 重庆大学, 2013.

[31] 沈正龙. 粗格栅间及进水泵房地下结构施工工艺[J]. 工程建设与设计, 2021（17）：145-147.

[32] 李辉. 孔板细格栅在MBR工艺预处理系统改造中的应用[J]. 给水排水, 2016, 52（2）：92-96.

[33] 魏新庆, 周雹. 小型污水处理厂调节池的设计探讨[J]. 中国给水排水, 2014, 30（6）：6-8.

[34] 朱小明. 分析污水处理厂调节池的预应力设计与施工实践[J]. 工程建设与设计, 2020（14）：174-175.

[35] 王玉华, 方颖, 焦隽. 江苏农村"三格式"化粪池污水处理效果评价[J]. 生态与农业环境学报, 2008（2）：80-83.

[36] 韦昆. 一种用于农村生活污水预处理的新型化粪池[D]. 南京：东南大学, 2017.

[37] 黎燕. 农村生活污水处理技术[J]. 乡村科技, 2021, 12（28）：91-93.

[38] 陈相宇. 两种类型生物接触氧化系统脱氮效能研究[D]. 哈尔滨：哈尔滨工业大学, 2021.

[39] 史晨, 顾斌, 李荧, 等. 一体式膜生物反应器在分散式生活污水处理中的应用[J]. 安全与环境学报, 2019, 19（6）：2137-2143.

[40] 陈永玲, 耿安锋. 有限用地条件下污水处理厂工艺设计与施工组织[J]. 给水排水, 2021, 57（9）：26-31.

[41] 兰书焕, 高俊, 李旭东, 等. 生物接触氧化—蔬菜型人工湿地处理农村生活污水[J]. 水处理技术, 2019, 45（5）：97-100.

[42] 付丽霞, 崔宁, 刘世虎, 等. 水解酸化—接触氧化—MBR一体化装置处理农村生活污水[J]. 环境工程, 2018, 36（11）：49-52.

[43] LU X, WANG Y, LIU Y, et al. Electromagnetic field coupled vertical flow constructed wetlands for rural sewage treatment: Performance, microbial community characteristics and metabolic pathways[J]. Journal of environmental management, 2024, 373: 35-96.

[44] Ma Y, LI Y, TAO M, et al. Study on the treatment of rural sewage with microbial fuel cell-constructed wetlands enhanced by agricultural biomass[J]. Journal of Water Process Engineering, 2024, 68: 106407.

[45] SHU Y Z, GUO L, PAI P S, et al. Novel overlapping constructed wetlands with water drops reoxygenation and lightweight fillers for decentralized wastewater treatment[J]. Bioresource technology, 2024, 408: 131-170.

[46] 王翔宇，熊鸿斌，匡武. 微动力 A^2O+潜流人工湿地工艺处理农村生活污水[J]. 中国给水排水，2015，31（16）：80-84.

[47] 吴召富，王琳，杨杰军. 淹没式生物膜—稳定塘组合技术处理农村生活污水研究[J]. 环境工程，2013，31（4）：29-31.

[48] 吴磊，吕锡武，李先宁，等. 厌氧/跌水充氧接触氧化/人工湿地处理农村污水[J]. 中国给水排水，2007，（3）：57-59.

[49] 张恒熙，聂正鑫，刘燕青，等. 模块化生物滤池—湿地对农村生活污水的处理[J]. 环境工程学报，2024，18（3）：686-695.

[50] 朱永茂. 缺氧 SBR 耦合蔬菜型人工湿地资源化处理农村分散生活污水[D]. 湖北：长江大学，2023.